天下文化
BELIEVE IN READING

財經企管 BCB770A

OKR實現淨零排放的行動計畫

凱鵬華盈董事長
約翰·杜爾
John Doerr

前美國副科技長
萊恩·潘查薩拉姆
Ryan Panchadsaram

著

廖月娟、張靖之

譯

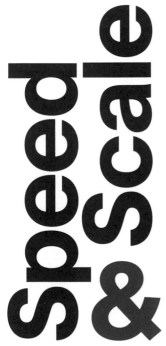

Speed & Scale

An Action Plan
for Solving Our
Climate Crisis Now

獻給安（Ann）、瑪莉（Mary）
和艾絲特（Esther），她們
無條件的愛讓生命充滿奇蹟。

作者	約翰・杜爾（John Doerr）
共同作者	萊恩・潘查薩拉姆（Ryan Panchadsaram）
協力	亞力克斯・柏恩斯（Alix Burns） 傑佛瑞・寇普龍（Jeffrey Coplon） 賈斯汀・吉里斯（Justin Gillis） 安佳利・葛羅佛（Anjali Grover） 昆恩・馬文（Quinn Marvin） 伊凡・史瓦茲（Evan Schwartz）
顧問	氣候先鋒（Climate Champions） 氣候真相計畫（The Climate Reality Project） 倒數計時計畫（Countdown） 能源創新智庫（Energy Innovation） 環境保衛基金會（Environmental Defense Fund） 世界資源研究所（World Resources Institute，簡稱 WRI）
主編	翠希・達利（Trish Daly）
美術設計	愛蜜莉・克萊柏（Emily Klaebe） 梅根・納爾迪尼（Megan Nardini） 傑西・里德（Jesse Reed）
碳足跡	負值〔-1 公斤二氧化碳當量 （CO_2e））〕*
收益	本書部分收益將用以捐助全球氣候正義（climate justice）工作。

---

* 編注：此為原書碳足跡數字。

受訪者名單（按原文姓氏排列）

克里斯・安德森（Chris Anderson）
TED

瑪麗・芭拉（Mary Barra）
通用汽車（General Motors）

傑夫・貝佐斯（Jeff Bezos）
亞馬遜公司（Amazon）、
貝佐斯地球基金會
（Bezos Earth Fund）

大衛・布拉德（David Blood）
世代投資管理公司（Generation
Investment Management）

凱特・布蘭特（Kate Brandt）
字母控股（Alphabet）

伊森・布朗（Ethan Brown）
超越肉類公司（Beyond Meat）

瑪格・布朗（Margot Brown）
環境保衛基金會
（Environmental Defense Fund）

阿莫爾・戴希潘德
（Amol Deshpande）
農民商業網絡（Farmers Business
Network）

克莉絲緹亞娜・菲格雷斯
（Christiana Figueres）
全球樂觀主義組織（Global Optimism）

賴瑞・芬克（Larry Fink）
貝萊德投信（Blackrock）

泰勒・弗朗西斯（Taylor Francis）
分水嶺公司（Watershed）

比爾・蓋茲（Bill Gates）
突破能源組織（Breakthrough Energy）

喬納・高曼（Jonah Goldman）
突破能源組織

艾爾・高爾（Al Gore）
氣候真相計畫組織
（The Climate Reality Project）

帕特里克・格雷琛（Patrick Graichen）
博眾能源轉型論壇
（Agora Energiewende）

史蒂夫・漢伯格（Steve Hamburg）
環境保衛基金會

哈爾・哈維（Hal Harvey）
能源創新智庫（Energy Innovation）

佩爾・海根斯（Per Heggenes）
IKEA 基金會（IKEA Foundation）

卡拉・赫斯特（Kara Hurst）
亞馬遜公司

薩菲娜・胡賽因（Safeena Husain）
教育女童組織（Educate Girls）

琳恩・朱瑞奇（Lynn Jurich）
桑朗太陽能公司（Sunrun）

納特・克歐漢（Nat Keohane）
環境保衛基金會

約翰・凱瑞（John Kerry）
美國國務院（U.S State Department）

珍妮弗・基特（Jennifer Kitt）
氣候領導倡議組織
（Climate Leadership Initiative）

巴德利・科珊達拉曼
（Badri Kothandaraman）
恩費斯能源公司（Enphase）

佛瑞德・卡洛普（Fred Krupp）
環境保衛基金會

凱莉・李文（Kelly Levin）
世界資源研究所
（World Resources Institute）

琳賽・李文（Lindsay Levin）
未來守護者聯盟（Future Stewards）

多恩・李柏特（Dawn Lippert）
元素加速器組織
（Elemental Excelerator）

盧安武（Amory Lovins）
RMI 能源組織；前身為「洛磯山研究所」
（Rocky Mountain Institute）

梅根・馬哈強（Megan Mahajan）
能源創新智庫

董明倫（Doug McMillon）
沃爾瑪公司（Walmart）

布魯斯・尼勒斯 （Bruce Nilles）
氣候緊急計畫組織（Climate Imperative）

羅比・奧維斯（Robbie Orvis）
能源創新智庫

桑達爾・皮蔡（Sundar Pichai）
字母控股

萊恩・帕波（Ryan Popple）
普泰拉電動公車公司（Proterra）

亨利・保森（Henrik Poulsen）
沃旭能源公司（Ørsted）

羅琳・鮑威爾・賈伯斯
（Laurene Powell Jobs）
愛默生集團（Emerson Collective）

南・蘭索霍夫（Nan Ransohoff）
史特拉普支付平台（Stripe）

卡麥可・羅伯茲
（Carmichael Roberts）
突破能源組織

麥特・羅傑斯（Matt Rogers）
因塞特創投公司（Incite）

阿努米塔・羅伊・喬杜里
（Anumita Roy Chowdhury）
科學與環境中心
（Centre for Science and
Environment）

強納森・西爾弗（Jonathan Silver）
古根漢合夥公司
（Guggenheim Partners）

傑迪普・辛恩（Jagdeep Singh）
量子願景電池公司（Quantumscape）

安德魯・史迪爾（Andrew Steer）
貝佐斯地球基金

艾瑞克・托恩（Eric Toone）
突破能源組織

艾瑞克・楚謝維奇（Eric Trusiewicz）
突破能源組織

楊・凡杜肯 （Jan Van Dokkum）
緊急科學創投公司
（Imperative Science Ventures）

布萊恩・馮・赫爾岑
（Brian Von Herzen）
氣候基金會（Climate Foundation）

詹姆斯・瓦基比亞（James Wakibia）
拖鞋號計畫組織
（The Flipflopi Project）

恬西・韋倫（Tensie Whelan）
雨林聯盟（Rainforest Alliance）

目錄

作者序　　　　　　　　　　　　　　　　　　　　11

前言：計畫是什麼？　　　　　　　　　　　　　　19

Part 1　減到零排放

1: 交通電氣化　　　　　　　　　　　　　　　　39

2: 電網脫碳化　　　　　　　　　　　　　　　　73

3: 解決糧食問題　　　　　　　　　　　　　　　113

4: 保護自然　　　　　　　　　　　　　　　　　143

5: 淨化工業　　　　　　　　　　　　　　　　　173

6: 移除空氣中的碳　　　　　　　　　　　　　　199

Part 2　加速轉型

7: 攻克政治與政策場域　　　　　　　221

8: 化社會運動為行動　　　　　　　259

9: 創新！　　　　　　　　　　　305

10: 投資！　　　　　　　　　　341

結語　　　　　　　　　　　　　389

致謝　　　　　　　　　　　　　397

參考資料　　　　　　　　　　　409

注釋　　　　　　　　　　　　　437

圖片版權　　　　　　　　　　　475

作者序

作者序

「我很害怕，也很生氣。」

2006 年，美國前副總統高爾推出影響深遠的氣候危機紀錄片《不願面對的真相》（*An Inconvenient Truth*），我在一場放映會後宴客，餐桌上每個人輪流發表意見，分享他們看完影片傳達的急迫訊息後有什麼感受。輪到我十五歲的女兒瑪莉時，她以一貫直接坦率的口吻說：「我很害怕，也很生氣。」接著又說：**「老爸，問題是你這一代的人造成的，你們最好解決一下。」**

氣氛有點僵住，大家的目光都轉向我，我一時語塞。

身為創投業者，我的工作就是抓住大機會、瞄準大挑戰、投資大解方。我很早就看好 Google 與亞馬遜（Amazon）等公司，因此才得以享譽業界，但是當前的環境危機比我見過的任何挑戰都還要大很多。我在矽谷的創投公司凱鵬華盈（Kleiner Perkins）工作超過四十年，已故共同創辦人尤金・

克萊納（Eugene Kleiner）留下一套經得起時間考驗的法則，總共十二條，第一條就是：「不管新技術看起來多有開創性，先確定消費者真的想要它。」不過，眼前的問題讓我想到另一條比較不為人知的克萊納法則：「有時候，恐慌是恰當的反應。」

現在就是這種時候，氣候問題的緊急狀態已經不容再低估。要避免不可逆轉的災難性後果，我們必須緊急、果斷的行動。經過那個晚上，我的世界從此變得不一樣。

我與公司合夥人把氣候問題列為當務之急，開始認真投資潔淨與永續的技術；在矽谷，我們把這些技術稱為「潔淨科技」（cleantech）。我們甚至邀請高爾加入，成為凱鵬華盈的最新合夥人。儘管有高爾大力支持，我踏入零排放投資界的旅程初期還是很孤單。2007 年 iPhone 問世後，賈伯斯（Steve Jobs）邀請我們幫蘋果總部設立 iFund 投資基金，專門投資開發蘋果手機應用程式的新創公司，我們因此聽到一些新創公司的精彩介紹，也看見許多大好機會。[1]

既然如此，為什麼我們還要撥出大筆資金，投資在太陽能板、電動車電池、非肉類蛋白質等未知的領域？因為不管從公司還是地球的角度來看，這都是擇善而行。我認為潔淨科技的市場將會大有可為，也相信做好事能為公司帶來好處。

儘管兩方面都有懷疑的聲音，我們仍然決定要雙管齊下，同時投資手機應用程式以及與氣候相關的新創企業。手機應用程式的投資很快就大有斬獲，氣候方面則是起步緩慢，很多投資甚至以失敗收場。新創企業要存活下來本來就不容易，致力解決氣候危機的新創企業要存活，更是加倍困難。

凱鵬華盈被媒體修理得很慘，但是我們耐心的堅持信念，繼續支持我們旗下的創業者。到了 2019 年，我們旗下仍然存活的潔淨科技公司開始一個接著一個擊出全壘打，原本只有 10 億美元的綠色創投基金，現在已經成長到 30 億美元。

但是，我們沒有時間慶祝勝利，一年又一年過去，氣候時鐘不停滴答作響。大氣中的碳含量已經超過上限，難以繼續保持氣候穩定。如果碳含量增加的速度不變，地球的溫度很快就會比工業革命前的平均溫度還要高出攝氏 1.5 度，而科學家普遍認為，這是引發全球大災難的臨界點。失控的暖化所造成的影響，如今已然歷歷在目，像是毀滅性颶風、世紀大洪水、野火肆虐、熱浪逼人，還有極端的乾旱。

醜話說在前頭，我們減少碳排放的速度還跟不上災難降臨的速度。我在 2007 年說過這句話，現在還要再說一遍：**我們做的遠遠不夠。**[2] 除非我們能夠緊急而且大規模的導正方向，否則只能眼睜睜看著末日景象降臨。極地冰冠融化將淹沒沿海城市，作物歉收則會導致大規模飢荒。到了這個世紀中葉，全球將有十億人口淪為氣候難民。

幸好，在這場抗爭當中，我們有一位得力的盟友：創新。在過去 15 年間，太陽能與風力發電的價格已經大幅降低90％；清潔能源增加的速度超出所有人的預期；電池技術的發展使得更多交通工具得以電氣化，成本也愈來愈低；能源效率提升讓溫室氣體的排放量大幅降低。

雖然我們手頭上已經有不少解決方案，不過在實際運用方面，距離解決氣候危機的路途還很遙遠。我們必須大規模投資，推出健全的政策，使這些創新技術更平價；我們必須「馬上」普及已經具備的技術，努力發明仍然欠缺的解方。換句話說，**我們同時需要現有的解方，也需要未來的新科技。**

那麼，實現目標的具體計畫是什麼？坦白說，這正是我們一直以來付之闕如的東西，也就是一項可以實行的計畫。要實現「淨零碳排」（net-zero carbon emissions），讓我們排放的溫室氣體數量低於我們有辦法清除的數量，理論上的方法當然很多。但是，這些不過是一份長長的選項清單，即使選項再好，都不算是計畫。憤怒與絕望不是計畫，同樣的，希望與夢想也不是計畫。

我們最需要的是一套明確的行動方針，這正是我撰寫本書的目的。我有幸獲得許多世界頂尖的氣候與潔淨科技專家協助，才能完成本書，展示出我們能夠在 2050 年前，把溫室氣體排放量降至淨零的確切做法。在無數氣候先驅與英雄的努力下，我們才有現在得來不易的成就與經驗，他們是善於執行、精於行動的開路先鋒，我希望在他們的基礎上再接再厲；當然，本書中也會提及多位先驅與英雄。

計畫的優劣完全取決於執行，要達成這項重責大任，我們必須把過程中的每一步都當作自己的責任。這是我從導師、也就是英特爾（Intel）傳奇執行長安迪‧葛洛夫（Andy Grove）身上學到的教訓，也成為我一再驗證有效的座右銘：點子不值錢，執行才是關鍵。

要著手執行計畫，我們得有適當的工具。我在前一本書《OKR：做最重要的事》（*Measure What Matters*）中介紹過安迪‧葛洛夫為英特爾設計的一套目標設定法則，這套法則很簡單，卻非常有效，它的名稱是「OKR」，全名是「目標與關鍵結果」（Objectives and Key Results）。OKR 能夠引導組織專注投入優先要務；促進組織上下契合、連結；可以激發潛能、成就突破；並且追蹤各項目標的進展，衡量最重要的事。

在這本書中，我要提議採用 OKR 來解決氣候危機，也就是我們此生最大的挑戰。不過，在全心全力投入（這確實是個沒有全心全力投入就會全軍覆沒的危機）之前，我們得先回答三個基本問題。

我們還有足夠的時間嗎？

希望時間還夠，但我們已經快來不及了。

我們有犯錯的空間嗎？

沒有，我們把時間都揮霍掉了。

我們的資金充足嗎？

目前還不夠。投資人與政府已經加緊腳步，但還需要公部門與私部門投入更多資金，開發與擴大綠色經濟所需的技術。最重要的是，我們應該把目前花在骯髒能源的幾兆美元轉為投資到清潔能源上，以更有效率的方式利用清潔能源。

數據再清楚不過，我們現在就要採取行動。我願意投入時間、資源以及所學到的一切知識，與大家攜手建立淨零的未來。我要邀請各位參訪我們的官網 speedandscale.com，一起加入我們的行動。計畫要付諸實行，需要集合所有人的力量。最重要的是，我們要以空前的速度與規模（Speed & Scale）執行這項計畫，因為這是眼前最重要的事。

這本書是為所有領導者而寫，不管身在什麼位置，只要能打動別人和你一起行動，就是領導者。我要寫給能夠動員市場力量的企業家與商界領袖，寫給願意為地球奮鬥的政治家與政策領袖，寫給有能力向民選官員施壓的公民與社區領袖，更要寫給格蕾塔・通貝里（Greta Thunberg）與瓦希尼・普拉卡什（Varshini Prakash）這些新一代領袖，她們將指引世人走向 2050 年以後的世界。

本書也要寫給各位內心的領導者。我無意鞭策消費者改變習慣，個人的行動固然有必要，也是理所應當，然而要實現這麼宏大的目標，個人的行動遠遠不夠，唯有齊心合力，全球集體行動，我們才能及時抵達終點線。

以我的身分而言，要倡議大家一起行動似乎沒什麼說服力。我是美國人，而美國又是赫赫有名的最大碳排放國；我是富裕的白人，來自密蘇里州的聖路易市（St. Louis），而且氣候危機多少是由我這一代人的疏忽所造成。

然而，我家離舊金山不遠，這本書是在家中的辦公室完成，從這裡望出去，可以看到群山背後被野火照亮的橘紅色天空，這正是乾旱與環境破壞造成的現象。[3] 單是加州一個地方，野火每年就會吞噬幾百萬公頃的森林，燃燒造成的二氧化碳排放量比起當地化石燃料造成的排放量還要多。這是最糟糕的惡性循環，我不能袖手旁觀，無論有多不適合擔任倡議的信使，我都必須有所行動。

這條路我已經走了 15 年，身上不乏各種傷疤。潔淨科技的新創企業比其他事業都更需要資金、勇氣、時間與毅力，這些公司的投資回收期很長，大多數投資人都無法承受。失敗的案例通常慘不忍睹，成功的故事儘管不多，久久才出現一次，但是至少這讓我們遭受的部分挫折、甚至所有挫敗都值得了。因為這些公司不只開始獲利，它們也在幫助修復地球。

本書花了相當多的篇幅，描繪我長期在這個嚴峻領域摸索的故事，也包含幾十位氣候領袖的經歷。能夠以投資人的身分支持這些領袖，我感到很自豪。從他們的幕後故事，我們得以看到 2050 年以前實現淨零排放的希望，也窺見尚待克服的阻礙。相對於書中其他比較技術面、塞滿資料數據的內容，我希望讀者能從這些故事中獲得一些調劑。在這趟旅程中，我不但受到問題的啟發，也受到其他人的啟發，我希望各位也會和我一樣，得到這兩方面的啟發。

企業家都是強者，能夠以人們無法想像的稀少資源，完成更多的事情，而且還可以做得超乎想像的迅速。今天，大膽的冒險者正在拚命創新，重寫遊戲規則來避免氣候浩劫。我們應該把他們的創業能量盡可能分送出去，感染世界各地的政府、企業以及社群。

有計畫也不能保證會成功，沒有人可以確保我們最終將及時過渡到淨零的未來。儘管我可能沒辦法像有些人那麼樂觀，但是，至少**我可以說是懷抱希望，卻又同時心急如焚**。只要有適當的方法與科技，加上對症下藥的政策，以及最重要的是善用科學的優勢，我們應該還有一線希望。

但是現在就要馬上行動。

——約翰・杜爾
　　寫於 2021 年 7 月

現在就要
馬上行動。

計畫是什麼？

前言　計畫是什麼？

珍珠港事件過後三個月，在 1942 年 3 月一個寒氣襲人的日
子，美國總統富蘭克林‧羅斯福（Franklin D. Roosevelt）在
白宮會見人稱「哈普」（Hap）的美國陸軍航空隊總司令亨
利‧哈雷‧阿諾德（Henry Harley Arnold）。當天的議程只
有一件事：羅斯福總統決心打贏第二次世界大戰的計畫。那
是空前的挑戰，尤其在那個時空背景下，情勢看起來特別嚴
峻。羅斯福總統大可以把地緣政治和每一道想得到的戰線都
闡述一遍，或是把各種錯綜複雜的細節都推演一遍。但是他
沒有這樣做，只是隨手拿起一張餐巾紙，草草寫下簡單到不
能再更簡單的三點計畫：

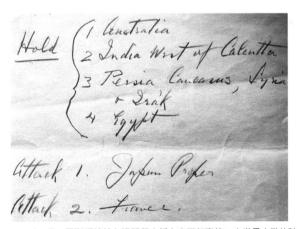

1942年3月，羅斯福總統在這張餐巾紙上寫下打贏第二次世界大戰的計畫。

1. 守住四個關鍵領地。

2. 攻打日本。

3. 在被納粹占領的法國擊敗納粹。

這三項要點簡明扼要、以行動為導向，羅斯福的餐巾紙給了軍隊領導人最急迫需要的東西，也就是清晰的行動計畫。

這項計畫最後讓美國旗開得勝，顯然並非巧合。會議結束後，阿諾德將軍將羅斯福的餐巾紙帶回五角大廈，直到諾曼第登陸日都以絕對機密保管，隨後幾十年也一直沒有公開。2000 年，企業家暨藏書家傑・沃克（Jay Walker）在拍賣會上買下這張餐巾紙，放在他的私人圖書館中展示。

沃克說：「每當有人告訴我某個問題太複雜，沒辦法用簡單明瞭的計畫來解決，我就會給他們看這張餐巾紙，你要解決的問題真的有比第二次世界大戰更複雜嗎？」

什麼是溫室氣體？

溫室氣體存在於大氣中，會吸收熱能。太陽會輻射能量，你只要離開陰影、走到太陽底下，就能感覺得出來。這些能量有一部分會被地球吸收，再輻射回空氣中。[1]氮氣與氧氣是大氣中最主要的氣體，它們會讓熱能穿過大氣，直接進入太空。溫室氣體則是比較鬆散、複雜的分子，它們會擋下部分熱能，將這些熱能再次輻射回到地表，產生「溫室效應」，也就是來自太陽直射以外所造成的額外加溫。

溫暖的環境是孕育生命的必要條件，因此我們需要溫室氣體，但是只要適量就好，太多就會出問題。二氧化碳是最主要的溫室氣體，無色無味，卻經久不散，一旦從排氣管或煙囪排放出來，就會在大氣中停留數千年。

甲烷是另一種可惡的氣體，它是天然氣的主要成分，可以為房屋提供暖氣、為爐灶提供爐火；牛隻會大量排放甲烷。雖然甲烷在大氣中停留的時間比二氧化碳短得多，短期內卻會比二氧化碳阻擋更多熱能。

其他會使地球升溫的氣體還包括一氧化二氮，這是肥料與一些常見冷媒的副產品。所有這些溫室氣體都可以用同一種標準來測量，也就是「二氧化碳當量」（carbon dioxide equivalents，縮寫為 CO2e）。這種概括性的衡量方法，可以讓暖化效果不盡相同的各種溫室氣體，進行更有意義的比較。

大氣中含有多少溫室氣體？

工業革命以前，每一百萬個空氣分子中大約含有兩百八十三個二氧化碳當量的分子。[2] 2018 年，聯合國政府間氣候變遷委員會（Intergovernmental Panel on Climate Change，簡稱 IPCC）提出警告，我們必須把二氧化碳當量保持在

大氣中的二氧化碳在過去200年間急劇增加
年度二氧化碳濃度
以百萬分點（ppm）為單位

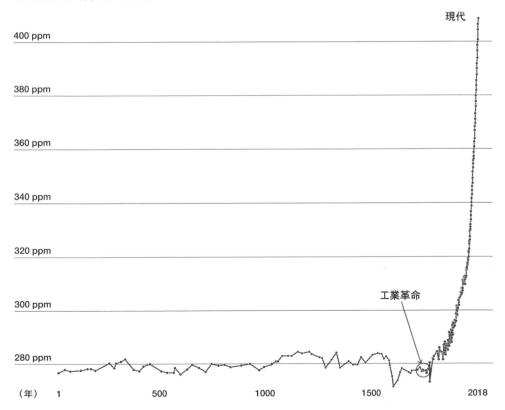

資料來源與圖表設計參考：NOAA/ESRL（2018）、Our World in Data。

485ppm，問題是我們早已越過這個門檻，目前大氣中的二氧化碳當量已經達到 500ppm 以上；這個數字來自遍布全球的八十個觀測站，由美國國家海洋暨大氣總署嚴格監測。[3]

要避免毀滅性的氣候災難，我們絕對不能再讓大氣中的溫室氣體繼續增加，還要把二氧化碳當量控制在 430ppm 以下，並且以守住這個標準為目標。

在估量地球大氣中的二氧化碳當量時，通常以吉噸（gigaton，縮寫為 Gt）為單位，1 吉噸等於 10 億公噸（metric ton），相當於一萬艘航空母艦滿載的重量。[4] 以排放量來說，燃燒 110 加侖（約 416 公升）汽油會排放 1 公噸二氧化碳當量；使用化石燃料為一萬兩千戶家庭供給一年的電力，會排放 10 萬公噸二氧化碳當量；二十萬輛燃油車平均每輛行駛 12,000 英里（約 19,312 公里），會排放 100 萬公噸二氧化碳當量；兩百二十座燃煤發電廠運轉一年，則會排放 10 億公噸二氧化碳當量；而人類所有活動加總起來，會造成 590 億公噸二氧化碳當量的排放量。[5]

為什麼這些數字很重要？

有增無減的溫室氣體排放已經造成地球失控暖化，整體來說，自從 1880 年以來，全球平均氣溫上升大約攝氏 1 度。[6] 聽起來好像不多，但這小小的溫度變化卻已經產生巨大的影響。

我們眼前的氣候危機其實由來已久，當工業革命開啟人類的新紀元，燃燒化石燃料以及其他人類活動已經排放超過 1 兆 6,000 公噸的溫室氣體到大氣中，而且其中超過一半是在 1990 年之後排放。[7] 我們大多數人都難辭其咎，只要坐過汽車、搭過飛機、吃過起司漢堡當午餐，或是享受過有暖氣調節的舒適住家，就該負起責任。

如今，唯有大幅減少排放，不讓溫室氣體進入大氣中，我們才有希望避免生態系統崩壞，或是不會看著地球變得不再宜

不同政策方針下的溫室氣體排放量與暖化幅度預測

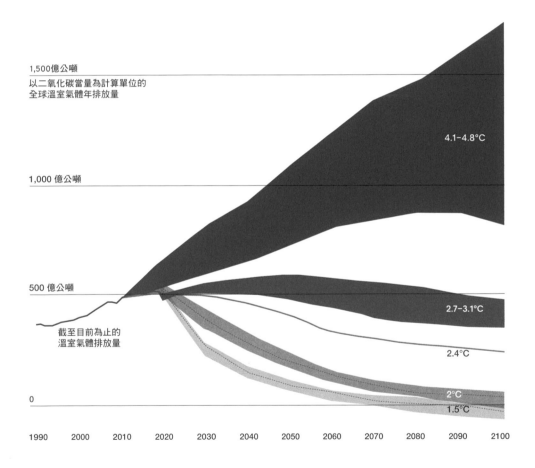

不採取氣候政策
4.1-4.8°C

不實施目前減排
政策的預估暖化
幅度

目前的氣候政策
2.7-3.1°C

實施目前減排政策
的預估暖化幅度

宣誓達成減排目標
2.4°C

全球各國都達到
減排承諾的預估
暖化幅度

暖化2°C的軌跡

暖化1.5°C的軌跡

1,500億公噸
以二氧化碳當量為計算單位的
全球溫室氣體年排放量

4.1-4.8°C

1,000 億公噸

500 億公噸

2.7-3.1°C

2.4°C

截至目前為止的
溫室氣體排放量

2°C
1.5°C

0

1990　2000　2010　2020　2030　2040　2050　2060　2070　2080　2090　2100

資料來源與圖表設計參考：Climate Tracker、Our World in Data。

居。來看看專家對 2100 年的可怕預測：

數不清的研究都顯示，暖化達到攝氏 4 度將摧毀全球經濟，尤其南半球的狀況會更嚴重。[8] 這場災難的規模將遠遠超過 2008 年金融海嘯，而且復甦遙遙無期，全球將陷入永久性的氣候蕭條。

但是坦白說，這樣的警告不太可能說服我們走上拯救地球的路，八十年後的預測對人腦來說太遙遠了，區區升溫幾度聽起來也太無害，很難想像這會是一種惡兆。此外，我們面臨的最大阻礙正是，在沒有藍圖的情況下，人們就會遲遲不願做出改變，真正的變革需要一項明確、可行的計畫。

「你可以告訴我，你的計畫是什麼嗎？」這是我投資數億

全球暖化幅度將遠遠超過攝氏 1.5 度的臨界點。

美元的創投基金給各種氣候解決方案後會提出的問題。我們都知道，各種解決方案的組合並不是計畫，披頭四（The Beatles）在〈革命〉（Revolution）中唱出兩者的不同：「你說你有真正的解決辦法……我們都很想看看你的計畫。」[9]

那麼，我們到底要怎麼避免氣候危機演變成氣候災難？**有哪項簡明扼要、可以實行並衡量成效的計畫，能夠確實化解眼前這場危機？**迫在眉睫的時候，我們的行動計畫餐巾紙在哪裡？

這些問題已經困擾我好一陣子，過去十五年來，我竭盡所能閱讀這個無比複雜的議題相關資料，並且向世界級權威請教對抗氣候變遷的理論與實務做法。了解愈多，我就愈憂心。2009 年，我向美國參議院一個委員會表達憂慮，我指出不當的聯邦政策加上研發資金不足，正在拖垮能源科技改革。

隔年，我與幾位合夥人辦了一場氣候危機專題研討會，希望藉此建立潔淨科技創新的人際網路。我們找來諾貝爾獎得主、時任美國能源部（Department of Energy）部長朱棣文（Steven Chu），以及氣候與經濟領域的頂尖思想家，包括艾爾・高爾、莎莉・本森（Sally Benson）、艾比・柯恩（Abby Cohen）、湯馬斯・佛里曼（Thomas Friedman）、哈爾・哈維（Hal Harvey）與盧安武（Amory Lovins）等人。

漸漸理解問題的嚴重性之後，凱鵬華盈增加潔淨科技的投資比例，從大約 10% 提高到投資組合的將近一半。與此同時，我開始在加州首府沙加緬度（Sacramento）倡議，加州應該率先推行氣候與能源政策。我還進行一場關於氣候變遷與投資的 TED 演講，*殷殷懇請大家一起加入這場運動。[10]

---

* 編注：請參見 https://www.ted.com/talks/john_doerr_salvation_and_profit_in_greentech。

身為美國能源創新委員會（American Energy Innovation Council）的創始會員，我力勸美國政府撥出更多經費用於氣候的研究與發展。我和一些志同道合的倡議者一起參觀巴西的實驗室與工廠，了解甘蔗如何轉變成生質燃料；到訪莫哈維沙漠（Mojave Desert）的太陽熱能發電廠；徒步穿越亞馬遜雨林；爬上加州的風力發電機；還到白宮和歐巴馬總統會面。皇天不負苦心人，後來美國政府撥款成立全新聯邦的機構「能源先進研究計畫署」（Advanced Research Projects Agency for Energy，簡稱 ARPA-E），並且提供一系列貸款保證給處於早期階段的公司。

在國際上，2015 年的《巴黎協定》（*Paris Agreement*）召集世界各國宣誓減排目標，可以說是劃時代的里程碑。然而，誠如美國氣候特使約翰·凱瑞指出，這些承諾並不足以達成任務。就算各國在巴黎承諾的減排目標全部兌現，我們還是得面對一個酷熱難當的世界，因為到了 2100 年，全球將暖化攝氏 3 度以上，遠遠超過可能造成毀滅性大災難的臨界點。[11]

我尋尋覓覓，希望找到一份廣泛而全面的計畫，過程中不知研讀了多少不同選項的分析，從嚴謹的科學論據、熱情洋溢的樂觀憧憬，到令人沮喪的陰鬱論調都沒放過，因此很難不感到迷惑、不知所措。但是，在幫助好幾代新創公司創業成功之後，我學到了一件事：**要執行大計畫，我們需要明確並可以衡量的目標。**我在第一本著作中說明，OKR 代表目標與關鍵結果（Objectives and Key Results），可以幫助組織獲得成功，從 Google 到比爾與梅琳達蓋茲基金會（Bill and Melinda Gates Foundation），從小型新創公司到財星五百大企業都有成功案例。現在，我相信這套方法同樣適用於全球性的危機。

OKR 代表目標與關鍵結果，能夠解決所有值得追求的目標當中的兩項關鍵：「要做什麼」及「該怎麼做」。這套方法當中的「目標」，代表你想要達成「什麼」；而「關鍵結

想要進一步了解 OKR，請參訪 whatmatters. com。

果」則會讓你知道該「怎麼」達成，而且這通常又可以細分成更多的小目標。

設定得宜的目標有幾項特點：重要、以行動為導向、經得起時間考驗，以及鼓舞人心。每一項目標都會有幾項經過仔細篩選、精心設計的關鍵結果來輔助；有效的關鍵結果則應該要具體、限時驗收、積極進取（同時又切實可行），最重要的是，這些結果必須可以衡量與檢驗。

採用 OKR 不是囊括所有任務與工作，而是要著眼於最重要的事，也就是達到成就的幾個關鍵行動步驟。目標與關鍵結果能夠幫助我們隨時檢視進度。這套方法就是要我們把目標設得更遠大，在盡可能施展抱負的同時，目標仍然在我們力所能及的範圍內。

淨零排放就是我們的終極目標，之所以要說「淨零」，是因為我們不可能單靠減少排放而達到零排放。有些排放源難以淘汰，就要靠大自然與科技技術來清除或儲存這些溫室氣體。但是，有一件事要搞清楚，我們不能因為寄望未來的大氣淨化科技，就認為現在可以繼續燃燒化石燃料，減少排放仍然是眼前最重要的工作。

「速度與規模」這項 OKR 計畫的終極目標，就是要在 2050 年前實現淨零排放，並且在 2030 年前達到排放量減半的重要里程碑。 面對這麼巨大的挑戰，目標與關鍵結果能讓我們保有清醒的頭腦、採取務實的做法，不會被不切實際的空想耽誤，不會被表面看起來酷炫、成本或規模卻不具競爭力的創新發明吸引。當我們設定好量化的減排目標，並且負起責任，就不再只是把未來寄託於一線希望，而是得以心無旁騖的著眼於最大、最有效，也能夠及時實現淨零目標的機會。

如同前文描述，全球每年排放的溫室氣體為 590 億公噸二氧化碳當量，如果一切照舊，數字會進一步增加到 650 至 900 億公噸之間。[12]（但是，一切照舊的結果，就是大家都會走投無路。）從合理性與公平原則來看，對排放量貢獻最大的國家應當率先大幅減少排放，只要已開發國家以身作則，清潔能源的成本就會下降，讓開發中國家也負擔得起。

本書提及的目標，是根據聯合國政府間氣候變遷委員會、聯合國環境規畫署（United Nations Environment Programme）以及《巴黎協定》談判代表計算的數字作為參考。這三個組織都計算過，多少排放量會導致全球平均氣溫比工業革命前上升攝氏 1.5 度、1.8 度或是 2 度。為了簡化目標，**本書是以最高標準來設定關鍵結果，也就是暖化不超過攝氏 1.5**

**溫室氣體哪裡來、
總共有多少？**

240 億公噸
能源
41%

120 億公噸
工業
20%

90 億公噸
農業
15%

80 億公噸
交通
14%

60 億公噸
自然界
10%

590 億公噸
總排放量
100%

許多針對「一切照舊」的預測中，年排放量都比較低，是因為假設現有政策維持不變。但是，從美國的例子可以看到，沒有人能保證政策永遠不變。

度。這個標準最有可能讓我們逃過氣候浩劫，儘管科學家也沒有百分之百的把握，因此，我們更應該火速行動。

現在，就讓我們來看看這項計畫，了解要用怎樣的速度與推模來解決氣候危機。就像羅斯福用鉛筆草草寫下的計畫，我們的計畫也只有寥寥幾個字，幾乎看不出要實現目標有多難，而且還真的只用一張餐巾紙就可以寫完，見下圖。

上半部的六大項目能夠幫助我們實現終極目標，及時解決氣候危機，在 2050 年前實現淨零排放。這六個項目各自都是複雜的議題，因此我將各以一章來討論，組成本書第一部「減到零排放」。下半部則是一組「加速器」，可以加快氣候行動的腳步，構成本書第二部「加速轉型」，總共分成四

2050 年前淨零排放

1. 交通電氣化
2. 電網脫碳化
3. 解決糧食問題
4. 保護自然
5. 淨化工業
6. 清除大氣中的碳

採用：政策與政治
　　　運動
　　　創新
　　　投資

個章節，每一章討論一種加速器。

為了設定關鍵結果，我們找來一群專家，其中包括政策專家、企業家、科學家與氣候領袖，他們都不吝付出時間並慷慨提供想法。除此之外，來自反轉計畫（Project Drawdown）、環境保衛基金會、能源創新智庫、世界資源研究所、RMI 能源組織（前身為洛磯山研究所）以及突破能源組織的專家，提供各種建議解決方案與途徑，同樣令我們深受啟發。

本著羅斯福的精神，我們致力於簡明扼要的說明：

「交通電氣化」指的是，將汽油與柴油車全面換成電動的機車、汽車、卡車與巴士。（第 1 章）

「電網脫碳化」指的是，以太陽能、風能與其他零排放能源取代化石燃料。（第 2 章）

「解決糧食問題」指的是，修復富含碳的表層土壤、改用更好的施肥方法、鼓勵消費者多吃低碳排放的蛋白質，並少吃牛肉，以及減少食物浪費。（第 3 章）

「保護自然」指的是，採取干預措施保護森林、土壤和海洋。（第 4 章）

「淨化工業」指的是，所有製造業，尤其是水泥與鋼鐵產業，都必須大幅降低碳排放。（第 5 章）

「清除大氣中的碳」指的是，以自然與工程上的解決方法移除、並且封存大氣中的二氧化碳。（第 6 章）

至於四項加速器，我們可以透過下列方式來加速上述解決方案：
→　推行關鍵的公共政策。（第 7 章）
→　將運動轉化為有意義的氣候行動。（第 8 章）
→　發明強大的技術並且擴大規模。（第 9 章）
→　大規模部署資金。（第 10 章）

我們已經沒有失敗的本錢，因此上述目標都各自輔以一組可以衡量的關鍵結果，用來檢視距離這些里程碑還有多遠、目前進展如何，以及是否應該加快腳步或是修正路線。

我相信這些都是我們有能力達到的目標，但是最終結果沒有人說得準。我們有可能遠遠超過應該達成的某些關鍵結果，其他關鍵結果卻不盡如人意。這樣也沒關係，只要我們在

速度與規模：淨零排放計算

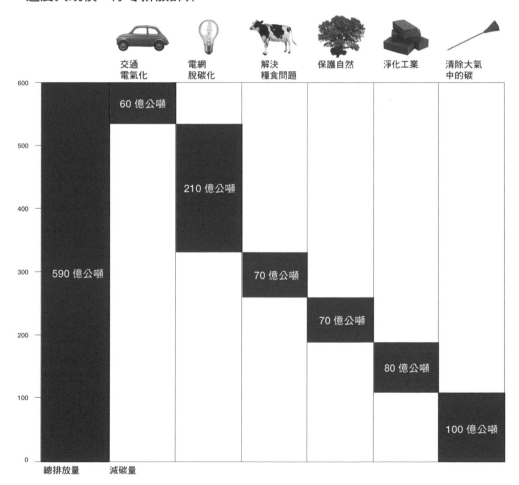

2050 年前達到淨零排放就好，因為這是我們欠後代子孫的債，一定要全部清償。

我們訂定的減排目標，參考依據來自世界各地不屈不撓的氣候研究者的研究成果。他們的聲音長久以來遭到忽略、無人理睬，直到此刻大難臨頭時，那些有錢、有權或有勢的人才開始聽進去。這些研究成果讓我們得以估算各種來源的碳排放量，藉此了解哪些地方必須減少碳排放，以及應該如何著手。

為了公平起見，有一點要特別說明。我們可以很準確的知道大氣中的溫室氣體總量，但是在計算各個國家或產業目前的排放量時，數字多少會有出入。我們針對各個領域訂定的減碳目標，就只是想要誠心提出解決眼前危機的方法而已，除此之外沒有其他的含義。

第 18 頁

結語

I.　　排放二氧化碳可能是氣候在不經意間被改變的主因。

II.　　人們普遍認為二氧化碳濃度增加源於燃燒化石燃料。

III.　二氧化碳倍增可能導致 2050 年前全球平均溫度升高攝氏 1-3 度。
　　　（極地溫度則預計將升高攝氏 10 度。）

IV.　有關溫室效應的大多數問題，還需要更多研究發掘。

V.　　必須在五到十年時間內找出必要的資訊。

VI.　美國能源部正在考慮要大力投入研究。

摘自1978年埃克森石油公司的內部報告。

據我所知，商場上的正確答案往往不只一個，公共政策與氣候解決方案也一樣，不會只有一種。我們的計畫不會是解決這場危機唯一的正確解答，但是我們相信這套計畫可以平衡理想與現實，它一方面雄心萬丈，一方面又是建立在確鑿的事實上。從各個方面來說，它是目標與關鍵結果的終極應用實例，我還沒見過比淨零排放更大膽的目標。

人類目前的處境，至少可以說是身陷危險之中，最令人氣惱的是，事情本來可以不必演變到這個地步。早在四十年前，埃克森石油公司（Exxon）的科學家詹姆斯・布萊克（James Black）就已經把化石燃料、碳濃度升高以及全球暖化之間的關聯說得一清二楚。

假如我們當時馬上採取行動，或許只要漸進式的改變，例如每十年減少 10％左右的碳排放量，就能擺脫現在的困境。只可惜，沒有人理會這位科學家的分析，進一步的研究也遭到壓制，甚至後來埃克森石油公司連同合併重組後的埃克森美孚石油公司（ExxonMobil），更是帶頭指控氣候變遷是一場騙局。二十幾年前，當高爾敗訴，由小布希（George W. Bush）當選美國總統時，如果能夠積極採取行動，每十年減少 25％左右的碳排放量，我們就不致落得現在這步田地。

現在，我們已經沒有時間，只做半套根本不夠。根據聯合國政府間氣候變遷委員會的資料，要戰勝困難、把暖化幅度限制在攝氏 1.5 度以內，碳排放量就不能超過 4,000 億公噸。這可以說是我們的碳預算，然而以目前的態勢，我們在十年內就會把預算用光。如今，只有馬上行動、大幅減少排放，才足以遏止災難。我們必須在 2030 年前減少 50％的排放量，並且在 2050 年前把剩下的排放量減少至淨零。因為不管我們是否做好準備，不可逆的氣候破壞都已經在醞釀當中。

就讓我們來看看通往淨零排放未來的策略，下列將按照各個策略對氣候的影響程度排列：

1. 削減（減少排放）

2. 節約（提高效率）

3. 清除（除去剩下的碳）

最主要的行動方針還是從一開始就不要排放溫室氣體，例如交通電氣化、電網脫碳化等，以目前來說，這是減少數十億公噸溫室氣體最快、也最可靠的方法。接下來才是提高能源效率，讓同樣的能源輸入，產出更多電力輸出。

第三項策略是利用自然或是採用科技移除碳、長期封存碳，用來解決難以避免的排放源，尤其是在交通業、工業和農業。即使世界各國都已經盡最大努力，在可預見的未來中，這些排放源仍然存在。然而，我必須強調，清除二氧化碳這項策略只是重要的助力，絕對無法取代不排放碳或是提高能源效率，我們一定要三管齊下。

我們的計畫將會挑戰世界各地的政商領袖，要求他們採取行動時，一定要有強烈的氣候正義與公平意識。全球要公正的轉型到淨零排放的未來，就得顧及開發中國家與已開發國家之間的差異，兩者的經濟能力懸殊，擺脫化石燃料的條件與時程也大不相同。我們一定要記得，全球有無數勞工的生計和化石燃料息息相關，當全球迎向綠色的未來，他們也應當接受再培訓，並且有機會獲得優質的工作。

最後，我們不能忽略國家內部和氣候相關的不平等現象，化石燃料的汙染對貧困與有色人種社區的影響特別大，這些族群加重氣候危機的責任最小，又最沒有能力防範氣候災難。

而且，因為碳密集產業受害最嚴重的人，應該從已經啟動的能源轉型中分到應得的利益。

潔淨科技可以帶來全新的開始，在關閉燃煤發電廠的同時，我們應該趁這個機會振興處於劣勢的社區，幫助勞工轉型到清潔能源相關工作。我們不能再把地球寶貴的大氣當作免費開放的下水道，隨意傾倒二氧化碳、甲烷以及其他溫室氣體。

別忘了，我們的計畫最終目標在於竭盡所能減少排放，不是要幫助我們適應愈來愈熱的世界。的確，氣候早就開始變遷，面對更劇烈的颶風、颱風、熱帶氣旋、野火、洪水與乾旱，我們確實需要投入更多資源保護城市與農田。但是話說回來，我們現在愈努力控制暖化，未來需要適應的變化程度也會愈小。

據說美國著名銀行搶匪威利・薩頓（Willie Sutton）被問到為什麼要搶銀行時，他這麼答道：「因為錢就在那裡。」所以，我們要追溯碳排放來源，要瞄準排放量最大的地方。這表示我們要持續監督排放量最大、貢獻全球 80％ 溫室氣體的二十個經濟體，更要特別針對排放量占三分之二的前五大排放經濟體：中國、美國、歐盟（加上英國）、印度以及俄羅斯。[13]

截至 2021 年 6 月，全球至少有德國、加拿大、英國與法國等十四個國家，已經正式立法或是提出法案，要在 2050 年前把碳排放量減少至淨零。[14] 問題是，這些國家加總也只不過占全球排放量約 17％。

直到最近，排放量最大的幾個經濟體才開始表現出減少排放的雄心。拜登政府的氣候行動計畫誓言要在 2050 年前實現淨零排放，相較於先前的氣候政策不啻為一大躍進；歐盟也已經承諾要達成相同的減排目標；中國則宣布要傾全國之力，爭取在 2060 年前達到碳中和，儘管在我們看來進度慢了十年，但至少已經有基礎可以進一步協商。雖然印度與俄羅斯還沒有明確做出淨零排放的承諾，但是國際社會終於看到一些希望，剩下就是最重要的貫徹與執行問題了。

人類肆無忌憚排放碳已經長達一百多年，現在要開始減碳，勢必得付出不小的代價。但是如果不採取積極作為、遲遲不行動，代價肯定會高昂得多。國際知名氣候政策專家哈爾・哈維說得再好不過：「現在拯救地球比毀掉地球更便宜。」以往，投資潔淨科技總是被視為冒險或魯莽的投資，現在人們卻漸漸認為這是通往經濟成長的捷徑。

在我下筆的這一刻，新冠病毒的危機仍然如影隨形，全球許多地區的死亡人數令人震驚而難以接受。這場全球大流行的疫情提醒我們，採取行動、防患未然是多麼重要。面對氣候危機也一樣，每一個行動都能讓我們免於難以想像的苦難。

2020 年疫情爆發後，我們往日的生活幾乎完全停擺。然而，為了因應新冠疫情而採取的各種限制措施，卻只讓碳排放量下降 23 億公噸，大約只占全球溫室氣體年均排放量的 6%。沒過多久，就連這小小的減幅也難以維持，碳汙染捲土重來。[15] 短期的限制也許有助於減緩疫情傳播，卻無法解決氣候危機。

眼前的當務之急已經十分清楚，督促我們採取行動的警鐘從來沒有敲得這麼緊迫。唯有及時實現淨零排放，我們才能無愧於心的把地球交到後代子孫手中。

所以，讓我們以最快的速度、最大的規模投入行動吧。

唯有及時實現淨零排放，我們才能無愧於心的把地球交到後代子孫手中。

交通電氣化

第1章　**交通電氣化**

創投業界有一項公認的原則：絕對不要投資有輪子的東西。2007 年，凱鵬華盈開始投資潔淨科技之後沒多久，我們開始考慮打破這項原則。我們是否應該投資電動車公司呢？精明的人都勸我別碰，畢竟過去百年來，市場上出現過超過一千間汽車製造公司，如今幾乎都不見蹤影，許多公司甚至虧得一塌糊塗。試問，誰還記得名噪一時的車商迪羅倫（DeLorean）？

當時，凱鵬華盈正在和一位汽車設計師亨利克・菲斯克（Henrik Fisker）認真討論合作，他來自丹麥，在洛杉磯定居，曾經在奧斯頓馬丁（Aston Martin）和 BMW 有傑出表現。我們第一次見面，他就提出一套策略計畫，首先生產一款專門針對豪華汽車市場的電動車，再慢慢往價格曲線的中間靠攏，進軍真正賺錢的中價位市場。菲斯克汽車（Fisker Automotive）只負責製造車殼，把風險降到最低，至於成本最高的電池部分，則是和資金雄厚的 A123 系統公司（A123 Systems）簽約，這間電池製造公司採用麻省理工學院（Massachusetts Institute of Technology）備受推崇的蔣業明教授研發的電池技術。

差不多同一時間，另外有兩位工程師找上我們，他們以傳奇發明家尼古拉・特斯拉（Nikola Tesla）的姓氏為新創公司命名，並且和一位非常成功的企業家合夥。這位企業家是 PayPal 創辦人，他投入大量資金，所以後來當上董事長；這就是伊隆・馬斯克（Elon Musk）來向我們推銷創業構想的緣由。

我們也喜歡馬斯克的三階段商業計畫，特斯拉一開始會推出
一款高檔跑車 Roadster，證明電動車不但可行，而且很酷；
這款跑車已準備好投入生產，就等資金到位。接下來他們會
推出豪華轎車 Model S，搶占 BMW 與賓士的市場。最後，
估計約十年後，特斯拉將推出針對大眾市場的低價電動車。

儘管這項計畫的時程拉得很長，但這對我不是問題，事實上，
特斯拉的整項計畫我都覺得沒有問題，策略訂得合理，結構
也很完美。然而，就算凱鵬華盈有能力同時投資菲斯克與特
斯拉，也不能這樣做。這兩間公司是競爭對手，有直接利益
衝突，我們會陷入左右為難的窘境，因此只能從中擇一投資。

電動車正在日益普及

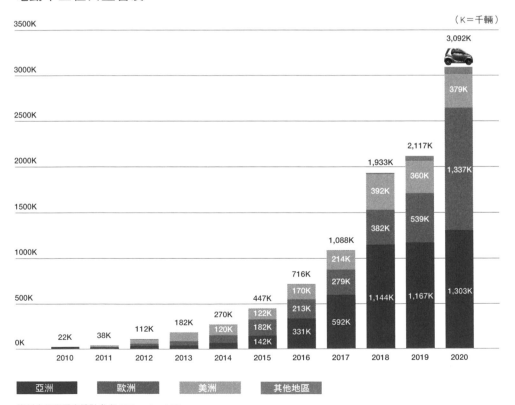

資料來源與圖表設計參考：BloombergNEF。

在 2007 年的種子輪投資特斯拉 100 萬美元，現在的價值將超過 10 億美元。

結果，我們選錯了，錯得離譜。因為我們選了菲斯克，就此錯過史上報酬最高的其中一項投資。我至今仍然無法釋懷，如果當初選的是特斯拉，這會是多麼不凡的一段歷程。不過，儘管無緣參與，我還是很開心特斯拉為全世界帶來這樣的成果，在馬斯克帶領下，特斯拉克服許多非比尋常的棘手創業問題。

特斯拉在茁壯成長的同時，也推動整個汽車產業向前發展，為了把電動車市場做大，特斯拉大方開放專利權供競爭對手使用。[1]

到了 2019 年，全球每售出五輛電動車，就有一輛是特斯拉。[2] 2020 年，特斯拉售出五十萬輛電動車，[3] 在股票市場大受追捧，市值達到 6,000 億美元，比起市占最接近的四個對手的市值加總還要高。[4] 最重要的是，在典型的連鎖反應作用之下，馬斯克帶動全球汽車製造商龍頭加快生產電動車的腳步，每售出一輛電動車，都對氣候計畫有益。

至於凱鵬華盈挑中的那間公司呢？ 2012 年的 Fisker Karma 車型亮相後轟動一時，外型設計流線且華麗，但是由於價格（超過 10 萬美元）、性能欠佳等種種原因，銷售成績並不理想。[5] 菲斯克連市場都還沒打開，原本以為萬無一失的電池製造商 A123 竟然倒閉；而且兩輛轎車的火燒車事故導致大規模召回[6]；最後僅存的一點希望也在 2012 年 10 月新澤西州紐瓦克港（Port of Newark）的風雨中化為泡影，珊迪颶風把一批歐洲進口、價值 3,000 萬美元的 Karma 插電式混合動力車淹沒，超過三百輛新車必須報廢，[7] 其中十六輛發生爆炸，菲斯克還沒有真正開始發展，就已經完蛋了。

交通領域如何淨零

全球的碳排放量要從 590 億公噸倒數至淨零，必須從五大排

放源著手：交通運輸業、能源業、農業、自然界以及工業。
第一項目標就是交通電氣化，致力於降低主要來自排氣管的
80 億公噸排放量。要達成這個目標，全球必須在 2050 年前
把汽油與柴油引擎車全面換成零排放的轎車、卡車與巴士等。

現今路上每十輛汽車就有九輛是靠化石燃料提供動力。

目前，交通電氣化已經正在進行當中，截至 2021 年 1 月，全球有將近一千萬輛電動車在路上行駛。[8] 但是，大規模電氣化的技術卻趕不上進度，**而且進展慢得令人沮喪，我們一定得加快腳步才行。** 全球車輛每年行駛的里程數都在增加，接下來二十年中，儘管電動車愈來愈受歡迎，預計內燃引擎

目標 1
交通電氣化

在 2050 年前把交通運輸業的碳排放量
從 80 億公噸減到 20 億公噸。

KR 1.1　　　　價格

在 2024 年前讓美國電動車達到和燃油車同等的性價比（35,000
美元），印度與中國電動車則要在 2030 年前達成相同目標
（11,000 美元）。

KR 1.2　　　　轎車

在 2030 年前，全球售出的自用新車每兩輛就有一輛是電動車；在
2040 年前將比例增加到 95%。

KR 1.3　　　　巴士與卡車

在 2025 年前，所有新購巴士都必須是電動車。在 2030 年前，全
球售出的中型貨車與重型卡車當中 30% 是零碳排車輛；在 2045
年前將比例增加到 95%。

KR 1.4　　　　里程數

在 2040 年前，全球所有兩輪車、三輪車、轎車、巴士與卡車等車
輛的行駛里程數有 50% 必須由電力驅動；在 2050 年前將比例增
加到 95%。

↓ 50 億公噸

KR 1.5　　　　飛機

在 2025 年前，全球飛行里程數有 20% 必須使用低碳燃料驅動；
在 2040 年前有 40% 里程數必須達到碳中和。

↓ 3 億公噸

KR 1.6　　　　海事

在 2030 年前，全部新建船隻皆轉換為「準零碳」船。

↓ 6 億公噸

← 特定關鍵結果
已標示量化減排
量，例如關鍵結
果 1.4 可減少 50
億公噸的碳排放
量。

車的行駛里程數仍然將保持在目前的水準。[9] 我們的進展不夠快，因為電動車的便利性與成本還是無法和汽油或柴油驅動的車輛競爭。除此以外，加上每輛新車平均有長達十二年壽命，[10] 全球汽車要全面汰換，過程簡直猶如牛步，接下來很長一段時間，內燃引擎汽車還是會繼續排碳。

交通全面電氣化的作用之大，絕不容小覷，而且影響的不只是氣候變遷而已。從排氣管與發電廠排出來的懸浮微粒，每年單單在美國就造成三十五萬人早逝，全球則是每五個人就有一個人因此早逝。[11] 根據美國國家環境保護局（Environmental Protection Agency，簡稱 EPA）的資料，這些汙染和心臟病與肺癌有關。[12] 交通電氣化不僅僅是淨零計畫的重要基石，更關乎防制這些對貧窮國家與有色人種社區影響特別大的致命疾病。這是生死攸關的問題。

為了實現交通運輸全面減少溫室氣體排放的目標，我們設定一些關鍵結果。理想的關鍵結果應該要能夠採用公開資料來衡量與驗證，如果關鍵結果全都達成，目標也一定會實現，也就是說，我們要把交通運輸業的年排放量減到 20 億公噸。

「價格」關鍵結果（KR 1.1） 可以打破電動車面對的巨大阻礙：性價比始終無法與燃油車平起平坐。電動車要成為小客車市場的主流，一定要讓大多數人都負擔得起。當我們捨棄碳排放量比較高的產品，轉而花更多錢購買環保的產品，這筆額外支出的錢就叫作「綠色溢價」（green premium），這個說法我是從比爾·蓋茲（Bill Gates）那裡聽來的。市場已經向我們證明，在有選擇的情況下，大多數人都不願意或是沒有能力支付能源的綠色溢價。[13] 突破能源基金的技術主管艾瑞克·托恩（Eric Toone）說：「大家只會選用低成本的解決方案，假如每一公升的綠色燃料要比最不環保的焦油砂提煉出來的石油多一分錢，許多人都不會買單。」即使有人願意買單，也會要求產品具備更好的效能。

單靠喜歡嘗鮮的人或憂心未來的公民，我們絕對不可能達成淨零。要讓市場轉向使用電動車，電動車必須效能更好、價格更親民。在這種背景下，**綠色溢價大致上代表了解決每一個領域問題的難易度**，[15] 也顯示出不管是電動車、食品還是水泥，我們距離淨零還有多長的路要走。

「**轎車**」**關鍵結果（KR 1.2）**是要讓全球在 2030 年前，達成電

綠色溢價因產業不同而有很大差異 [14]

	（零碳或低碳）的環保價格	傳統產品價格	綠色溢價
電力	每度電 $0.15 *	每度電 $0.13 **	每度電 $0.02 (15%)
電動小客車（美國售價）	$36,500 (Chevy Bolt)	$25,045 (Toyota Camry)	$11,455*** (46%)
長途卡車／貨輪運輸燃料	每加侖 $3.18 （B99 生物柴油）	每加侖 $2.64 （柴油）	每加侖 $0.54 (20%)
水泥	每公噸 $224	每公噸 $128	每公噸 $96 (75%)
航空燃料	每加侖 $9.21	每加侖 $1.84	每加侖 $7.37 (400%)
舊金山至夏威夷來回機票（經濟艙）	每磅 $1069	每磅 $327	每磅 $742 (227%)
牛肉漢堡排	每磅 $8.29	每磅 $4.46	每磅 $3.83 (86%)

單位：美元

*住宅太陽能服務租約價。　　　資料來源：多處，請見注釋。
**含配電費用的全球平均
　消費者價格。
***未含獎勵優惠。

動車占新車銷量超過一半的目標,不管怎麼看,這都是雄心萬丈的一大步。幸好,多虧歐洲部分地區開明的公共政策,我們正朝著需要的未來前進。挪威的電動車市占率已達到新車銷量的 75％。[16] 中國的電動車則是剛超過 5％,晉升為全球銷量最大的電動車市場。[17] 在中國的大城市,每售出五輛汽車就有一輛是電動車。美國雖然是全球最大的電動車製造商特斯拉的發源地,電動車市占率卻還不到 2％。

各個車種電動車的里程數都大幅落後

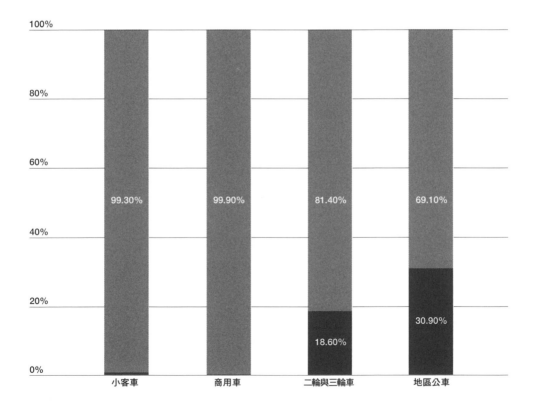

■ 電動車
■ 燃油車

資料來源與圖表設計參考:BloombergNEF。

市場上的汽車製造大廠，都看得出電動車未來的成長性。福斯汽車（Volkswagen）投入超過 850 億美元，而且還會繼續投資，就是要在 2025 年前達到全面電氣化。[18] 通用汽車、福特汽車（Ford）與現代汽車（Hyundai）也投入巨資生產電動車。

「巴士與卡車」關鍵結果（KR 1.3） 把重點放在兩類碳排放量超大、卻遠遠不及小客車受到關注的車種。巴士與卡車的數量只占所有車輛的 10％ [19]，產生的溫室氣體卻占交通運輸業的 30％。[20]

「里程數」關鍵結果（KR 1.4） 和減排最直接相關。由於這項關鍵結果看的是總行駛里程數，路上所有車輛都被考慮在內，從新出廠的電動車到最舊、最不環保的燃油車，無一例外。全球汽車在 2020 年行駛的里程數，只有不到 1％ 來自電動車。[21] 而全球車輛每年行駛的里程數高達 20 兆公里以上，想想看，如果這個天文數字在 2050 年前能夠百分之百都轉為電動車行駛里程數，將會是多麼大的躍進。

「飛機」關鍵結果（KR 1.5） 是要號召航空業加快步伐、採用永續航空燃料。我們的目標是在 2025 年前，全球飛行里程數有 20％ 使用低碳燃料。而更長遠的目標則是航空業必須找出新方法，發明由合成燃料、電力或是氫能源驅動，並且更有效率的飛機，以達到碳中和的航程。

「海事」關鍵結果（KR 1.6） 是要讓海運界採取更積極的手段，減少貨輪與郵輪的碳排放。船隻使用的重質燃料油會產生大量二氧化碳與硫氧化物，而超過三分之二的這些廢氣是在海岸線 400 公里以內排放，導致上億名沿海居民暴露在有害的汙染物之中。[22]

由於散裝貨船一般有十五年壽命，[23] 海運業要脫碳特別困難。積極的做法是推動海運業建造新船或改造舊船，讓船隻改用相對清潔的能源，進入「準零碳」（zero- emissions ready）

階段。與此同時，海運業還可以透過下列幾種方式減少碳排放，例如將船隻減速、改用更有效率的引擎、升級船體與推進系統，以及加裝過濾器來防止廢氣中致命的懸浮微粒飄散到空中。[24]

通用汽車如此，美國也是如此

1953 年，美國總統德懷特・艾森豪（Dwight Eisenhower）提名通用汽車執行長查爾斯・威爾森（Charles Wilson）擔任國防部長。當威爾森表明不會出售手上持有的大量通用汽車股票後，一位美國參議員合理質疑，這樣做未來可能會發生利益衝突。當時威爾森回了很有名的一段話：「我沒辦法想像這種可能性，多年來我一直認為，對國家有好處的事也會對通用汽車有好處，反之亦然。」[25] 威爾森的說法多年來經常被引用（還得經過授權），讚美和辱罵通用汽車甚至整個企業界的聲音都有。但毫無疑問的是，通用汽車身為美國最大的汽車製造商，不但左右美國的經濟，甚至影響美國的文化。

在發展零碳排汽車方面，通用汽車在失敗過一、兩次之後才重執牛耳。它的第一款商用電動車 EV1 是在 1996 年推出，續航力超過 80 公里。誠如《連線》雜誌（Wired）的評論，這款電動車「太小又不實用，注定要失敗」。通用汽車產出大約一千輛 EV1 供租賃，而且幾乎只限於加州地區，最後就全部召回報廢。

這間汽車巨頭花了十五年，才又再推出另一款電動車：針對中價位市場的插電式混合動力車雪佛蘭伏特（Chevy Volt）。在 2011 年，這台車榮獲《汽車趨勢雜誌》（Motor Trend）評選為年度風雲汽車。接下來四年裡，這款電動車與日產利夫（Nissan Leaf）互相爭奪美國最暢銷插電式混合動力車的榮耀。為了和特斯拉的 Model 3 競爭，通用汽車後來又推出

2016 年式的純電動車雪佛蘭閃電（Chevy Bolt），一樣還是針對中價位市場。

儘管如此，通用汽車的電動車生產計畫仍然趕不上特斯拉與全球汽車大廠，直到 2020 年 3 月，情況才開始改觀。通用汽車公布一系列出乎所有人意料的計畫，要利用公司的經濟規模扭轉局面。首先，他們展示即將推出的高功率、大型電池組電動車平台奧特能（Ultium）。接著在 2020 年 11 月，通用汽車一口氣宣布三十款要在 2025 年前推出的電動車車型。更令人驚訝的是執行長瑪麗・芭拉（Mary Barra）訂定的 2035 年目標，正是要終結通用汽車製造燃油車一百一十二年的歷史。

瑪麗・芭拉

一開始我們是和全國各地的顧客聊，發覺大家對電動車的看法出現轉折。他們表示，假如車子的續航力夠久、充電基礎設施夠多、能夠滿足使用需求，而且也買得起，就會考慮購買。

四處都聽得到這種論調，因此我們開始相信有一場運動正在醞釀當中。由於消費者買不買得起是一大關鍵，我們也看到通用汽車可以在這當中發揮重大的作用。交通運輸業要全面電氣化，我們必須打動只買一輛車的人。這些人買的車不是他們家的第二輛、第三輛或第四輛車，只會是他們唯一的一輛車。所以，我們決定帶頭轉型，在全球市場大規模的進行。

這是一個大好的成長機會，所以我們也希望為零碳自駕共乘服務提供電動車，並且把價格從每英里 3 美元降到 1 美元。*

我們還為美國國防部（U.S. Defense Department）開發一款電動概念車，未來有可能投入應用。在商用車方面，我們銷售電動貨車和最後一哩路的物流解決方案給聯邦快遞（FedEx Express）以及其他物流車隊。

---

* 編注：1 英里約為 1.6 公里。

歸根究柢，一切都是執行力的問題。我們的團隊與工廠具備相關的專業知識，電氣化已經成為一種核心競爭力。我們了解顧客，也有足夠的資源來做這件事。

但是首先，我們必須持續創新，例如把電池的成本降得更低，充電基礎設施也要全面普及。我們正在和愛迪生電氣學會（Edison Electric Institute）討論能源管理的問題，包括如何把充電時間集中到費率最低的凌晨 2～5 點時段。此外，還有很多地方都需要創新。

我之前讀到加州有一座小城已經禁止建造加油站，這件事如果發生在兩年前，會讓人根本無法想像。但是，現在在拜登政府的電動車轉型目標下，我們顯然得加快腳步才行，而且還要做到公平轉型，不能有貧富之分。電動車必須服務所有人，不能有任何人落在隊伍後面。

要成為業界龍頭，首要條件就是重視顧客。然後也要考慮和氣候變遷與公平正義相關的企業責任，你得願意去做正確的事，而且坦白說，員工也會認為這是雇主應該做的事。

我們不是要在利害關係人資本主義（stakeholder capitalism）和股東資本主義（shareholder capitalism）之間做選擇，畢竟這兩者其實密不可分。推動我們企業前進的不只是股東與顧客，還包括員工、經銷商、供應商、當地社區以及政府。在做決策的時候，必須了解決策會對這些利害關係人產生什麼影響，這是我在目前這個位子上的領悟：當你著眼在做正確的事，就會做出更好的決定。

以政策加速電動車銷售

要實現「轎車」關鍵結果（KR 1.2），電動車的銷量必須急劇成長。為了趕上目標，在 2030 年前讓電動車占新車銷量過半數，全球在 2025 年前，每銷售三輛新車就必須有一輛是電動車，我們要在極短時間內達成長足的進展。新政策的推動非常重要，我們會在第七章更深入討論，但是要促成這種轉變，一定要盡快補強三項現有的政策。

第一，我們需要更高額的金錢獎勵措施，主要透過抵減稅額或提供回饋金的方式，來彌補購買電動車的前期綠色溢價和長期省下來的汽油成本之間的差距。美國在 2009 年頒布的 7,500 美元聯邦稅額抵減，正是為了這個目的而設計。但是，我們可以做得更漂亮。以往只有購買新車型的第一批買家才享受得到稅額抵減的好處，但現在我們要拿掉這個限制，只有在電動車標價降到和燃油車同等價位才不再抵稅。瑪麗・芭拉就指出：「先行者冒險嘗試，不應該還要受到懲罰。」

第二，為了加速淘汰內燃機，我們需要有金錢誘因去獎勵車主上繳老舊內燃機車款，而不是拿到二手車市場去賣。美國政府曾經在 2009 年推出「破車換現金」（cash for clunkers）的措施，像這樣的措施只要設計得更完善、獎金更充足，就能以低成本淘汰路上數不清的燃油車。

第三，**交通政策最終必須全面禁止銷售內燃機車款**，美其名曰「電動車銷售規定」。單憑這一項措施，交通運輸業減少排放的目標就可以達成四分之三。目前，至少有八個歐洲國家以及以色列與加拿大，都明確表示將會禁售燃油車；中國則正在規畫相關時程。加州州長葛文・紐森（Gavin Newsom）已經下令 2035 年起禁售燃油車，[26] 另有十一位州長呼籲拜登總統在全美統一實施這項禁令。

在等待這些政策到位的過程中，我們必須提高所有燃油車與混合動力車的燃油效率標準。既然這些車輛都得排碳,每一公升的汽油或柴油就要能讓轎車、卡車與巴士跑得更遠。

電動巴士市場發展如何拔得頭籌

在各種交通工具當中,巴士採用電動車技術的發展最快速。由於以柴油驅動的巴士會造成嚴重的空氣汙染,巴士電氣化是迫切的問題,尤其擁擠的大城市更應該盡快解決這個問題。從中國深圳市製造商比亞迪(BYD)的崛起,我們看到綠色企業只要有厲害的商業頭腦,再加上政府的獎勵支持,就可以大有作為。

比亞迪的創辦人暨集團總裁王傳福來自中國相對貧困的安徽省,十幾歲就父母雙亡,由兄姊撫養長大,後來考上大學成為工程師。1995 年,他辭職創業,以「Build Your Dreams」(成就夢想)的字首縮寫為新創公司命名。經過四分之一個世紀後,大獲成功的王傳福登上了中國富豪榜。

比亞迪從生產手機電池起家,後來業務擴展到平板電腦電池、筆電電池以及太陽能能源儲存設備,並且在香港證交所上市。2003 年,王傳福成立子公司比亞迪汽車。這項新事業的風險無疑比生產電池高得多,但是他有一張王牌,也就是中國政府的支持,比亞迪汽車因此得以在全球電動車市場上和特斯拉分庭抗禮。[27]

在中國的許多大城市,空氣汙染嚴重得就像可怕的噩夢。為了解決這個問題,王傳福發起氣候行動,比亞迪汽車在生產平價電動小轎車的同時,也開發電動巴士,並且成功把中國公路上成千上萬輛柴油公車汰換。如今,擁有 1,300 萬人口的深圳市已經百分之百採用電動的巴士與計程車,就連貨車也接近百分之百電氣化。

深圳的1300萬人口完全仰賴由電動巴士組成的公車大隊通勤。

中國電動巴士的成功，證明公共政策可以加速創新、讓市場更快接受新事物。為了克服電池壽命有限與充電站不足的問題，中國政府挹注超過 10 億美元的津貼與補貼給比亞迪，另一方面也提供金錢獎勵給購買電動車的消費者。中國近年實施「中國製造 2025」策略計畫，其中一項重點發展目標就是成為全球電動車大國，並為此投入 500 億美元的預算，而比亞迪就是這個發展領域的重中之重。由於公部門肯定會提供研發經費、抵減稅金以及資助充電站設備，至少有四百間公司已經投入電動車的業務。[28]

就連股神華倫‧巴菲特（Warren Buffett）也看好電動車的發展，入手比亞迪 8％的股份。巴菲特的認可打開其他大門，2013 年，位於洛杉磯以北大約 110 公里的蘭開斯特市（Lancaster）市長邀請比亞迪到當地設立美國第一座工廠。到了 2016 年，比亞迪已經為加州各地城鎮生產好幾百輛電動巴士。2017 年，比亞迪在加州擴廠，新工廠的開幕式雖然並沒有受到美國媒體注意，但是時任眾議院多數黨共和黨黨團領袖的凱文・麥卡錫（Kevin McCarthy）出席了典禮，因為工廠就在他的選區內。他帶頭盛讚比亞迪承諾聘雇一千兩百名當地勞工，每年製造多達一千五百輛電動巴士。

排除萬難：普泰拉電動巴士的故事

20 世紀遺留下來的幾百萬輛吵雜、骯髒的柴油巴士，如市區公車、校車、機場接駁巴士等，都必須趕緊淘汰。為此，美國企業家戴爾・希爾（Dale Hill）帶頭行動，他先是入主位於丹佛（Denver）一間瀕臨破產的巴士製造商，這間公司生產的巴士是透過壓縮天然氣提供動力，雖然比柴油環保，還是會排碳。2004 年，希爾決定跨出一大步，不要專門只生產電動巴士，因此他把公司更名為「普泰拉」（Proterra），意思是「為了地球」。

這一步跨得並不容易，2009 年，這間新創公司創業第五年，普泰拉的電池成本一直停留在每千瓦 1,200 美元。希爾知道，如果要達到和柴油巴士相等的油耗成本，數字還得再少 40％以上，降到 700 美元左右才行。隨著電池技術愈來愈好、成本愈來愈低，希爾開始向地區公車的採購人員展示電動巴士的產品原型。

但是，製造電動巴士屬於資本密集型的產業，一輛巴士的成本高達數十萬美元，而且市場發展緩慢，購買決策可以花上好幾年。

2010 年，凱鵬華盈專門負責投資潔淨科技的兩位合夥人萊恩・帕波（Ryan Popple）與布魯克・波特（Brook Porter）主張投資普泰拉。他們對電動巴士技術的應用潛力做了一番研究，認為大有可為。因為巴士方便又普及，每年行駛的里程數自然不低，燃油效率卻是低得可以，每公升只能行駛不到 3 公里，所以很適合應用電氣化技術。

萊恩對這項投資特別熱衷，他曾經在伊拉克擔任美國陸軍排長，具備高度專注與講求紀律的特質，這使他後來在特斯拉擔任財務總監期間表現不俗，幫助馬斯克與特斯拉安然度過 2008 年的經濟不景氣。萊恩非常了解全球轉型為淨零經濟需要哪些條件，在普泰拉的過渡時期，他是暫代執行長職位的最佳人選。

巴士方便又普及很適合應用電氣化技術。

萊恩・帕波

身在商界總有逆風的時候，但是比起在伊拉克遇到倒楣的一天，那根本不算什麼。在伊拉克，風險來自狙擊手、迫擊砲以及路邊的炸彈。我有一位摯友就是在我們一起出任務時戰死沙場，我找不到合適的悼詞來紀念他，在離家萬里的沙漠中，只能小心翼翼把他的頭盔、軍靴與步槍擺好。

這段經歷在我心中留下無解的問題：這場戰爭成就了什麼？值得我們這樣犧牲嗎？為什麼美國老是捲入那個地區的衝突？

只有一件事我十分肯定，中東局勢在短期內不可能安定下來，然而全球油價卻和這個地區的供應量息息相關。在科威特的港口，油輪來來去去，完全無視載著坦克與重型裝備的輪船也跟著進港，準備攻打伊拉克。

回國後，我覺得美國人簡直瘋了，竟然以為我們可以依賴中東進口的石油。於是，我開始研究如何讓美國減少對石油的依賴，那年我二十六歲。

後來，我考上哈佛商學院，學院的課程都很無聊，只有潔淨科技能夠引起我的興趣。畢業後，我進入一間生質燃料新創公司工作。當時電動車還不成氣候，我們以穀物提煉乙醇作為汽油的替代品，但是我覺得這項事業做不起來。因為批發市場仍然被傳統石油與天然氣公司把持，而且使用乙醇終究還是在燃油，大部分能量都在燃燒過程中浪費掉。

2007 年 5 月，我太太珍（Jen）給我看《浮華世界》雜誌（*Vanity Fair*）的環保專刊，她問我：「你聽過特斯拉嗎？」這間公司太有意思了，而且我覺得電動車行得通，於是投了履歷，成為特斯拉大約第 250 號員工。那裡的員工都是頂尖人才，不過我們還是遇到阻礙，第一款車 Roadster 的生產過程出了問題，已經下訂單的人失去耐性，要求退還訂金。

然後，金融海嘯引發經濟大衰退。身為財務總監，我要幫公司度過難關，這大概是我這輩子做過最困難的工作。想要在經濟衰退期間賣出價值幾十萬美元的跑車，大環境的每一個因素都會跟你作對。儘管我們已經預收訂金，但是這些錢幾乎都用在研發上，而不是用來製造產品，因為我們知道一旦開始投入生產，公司的現金流就會變成負數。

我們想盡辦法克服困難，為電動車的成本結構設定具體目標。幸好，政府開始推出對電動車有利的政策。到了 2010 年初，我們的 Roadster 生產線已經穩定下來，也公布新車款 Model S，還拿到美國能源部的「先進科技製造貸款」（Advanced Technology Manufacturing Loan），並且著手申請上市。

有一天，我突然接到一位招聘人員的電話，對方說：「有一間創投公司想找人負責建立潔淨科技的投資組合。」我告訴他：「除非是凱鵬華盈，其他公司我都沒興趣。」對方則是回答：「看來我們應該約出來吃個午飯好好聊聊。」

就這樣，我加入凱鵬華盈的綠色團隊，負責管理公司的第一支潔淨科技基金。公司要我把重心放在交通運輸領域，能夠有機會在我關心的領域發揮重大影響力，真是太好了。投資菲斯克汽車所遭遇到的困難，其實也是不錯的轉機，促使我們把重心從小客車轉移到其他類型的電動車，沒有人想要錯過機會。

於是我們自問：「電池變便宜之後還會發生什麼事？」我發現交通電氣化可以對地區公車發揮更大的價值，市區公車是最有說服力的例子，因為這些柴油車行駛的里程數相當高，燃油效率又很低。

中國國家能源委員會早就已經明白這一點，所以提出「優先電氣化公交車」的主張，投入大量金錢與獎勵，比亞迪就這樣應運而生。我開始環顧四周，還有誰在做電動巴士？

我非常敬重普泰拉的幾位創辦人。2010 年，我認識了戴爾・希爾，他當初是用自己的美國運通卡在科羅拉多創辦普泰拉。凱鵬華盈進行 A 輪投資的時候，這間公司的員工不到百人，還只有一個客戶。後來，我在他們的董事會當了兩年顧問。

普泰拉同樣走到眾多新創公司都會面臨的境地，儘管技術上很成功，卻很難把它變成一門生意。他們想找一位執行長來領導，在這之前，執行長的職位則是由我暫代一個夏天。

我深知任務艱鉅，但決心接受挑戰。我不想要十年後一覺醒來，看到滿街的電動巴士在跑，卻只能懊悔一切和自己無關，我的孩子一定會問：「老爸，你以前不是做電動巴士的嗎？」所以，我決定把責任扛起來。

電池變便宜之後還會發生什麼事？

2014 年接下普泰拉執行長的任務後，萊恩走遍全美各地，和數十座城市的採購經理會面，得到的回應十分令人沮喪，卻也是誠實又有用的意見。雖然大家都喜歡 Proterra 的電動巴士，但認為目前還在實驗階段，在價格降得更低、性能變得更好之前，不會考慮添購。

萊恩不斷和他的團隊說：「我們就專心做好一件事，做到全世界沒有任何人可以超越。」萊恩深信，普泰拉可以成為全球最卓越的電動巴士公司。

正如菲斯克汽車帶給凱鵬華盈的教訓，普泰拉再次證明**電動車最關鍵的元素就是電池**。在萊恩的力勸下，我們加大投資力度，在舊金山機場附近的柏林甘（Burlingame）設立新的電池製造與研發中心。

我們還得招聘懂得如何提高電池能量密度的工程師。問題是，放眼全國，我們只知道三個人有這種能耐，而他們全都是特斯拉的員工。還好，三人當中的達斯汀・格雷斯（Dustin Grace）答應加入普泰拉擔任科技長。普泰拉要推出新一代電池，至此萬事俱備……豈料還是出問題，導致計畫中途停擺。

萊恩・帕波

我們的新電池每次充電可以儲存 100 度電 *，足以應付許多大功率的應用範圍。但是，要讓普泰拉的電動巴士符合實際需求，儲電量必須達到 400 度電才行。接下來大半年裡，我們努力要讓電池容量達到 250 度電的水準，其中一款電池組卻開始出現問題，只是身為執行長的我還被蒙在鼓裡。

2015 年底某一天，我看到公司的兩名工程師在研發部門角落踱步，一臉局促不安的樣子。我是個任勞任怨的人，便上前去詢問他們，結果只見兩人低頭盯著自己的鞋子，咕噥說：「有一件事不知道該不該告訴你，但我們很擔心。」他們這時才坦承，要把現有的電池弄到好，會比整個打掉重練更花錢。

我的眼前是一場空前的困境，假如電池研發計畫勢不得已必須重頭來過，公司的主要營收將會再延後兩年才能實現，那些客戶一直希望看見性能更好的巴士，但他們也會等得不耐煩。所以在當時看來，維持原有計畫並且設法補救問題，毫無疑問是比較容易的做法。

這項決定事關重大，我一個人沒辦法做主，這是董事會層級才能做的決議。我們召開公司有史以來最重要的董事會議，我請工程師團隊直接說明問題，從頭到尾沒有打岔。達斯汀・格雷斯說他們有百分之百的信心，可以讓巴士市場百分之百轉型為電動巴士，但是唯一的方法是把之前做的東西通通扔掉，包括十八個月的資金都要放水流，一切重頭來過。

我則是說：「這樣說好了：我們必須咬緊牙關，接受沒有營收、還要募集更多資金的現況。」我們之前已經募集了將近 1 億美元的資金，但現在需要更多。我以為董事大概會拂袖而去，接著公司可能會關門大吉，我們就此搞砸了機會，無法打造國內的電動巴士製造業。沒想到董事會支持我們，一致投下贊成票。

2017 年，普泰拉開始進行關鍵的道路測試，究竟我們的電動巴士充電一次可以跑多遠？一輛 12 公尺長的普泰拉電動巴士由兩名司

---

* 編注：原文用的單位是「千瓦時」（kilowatt-hour，縮寫為 Kwh），又可以寫為「瓩時」，指的是耗電量 1,000 瓦特的電器使用一小時所耗損的電量，等同於常見的「度電」。也就是說，1 千瓦時等於 1 度電。

機輪流駕駛，在封閉場地內進行續航力實測，並由第三方檢驗成績。結果直到電池完全耗盡為止，電動巴士已經在沒有充電的情況下行駛長達 1,772 公里，打破之前的電動巴士世界紀錄。

成績斐然的測試結果幫公司拿下更多訂單，洛杉磯、西雅圖、倫敦、巴黎與墨西哥市在內的十幾個大城市市長都表示，他們會在 2025 年前實現一律只購買零排放巴士的承諾。

我們必須
咬緊牙關。

普泰拉的電動校車
具備節能效率高、
總開銷低，以及零
排放等優勢。

重新啟動電池計畫是萬分艱難的決定，卻絕對是正確的選擇。普泰拉的新一代巴士以碳纖維取代傳統鋼材，車身重量減少超過 1,800 公斤，再加上使用的是自家新電動車平台 Catalyst，每次充電可以行駛 560 公里以上。在巴士電池取得飛躍式進展後，公車大隊完全採用電動巴士的理由就更充分了。各地區的交通官員在意的是總體持有成本，以一般公車十二年的壽命來說，由於電動巴士的維護費用與燃料成本大幅降低，比起柴油巴士，足足可以省下 7 萬 3,000 美元至 17 萬 3,000 美元，[29] 減少的碳足跡更相當於二十七輛燃油轎車的碳排放量。[30]

普泰拉的旅程才正要開始。雖然截至 2021 年，普泰拉電動巴士已經在美國四十三個州的道路上行駛，但是市場仍然無可限量。[31] 目前，電動巴士在美國的市占率還很小，只占全國公共交通巴士的 2%；在中國，電動巴士則有高達 25% 市占率。[32] 儘管現今絕大多數的地區公車與校車仍然是柴油車，但是我們相信到了 2025 年，電動巴士就會在各類標案中穩定勝出；到了 2030 年，全美國的公共巴士就會完全電氣化。這對於我們的計畫而言是至關重要的關鍵結果，雖然這些目標相當大膽，卻也並非不切實際。

隨著電池技術不斷改良，交通電氣化的範圍將會愈來愈廣。在電動小客車方面，首先成功推出的是高性能跑車；在商用車輛的領域，巴士是最先被推倒的骨牌。現在，普泰拉正致力於將相關技術擴展到貨車與重型卡車，並且首次和同業合夥，與全球最大商用車製造商戴姆勒（Daimler）簽訂夥伴關係。誠如普泰拉董事布魯克・波特所說：「柴油的時代已經結束。」

要提高性能，也要降低成本

性能更好、成本更低的電池是減少碳排放最重要的科技突破。儘管我們已經取得重大進展，目前仍然處在降低成本與提高性能的早期階段。我在個人電腦產業親眼見證過類似的發展，那年是 1974 年，我剛從萊斯大學（Rice University）畢業，一心想測試我在電機工程系所學到的知識。我前往矽谷，在英特爾找到一份工作，當時英特爾正在開發第一代 8 位元微處理器，希望製造出更便宜、更普及的微晶片，讓電腦演算更加大眾化。

當時的英特爾董事長是加州理工學院的傑出化學家高登・摩爾（Gordon Moore），他認為我們能夠以指數式的躍進，不斷改良電腦晶片的效能。他還提出一個矽晶圓上可容納的電晶體數量，大約每兩年會增加一倍。這個概念聽起來很不可思議，即使對於我們這些正在努力實現目標的人而言，也同樣感到難以置信。**這個概念後來被稱為「摩爾定律」，不過這並非注定會實現的真理；「摩爾定律」能夠成真，完全是成千上萬名工程師多年來努力不懈、不斷累積進步的成果。**而且，它背後仰賴的是由物理、化學、光刻、電路、設計、機器人科學、封裝等領域的創新所形成的生態系。

每一代新的微處理器都證實摩爾的預言，它們帶來更強大、也更平價的電腦。以前的電腦每一年只銷售數百台（UNIVAC），後來變成每一年銷售數千台（大型電腦與迷你電腦），再後來是每一年銷售數十萬台（Apple II），很快變成每一年銷售數百萬台（IBM 個人電腦與 Mac），到最後每一年賣出數十億台（iPhone 與 Android 手機）。過去半個世紀以來，摩爾定律改變全球經濟，也幾乎改變商業與現代生活的每一個層面。

遺憾的是，摩爾定律不適用於再生能源，再生能源需要克服的材料與工程困難很不一樣。那麼，有沒有別的方法可以預測電池與其他重要科技的進程呢？

摩爾定律（Moore's Law）呈現的指數式成長

電晶體數（對數軸）

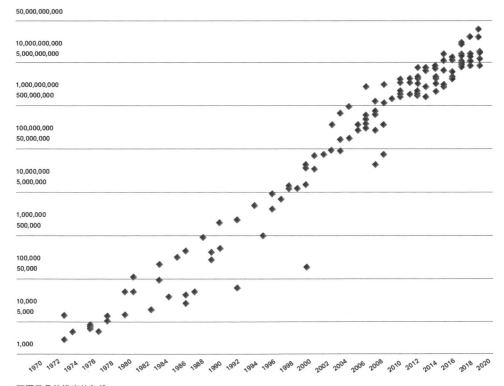

不同微晶片推出的年份

資料來源與圖表設計參考：Wikipedia、Our World in Data。

有的，**就叫做萊特定律（Wright's Law）**。1925 年，柯蒂斯飛機公司（Curtiss Aeroplane Company）總工程師、麻省理工學院畢業的西奧多・萊特（Theodore Wright，和萊特兄弟沒有血緣關係）計算出，飛機產量每增加一倍，製造商的成本就可以持續穩定下降。比方說，假設你有一千架飛機，再生產另一批一千架飛機時，成本可以下降 15％，那麼下次產量再增加一倍，產量達到四千架的時候，成本應該會再下降 15％，萊特定律讓我們可以根據產量來預測成本。萊特在第二次世界大戰期間成為航空界領袖，戰後擔任康乃爾大學（Cornell University）的代理校長。萊特定律雖然不像摩爾定律那麼有名，預測效果卻絲毫不遜色。

萊特定律發揮效應：太陽能
太陽能模組價格隨安裝用戶增加而下降 *

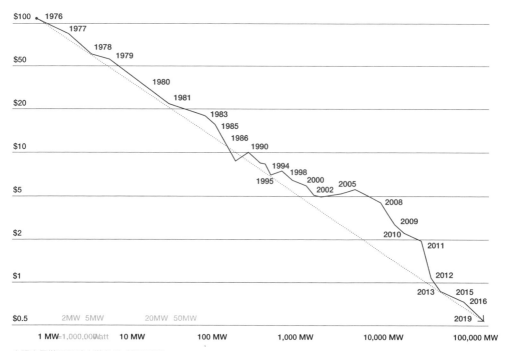

太陽光電裝置累計安裝數量（對數軸）

* 太陽光電模組（對數軸）每製造一瓦電的價格
價格已經過通貨膨脹因素影響調整，以2019年美元幣值計算

多年後，聖塔菲研究所（Santa Fe Institute）的一項研究顯示，萊特定律可以用來預測六十二種不同技術的成本曲線，從電視機到廚房電器都適用。[33] 如果用萊特定律來檢驗電動車的電池成本，將會發現驚人的巧合。2005 年，早期的電動車新創公司剛開始推出電動車時，電池成本至少要價 6 萬美元，只有效法特斯拉與菲斯克等公司，推出定價超過 10 萬美元的豪華車款或跑車，才有可能獲利。不過後來電池組產量每增加一倍，成本就下降 35％，完全應驗萊特定律。[34] 到了 2021 年，同等大小的電池組成本只要 8,000 美元，轉眼之間，電動車的成本競爭力已經漸漸追上燃油車。[35]

萊特定律發揮效應：電池
鋰電池價格隨時間演進而變動

消費者用電
（電池）

車用
（電池組）

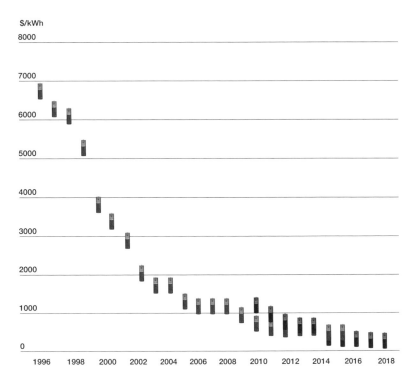

資料來源與圖表設計參考：IEA。

福特閃電上市

2021 年 5 月，福特汽車揭露 F-150 皮卡車的第一款純電動車，這款皮卡車已經連續四十四年榮登美國最暢銷車款寶座。[36] 在扣除 7,500 美元的聯邦稅額抵減後，入門級的車型在 2022 年春季正式上市時，售價將會低於 32,500 美元，在加州與紐約等地還有額外的電動車回饋金，價格甚至更低廉。

新款 F-150 以「閃電」（Lightning）為名，可說是一點也不誇張，它的續航力高達 370 公里，從時速 0 加速到 97 公里只要 4.4 秒。「這傢伙好快！」拜登總統在福特的測試跑道上試駕原型車後笑著說。由於福特每年售出多達 90 萬輛 F-150，許多人把「閃電」的推出視為猶如福特 T 型車[*]的誕生，等同改變歷史的決定性時刻。誠如拜登所說：**「電動車是汽車製造業的未來，我們不可能回頭了。」**[37]

福特閃電不只是小貨車，還是多功能又方便移動的發電機。根據福特的說法，在停電的時候，這款電動車可以讓一間房子正常用電三天。它還有十一個電源插座，可以在任何一處的工地提供電鋸、水泥攪拌機，或是夜間照明所需的電力，把些設備全部都接到車子上用電也沒問題。正如《大西洋月刊》（*The Atlantic*）指出，電動車基本上就是「裝上輪子的巨型電池」。[38]

儘管電動小客車的售價已經逐漸接近燃油車的售價，至少在美國是這樣，我們仍然必須積極透過創新降低成本，製造出其他地區人民負擔得起的電動車。印度最受歡迎的車款風神 Swift（Maruti Swift）只要 8,600 至 12,600 美元就買得到，價格約為西歐或美國平均汽車售價的三分之一。[39] 我們

---

[*] 編注：福特汽車推出的第一款汽車產品的車型。

要取得怎麼樣的進展，才能消除開發中國家的綠色溢價？其
中一項關鍵是提高電池能量密度，以新材料與新設計減輕車
身重量，也能降低生命週期成本，並且增加續航力。

與此同時，在已開發國家，我們也必須解決車主害怕車開
到一半就沒電的恐懼，也就是里程焦慮（range anxiety）。雖
然美國人每天平均只開車行駛 43 公里，買車時卻會考慮到連
假時出去玩，或是暑假公路旅行時車輛的最大續航距離。[40]

電動小客車與電動巴士的最佳續航里程都落在 560 公里左
右，大約可以在高速公路上不間斷行駛約六小時。以目前電

速度與規模：2050年淨零倒數

目標　　　　　減排　　剩餘

交通電氣化　　60 億公噸　　　530 億公噸

600　　　500　　　400　　　300　　　200　　　100　　　0

池創新的進度，電動車續航力有望達到 800 公里，但是如果要用來長途旅行，或是為大型貨車供電，則需要更好的電池才行。

交通電氣化無疑是一項抱負遠大的工程，但是如果所謂的「清潔」能源其實是來自燃煤或是天然氣發電廠等「骯髒」的源頭，我們從中獲得的益處就會少很多。換句話說，**只有交通運輸脫碳根本行不通，我們還得讓電網也脫碳才行**，而這正是我們下一章要討論的主題。

只有交通運輸脫碳根本行不通，我們還得讓電網也脫碳才行。

電網脫碳化

第 2 章　**電網脫碳化**

從長遠投資來看，就像愛迪生曾經說過：「我會把錢投資在太陽能上。」[1] 只是在愛迪生的年代，我們無從做出這樣的賭注，當時切實可行的選項是燃煤，透過燃燒煤炭全天候煮沸熱水，製造蒸汽推動巨型渦輪機的方式發電。現在的發電方式完全不可同日而語，化石燃料只是把能量送進電網，向住家與商家供電的其中一種方式。

然而，直到本世紀之交，燃煤發電仍然占全球電力最大宗。也就是在那個時候，德國聯邦議院資深議員赫爾曼・謝爾（Hermann Scheer）提出，德國應該帶頭成為大規模發展太陽能與風能的大國。謝爾家中的用電就是來自風車發電，有人覺得他根本是異想天開，才會憧憬建立完全依賴再生能源運作的社會。但是謝爾身為立法人員，心中自有一套計畫，要以特別補貼的方式壓低再生能源成本。

謝爾從 1990 年代就一直呼籲，德國應該制訂淘汰燃煤電廠的長遠計畫，同時也必須逐步關閉核電廠。這樣的主張卻始終遭到能源產業老牌業者的強烈反對，不過，謝爾並沒有因此退讓。

他成立國際再生能源總署（International Renewable Energy Agency，簡稱 IRENA），並成為歐洲再生能源協會（Eurosolar）理事長；歐洲再生能源協會是由再生能源創業者組成的聯盟。

但是這些努力對於克服國內政治的角力幫助不大。謝爾曾經代表德國參與現代五項運動（游泳、擊劍、騎馬、越野賽跑和射擊）賽事，他私下開玩笑說，要讓他提的法案通過，得使出政治上的五項全能。（不過他倒沒有指明射擊目標是誰。）2000 年，他在聯邦議院的議事殿堂上表示：「化石燃料已經造成氣候災難，現在真正務實的選項只有一個，就是讓再生能源完全取代化石燃料與核能。」

當其他議員不為所動，謝爾氣急敗壞的做出這樣的比喻：「化石燃料與核能等於是在全球四處縱火，而再生能源就像滅火器。」在他的鍥而不捨之下，法案終於通過，所以後來大家都把這項法案稱為「謝爾法」（Scheer's Law），**並且奠定全球第一個大國等級的太陽能與風能市場**。這項法案背後的概念很簡單，卻是高明又有效。不管你是一般屋主、有閒置土地的農民，還是有屋頂空間的店家，基本上人人都可以安裝太陽能板或風車，把生產的電輸入公共電網，而電力公司會以二十年不變的保證價格向民間的種電者收購電力。所以，民眾可以事先計算種電的年收入，再向銀行貸款購買設備。

「謝爾法」規定保證收購的價格高達每度電 60 美分，足足是當時電價的四倍，[2] 多出來的成本，就從住家與部分商家的電費帳單上額外收取附加費用來補貼。以住家來說，一開始平均每個月會多出不到 10 美元的費用，因此有少數人反對電費變貴。不過，大多數德國人都支持這項政策，因為這勢必將創造許多就業機會。[3]

資金流開始轉向，清潔電力跟著蓬勃發展。沒多久，山坡上出現星羅棋布的風力發電機，光電板覆蓋住宅區的屋頂，高速公路旁布滿大片天藍色的太陽能電池。在巴伐利亞地區，有一位名叫海因利希・蓋特納（Heinrich Gartner）的農牧業者貸款 500 萬歐元，在牧地上安裝一萬片太陽能板。因為他估算，這樣做會比他養豬賺得更多。[4]

謝爾的政策是根據一系列簡單的目標來引導，這些目標也就是我說的關鍵結果：到了 2010 年電力要有 10％ 來自再生能源，到了 2020 年比例要增加到 20％。儘管政策以發展風能與太陽能為主，但也包括其他潔淨科技的輔助，例如水力發電、地熱發電，以及生質發電等。到了 2006 年，德國的再生能源實驗已經穩步發展，有望實現謝爾心中的目標。但是，煤礦產業工作機會流失，引起政壇擔憂不安，而且電價上漲也讓部分民眾難以忍受。不過，謝爾毫不氣餒，不斷引用氣候變遷資料與民意調查結果來為政策辯護。

隨著太陽光電與風電在德國漸漸普及，成本也開始神奇的穩定下降，新的商業模式嶄露頭角，清潔能源的綠色溢價也不再那麼昂貴。一時之間，市場對再生能源的需求大增，製造業也迎來榮景。主要座落於前東德地區的德國新興「太陽能

市場對太陽能的需求隨價格下降而急升

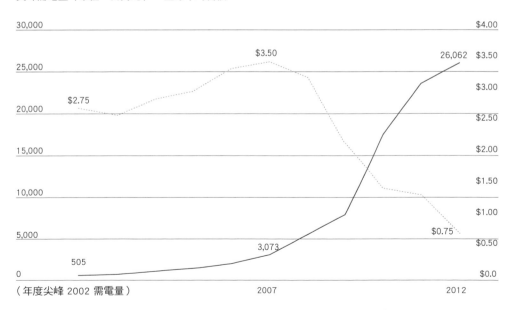

尖峰需電量（單位：百萬瓦）　全球平均售價

（年度尖峰 2002 需電量）　　　2007　　　2012

資料來源與圖表設計參考：Renewable Energy World。

谷」工業區，創造出三十萬個太陽能板設計與製造方面需人孔亟的工作機會，[5] 資金雄厚的幾間太陽能新創公司也在股票市場轟動上市。

在以往那些天真的歲月裡，我們很容易相信成立一間太陽能硬體技術的公司是一門好生意。我是過來人，凱鵬華盈那時投資了七間太陽能板新創公司，但後來都讓我們懊惱不已。

德國的清潔能源市場逐漸擴大後，美國也開始有所行動。儘管太陽能板是美國在 1950 年代的發明，不過政府並沒有善用先機、採取措施將這項技術普及化。隨著德國的「謝爾法」開始見效，環保人士說服美國好幾個州設下規定，電網必須適度包含再生能源，太陽能電價也應該有利於相關產業發展。風能與太陽能在幾年前還是微不足道的小眾市場，此時卻在全球開始需求大增。

然而，德國的領頭政策並沒有創造出德國政治人物一心指望的嶄新就業機會。原因很簡單，因為中國看到太陽能板的龐大新市場正在德國興起。在中國政府挹注資金之下，該國製造商進軍德國，把市場從當地製造商手中搶走了。便宜的中國太陽能板也打亂美國市場，凱鵬華盈投資失利，這是一大原因。

中國太陽能產業的擴張非常驚人，為了獲得競爭優勢，政府不只向新創公司挹注資金，也把錢投進相關技術的研發。於是，中國各地的大城市與小鄉鎮，突然間都有了在地的太陽能板新創公司。中國政府認定太陽能是未來的戰略產業，決心要攻下這個市場。美國與德國的製造商雖然享有一些技術先進的太陽能板專利，還有一絲機會取得成功，但是兩國政府都沒有做什麼來幫助國內的太陽能公司生存下去。中國製造商最終拿下全球太陽能板市場 70％的市占率。[6]

我和其他投資者一樣，沒有預見到德國再生能源實驗的連鎖效應，也沒有看出中國大舉進軍太陽能製造業的影響。等到太陽能板開始大量販售,一場殺到見骨的價格戰也正式引爆。從 2010 年到 2020 年間,太陽能板價格一落千丈,[7] 從每瓦 2 美元跌到每瓦 20 美分,凱鵬華盈投資的七間太陽能公司有六間倒閉。我們這些輸到脫褲的投資人又學到一個教訓:投資價格為王的商品必須非常小心,如果這項商品有別國的政府在提供補貼,更加不能大意。

話說回德國,儘管太陽能製造業的就職機會大多拱手讓人,安裝太陽能板的德國人卻比以前還要多。因為即使太陽能板價格暴跌,批發電價跟著降低,安裝與生產太陽光電的人還是可以拿到很高的清潔能源補貼。直到聯邦議院在 2010 年代中期決議取消補貼,好幾間德國電力公司才赫然覺醒,發現他們已經無利可圖。

當電網裡注入的太陽光電愈來愈多,尤其是日正當中的時候會更多,化石燃料發電廠在這個最賺錢的時段也不敵太陽光電的價格競爭。

這些電廠大多只好裁員重組,大幅降低化石燃料發電廠的帳面價值,並且把重心轉向清潔能源;持有電力公司資產的地方政府也不得不削減服務。這整場變革連帶造成的傷害實在相當巨大。

「謝爾法」雖然不完美,至少證明**在對的時間推出對的政策,大大有助於**擴大清潔能源科技的市場,價格也會因此下降。(對無視於變革的現有業者來說,這也是一則警世寓言。)多虧德國所做的實驗,現在全球各地幾乎都買得到便宜的太陽能板。誠如能源創新智庫執行長哈爾・哈維所說:**「這是德國送給全世界的禮物。」**

2010 年,德國的再生能源電力占比已經達到 16%,大幅超過原訂的 10% 目標。令人難過的是,謝爾在那年因心臟衰竭去世,享壽六十六歲。三年後,他的女兒妮娜・謝爾(Nina Scheer)選上聯邦議院議員,被任命為環境委員會委員。「謝爾法」後續法規提議在 2021 年前逐步取消對再生能源的補貼，妮娜投下贊成票，因為再生能源已經不再需要補貼了。此外，她也促成國會以多數票通過在 2038 年前停用煤電的法案。

2019 年，德國電力有 42％來自再生能源，[8] 這是有史以來頭一遭，終於有工業大國幾乎要以再生能源為「主流電力」。2020 年夏天，再生能源正式成為德國的「主流電力」。雖然整體需求電量因新冠疫情下降，太陽光電卻幾乎產能滿載，再生能源成為八千萬德國人的主要電力來源，平均供應全國電網 56％的電力。[9]

從《謝爾法》通過以來，德國電網的碳排放減少將近一半。妮娜・謝爾曾經感嘆的說，如果父親還活著、能夠看到這一天到來該有多好。

拉高零排放能源的占比

電力產業每年排碳 240 億公噸，占全球總排放量超過三分之一，**是所有領域中最大的排放源**。我們依賴電力調節住家與辦公室的溫度、烹煮三餐、為電動車充電等。但是我們不能忘記，電力不是能量的來源，而是能量的載體，只要用來發電的能量源自化石燃料，不管怎麼發展電氣化，都不可能達到零碳排放。還好，電力並不需要透過燃燒來產生，利用水力、風力或是陽光也可以發電。因此，讓電網脫碳、改為採用清潔能源，就是實現計畫最大、最重要的一步。

太陽能與風能的問題在於，只要沒有陽光或是風，則是巧婦難為無米之炊。要讓電網完全脫碳，我們需要備用能源，在太陽下山後或是風力靜止的時候供電；我們需要精準的預測，把電力從過剩的地區調到短缺的地區；我們需要地熱、水力等隨時可以供電的再生能源，用來填補缺電的空檔。總體來說，我們需要一次可以供電幾小時到幾天的短期能源，還需要加上可以長期儲備電力的蓄電設備。

要達成我們給電力產業設定的關鍵結果，未來的潔淨科技必須更便宜才行。顧及富國與窮國之間的差距，我們為面臨能源貧窮（energy poverty）問題的國家設定更靈活的達成時間表。

我們的當務之急是「**零排放**」**關鍵結果（KR 2.1）**，在2025年前來自零排放能源的電力占比必須超過全球電力的50％，在2035年前更是要超過90％。解決方案包括採用核電，在風力與陽光不足的時候補足能源需求。雖然核燃料基本上不會排碳，但是嚴格來說，核能並不能算是再生能源，因為核能發電使用的放射性元素還是屬於有限的資源。核電廠一般可以運轉幾十年，未來仍然會是全球其中一種電力來源。但是，隨著核電技術的成本不斷上升，其他發電方式則是愈來愈便宜，未來核電的重要性很可能會漸漸降低。

我們應該一方面加強研發核電技術，讓它更加安全可靠；一方面修改監管法規，加速興建核電廠，這樣才能在2050年前實現淨零排放。我們在這一方面已經沒有時間可以浪費，再生能源只要幾週就可以安裝完畢，核電廠卻要花費十年以上，才有可能完工並且開始運轉。

每一個國家都要自行找到出路來建設零碳電網，有些國家在淘汰燃煤與燃氣發電之餘，還會一併逐步淘汰核電，德國即是如此，但是法國與中國可能不會這麼做。美國有二十八個州設有核電廠，[10] 其中，維吉尼亞州的電力就有三分之一來自核電。在2020年，維吉尼亞州為淨零排放計畫立法時，把核能視為零碳能源，而我們的淨零計畫也同樣採取這樣的標準。

我們對於要採用哪一種發電技術沒有意見，只要不會排放溫室氣體到大氣中就好。水力發電已經占全球電力的16％，[11]

目標 2
電網脫碳化

2050 年前把全球發電與暖氣設備的 240 億公噸碳排放量減到 30 億公噸。

KR 2.1 　　　　零排放

2025 年前，全球電力有 50％來自零排放能源，2035 年前達到 90％（2020 年的零排放電力為 38％。）*

KR 2.2 　　　　太陽能與風能

2025 年前，太陽能與風力發電的建造與運轉成本，在全球 100％ 的國家都比排碳的發電方式更便宜。（截至 2020 年，只有 67％ 的國家達到這項目標。）

KR 2.3 　　　　儲存能源

2025 年前，短期（4 至 24 小時）的能源儲存成本低於每度電 50 美元；2030 年前，長期（14 至 30 天）的能源儲存成本低於每度 電 10 美元。

KR 2.4 　　　　煤與天然氣

2021 年後不再興建燃煤與燃氣發電廠，現有燃煤發電廠在 2025 年前除役或減至淨零排放，現有燃氣發電廠在 2035 年前達到相 同目標。*

KR 2.5 　　　　甲烷排放量

2025 年前，煤礦坑、油田與天然氣井不再洩漏或逸散甲烷，天然氣 燃除（flaring）的做法也必須近乎淘汰。

KR 2.6 　　　　暖氣與烹飪

2040 年前，用於暖氣、烹飪設備的天然氣與石油用量減半。*

KR 2.7 　　　　潔淨經濟

減少對化石燃料的依賴，提高能源效率，清潔能源生產率（GDP÷ 化石燃料消耗量）在 2035 年前成長四倍。

---

* 此為已開發國家的時間表，開發中國家要達到同樣的關鍵結果，預計得多花五到十年時間。

主要來自大壩；風力發電與太陽能發電則是分別占全球電力的大約 6% 與 4%。[12] 以美國來說，乾燥而陽光充足的西南部地區最適合採用太陽能發電，強風陣陣的中部地區則適合風力發電；以冰島而言，全國的電力幾乎都來自可再生的水力與地熱資源。在進行這項重大轉型時，每個國家與地區都必須好好利用自己的地理優勢。

我們已經相當接近達成「太陽能與風能」關鍵結果（KR 2.2），目前在全球三分之二的國家，包括美國、中國、印度、南非、南美洲與西歐等國家地區，新安裝的太陽能與風力發電設備已經是最便宜的發電方式。[13] 不過，這項的關鍵結果要求在 2025 年前達到更高目標：不管在世界哪一個角落，太陽能與風力發電都必須是最便宜的發電方式。

「能源儲存」關鍵結果（KR 2.3）是要讓能源儲存設備儲存的電力具有價格競爭力，不能比當前的電價高出太多。為了達成這項關鍵結果，我們要在低成本的發電方式之外，再加上降至特定價格目標的創新能源儲存技術，兩者缺一不可，才能滿足零碳電網的需求。

逐步淘汰化石燃料的發電方式是「煤與天然氣」關鍵結果（KR 2.4）的主要目的，這不啻是空前挑戰，世界各地針對煤、石油以及天然氣的新開發案都必須馬上停止。[14] 目前，全球的化石燃料發電廠已經足夠，接下來要做的是縮減需求。已開發國家必須停止興建燃氣發電廠，並且持續對煤電設施說不，接下來的重要工作則是逐步淘汰現有的化石燃料發電廠，少數無法淘汰的電廠，可能要靠碳清除技術來中和碳排放。

至於開發中國家，要達成這項關鍵結果預計得多花五到十年。在缺乏穩定電力供應的貧窮國家，單靠清潔能源恐怕無法滿足眾多人口的迫切需求，也無法讓電網保持穩定的供電量。在這種情況下，他們確實有理由興建新的燃氣發電廠，前提是這些電廠必須在 2040 年前除役，或者有辦法清除所

隨著價格下降和裝置容量增加，再生能源漸漸勝出

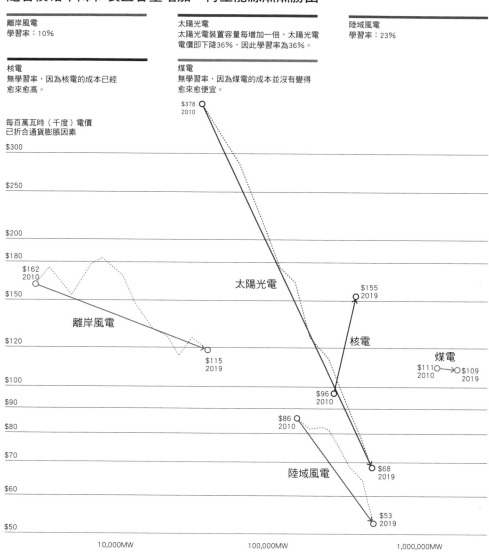

離岸風電
學習率：10%

太陽光電
太陽光電裝置容量每增加一倍，太陽光電
電價即下降36%，因此學習率為36%。

陸域風電
學習率：23%

核電
無學習率，因為核電的成本已經
愈來愈高。

煤電
無學習率，因為煤電的成本並沒有變得
愈來愈便宜。

每百萬瓦時（千度）電價
已折合通貨膨脹因素

累計裝置容量（單位：百萬瓦）

資料來源：IRENA、Lazard、IAEA，以及 Global Energy Monitor。
圖表設計參考：Our World in Data。

有的碳排放。

大體來說，已開發國家可以發揮的作用是降低再生能源的成本、消除綠色溢價、提供開發清潔能源的資金，以及把自己的國家顧好，率先達成脫碳目標。開發中國家則是有機會跳過過時的化石燃料發電模式，直接採用平價的清潔能源。來自富國與世界銀行的資金，可以加速這樣的轉型過程，一開始就建設正確的能源基礎設施，會比回頭修正過去的錯誤更加容易，也便宜得多。

我們無法確知一切會怎麼發展，**但是全球告別燃煤發電的時機已經到來。**2021 年 5 月，國際能源署（International Energy Agency，簡稱 IEA）號召各國為淨零排放與能源系統「全面轉型」[15] 共同努力，獲得七大已開發經濟體響應，同意在同年年底前「終止對海外排碳煤電計畫的融資」[16]。這項承諾由美國與歐盟帶頭，有望使再生能源在 2026 年前超越煤，並且在 2030 年前超越天然氣的占比。[17]

「甲烷排放量」關鍵結果（KR 2.5）要解決「逸散排放」（fugitive emission）的問題，設定在 2025 年前減掉 30 億公噸的甲烷排放，這些甲烷來自天然氣洩漏以及業界實行天然氣燃除 * 所導致。[18] 相關單位必須嚴格執行現行法規，督促業者妥善管理開採現場；此外，已經廢棄的舊油井、礦坑與頁岩油氣田也要妥善封堵。

「暖氣與烹飪」關鍵結果（KR 2.6）是要把建築物的燃油與燃氣加熱裝置，全數替換成電暖設備與電爐。現代的電熱泵可以提高加熱效率至少三倍，是穩定提供冷暖氣的絕佳替代品。[19] 此外，電磁爐早就已經贏得專業廚師的歡心，還一併除去室內最主要的空氣汙染源，也就是瓦斯爐。這項關鍵結果不需要犧牲，而是要呼籲大家盡快現代化。

---

* 編注：天然氣燃除（gas flaring）指的是開採石油時產生的天然氣無法利用，所以會在油田裡燒掉的做法。

什麼是零排放經濟？就是在淘汰化石燃料的同時維持經濟成長的方式。每個國家的清潔能源生產率算式，就是用這個國家的國內生產毛額（Gross Domestic Product，簡稱 GDP）除以化石燃料消耗量，**「潔淨經濟」關鍵結果（KR 2.7）**的目標是，每個國家的清潔能源生產率在 2035 年前成長四倍。

在全球二十大排放國當中，表現最好的是法國，主要原因在於他們有 70％的電力來自核能。後段班包括沙烏地阿拉伯與俄羅斯，因為這兩個國家仍然重度依賴石油與天然氣，仍然還沒有多元發展國內的能源選項。各國要提高清潔能源生產率有兩種方法，一種是改用排碳比較少的能源，另一種則是以效率更高的方式使用化石燃料。

如同任何一項架構完善的 OKR 計畫，我們必須達成上述所有關鍵結果，才能保證實現最終的目標，六項關鍵結果只達成五項也成不了事。值得慶幸的是，太陽在一小時內發射到地球的能量，就足夠我們用一整年，[20] 而太陽能裝置在經過幾十年的失敗嘗試後，目前已經超越所有其他發電技術的發展，甚至比風電技術更進步。[21]

打造全新的太陽能商業模式：
桑朗的故事

太陽能技術近年的成功，主要歸功於懂得積極擴展市場的高明商業模式。以舊金山新創企業桑朗太陽能公司為例，執行長琳恩・朱瑞奇（Lynn Jurich）從一開始就以新的商業模式進入市場。截至 2020 年，桑朗在全美各地已經為 30 萬戶住家提供服務。

歐洲國家以更低的碳排放量締造出更高的經濟產出

國內生產毛額與化石燃料消耗量比率

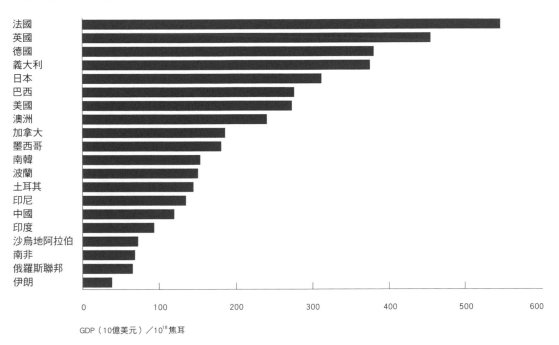

GDP（10億美元）／10^{18}焦耳

琳恩・朱瑞奇

我在很小的時候，就已經把圖書館裡的人物傳記都讀過一遍，我很想了解那些為後世帶來深遠影響的人。

後來我考上史丹佛大學（Stanford University），畢業後又留在史丹佛商學院攻讀碩士。我主修財務金融，希望藉此理解許多複雜的問題，畢竟想要解決當前社會的重大難題，一定得了解金錢的運作。

我在一間國際銀行獲得暑期實習的機會，並且有機會到香港與上海出公差。那年是 2006 年，香港與上海正在大興土木，橫七豎八的起重機吊臂互相交錯。走在大街上，我感覺周圍都是煙霾，吸進肺裡的都是廢氣。

夏天的煙霾來自燃煤發電廠，因為所有的辦公室都要開冷氣；冬天的煙霾則來自家家戶戶燒煤取暖。整個溫度調節系統都是建立在化石燃料上，這根本不是辦法。

雖然我們已經具備相關的技術，可以用再生能源來代替化石燃料，但是這種轉型要符合經濟效益，還有很多地方需要努力。展望接下來五十年的職業生涯，我想要有所貢獻，不一定是往太陽能技術的方向發展，我想做的是分散式電力。

當時有一間新創企業叫作 SunEdison 公司，以提供商家分散式發電裝置的模式逐漸受到青睞，他們幫全食超市（Whole Foods）、百思買（Best Buy）、沃爾瑪等零售業者的門市屋頂安裝太陽能板，供應店內部分電力與冷凍設備需求，店家無需預付任何費用，只要在接下來二十年間支付固定的費率給 SunEdison 公司。SunEdison 利用這些固定收入來源，也許再加上貸款，很容易就能為發展計畫籌措到足夠的資金。

但是，沒有人在為住宅市場做這件事，即使想像中這個市場的阻礙可能還少一些，也沒有人踏足。我和兩位合夥人艾德・芬斯特（Ed Fenster）與奈特・克里莫（Nat Kreamer）一起創業，他們在消費金融領域都有豐富的經驗。比起和科層體制主宰的大企業打交道、曠日廢時的協商合約，我們反而改為設想如何挨家挨戶去談這件事。

早在 2000 年代，市場上就已經出現大量太陽光電的硬體投資，有人投資太陽能板，也有人投資電池。我們不想湊熱鬧，只想投資在太陽能的普及應用上；太陽能的獨特之處就在於可以用很少的成本持有，普及化的潛力很大，這是實現電網平價（grid parity）*的關鍵。我們可以讓屋主有能力自己發電，不需要靠電力公司供電，進而建構分散式的電力系統。

我們的願景是把住宅太陽能發電變成一種服務，也就是所謂的「太陽能即服務」（solar-as-a-service），為了擴大規模，我們向朋友與家人募資創辦桑朗。我們到百貨商場的停車場裡，把傳單一張張夾在汽車的擋風玻璃上；還跑去農夫市場，和購物買菜的媽媽們談太陽能。

從創業早期，我們就受惠於太陽能的人氣，民調顯示人們對這種發電方式有信心，我們只需要出現在他們面前就夠了。起碼可以這麼說，大家都不喜歡現有的發電設備。

雖然早期顧客都是因為氣候考量而偏好太陽能，但是最令他們滿意的是，能夠自己作主，自己用的電自己發，同時還能省錢。安裝太陽能板完全沒有前期費用，屋主還可以確保電價很長一段時間

---

*譯注：即太陽能發電成本與一般市場電價相當。

都不會調漲。這就好像有人在你家後院免費裝了一座加油機，然後說以後每加侖只要一美元，再問你想要保留一年還是很多年？許多屋主就這樣和我們簽下二十年的長約。

我們募集資金來支付安裝太陽能系統的前期成本，每一戶約為 5萬美元，而且這個數字後來還大幅下降，而顧客簽的購電協議涵蓋設備維護與修理。

我們利用自備的資金來購買與安裝太陽能板，想要證明人們願意接受這種方案。這是一場硬仗，但我們的商業模式確實行得通。

2008 年的金融海嘯對我們打擊很大，房貸泡沫破裂，誰還會繼續投資一間靠著屋主債權運作的新創公司？對我們的顧客來說，公司倒閉是最大的風險。很幸運的是，我們在雷曼兄弟宣告破產前一天敲定一筆融資交易，在最後關頭化險為夷，那筆資金剛好夠我們度過經濟大衰退。

從商業模式的角度來看，挨家挨戶去談生意好像很慢，但是我們不得不這麼做，而且我們其實擴展得比商業市場還要快。我們在全美十個州盡可能掃遍所有住宅區，消費者因此有機會自己發電，也有愈來愈多人想要有相同的機會。

到了 2013 年，我們終於開始穩定獲利，董事會認為是時候上市了。這不是個容易的決定，我和先生布萊德（Brad）結婚九年了，始終不確定要不要生孩子。他也是創業家，所以我們隨時都在募集資金或是處理工作上的危機，永遠不會有最好的時機。我當時三十五歲，我們想說如果要生就只有趁現在。然後，我懷孕了，當然時間就和我們的首次公開募股剛好撞在一起。

「太陽能即服務」
的商業模式使
桑朗成為美國
最大的屋頂
太陽能安裝業者。

當時，太陽光電與風電已經慢慢在全球打開市場，但是要克服的阻礙仍然很多，太陽能產業的先驅大多嘗過暗箭，這些暗算來自政商關係深厚的電力公司。不過，桑朗的「太陽能即服務」模式很快打開市場，並且在 2015 年首次公開募股，從那斯達克募得 2 億 5,000 萬美元，為全美國十一個州的營運提供資金，早期投入的投資人都獲得豐碩的報酬。

琳恩・朱瑞奇

由於供電事業的地位堅不可摧,他們不覺得有必要讓顧客知道更多電力相關的知識。我們剛創業的時候,十位客戶中就有九個人以為太陽能是最貴的發電方式,大多數人至今仍然認為太陽能成本過高,其實早在多年前狀況就已經完全不同。

目前的供電模式充滿問題,市場支離破碎,而作為輸電媒介的電網被設計成單向道。當太陽高掛,安裝太陽能系統的住家電力過剩,產生的電比消耗的電還要多,按照所謂的「淨計量電價」(net metering)政策 22,美國三十八個州的電力公司應該買下這些電,再輸送到其他住家。但是,電網業者往往總是說再生能源已經太多,他們吃不下來。問題在於,電力公司沒有誘因建設分散式電網,這就要由監管機構來修改法規。

供電事業有責任媒合市場供需,而太陽能的間歇性是必須克服的最大難題。電力公司要懂得在尖峰時間與離峰時間分開收費;消費者則要懂得在什麼時候幫車子充電、什麼時段烘衣服最划算。要解決這些問題,其中一種辦法是,電力公司要培養更好的需量反應(demand-response)管理能力;另一種辦法則是,在所有住家系統中安裝蓄電池,讓屋主可以儲存過剩的電力,留待晚上或是隔天使用。如果這種做法可以普及化,我們就能建造所謂的「虛擬電廠」。

夏威夷是個有趣的微型生態系,當地約有 30%的住家都裝設太陽能設備與蓄電池,這樣的普及程度使我們能夠提供比電力公司更優惠、更穩定的電力。我們因此堅信,每戶住家都應該要有蓄電池,而電網的設計也應該順應這種模式。

目前,我們的業務已經遍及二十二個州,成為美國最大屋頂太陽能安裝業者——甚至超越旗下也有一家住宅太陽能公司的特斯拉。我把所有同行都視為盟友,因為我們都相信讓所有事物電氣化才是正途,而我們正在一起實現這樣的未來。這表示電網一定要採分散式,我現在比公司剛成立時更加堅信這一點。

2021 年,在琳恩•朱瑞奇和其他太陽能業者開疆拓土的努力之

下，美國的太陽能裝置容量達到 1,000 億瓦（100GW）。[23] 中國的人口是美國的四倍多，太陽能裝置容量則已經達到 2,400 億瓦（240GW）。印度之前設下目標，要在 2022 年前達到 200 億瓦（20GW），結果提前四年達陣，現在則爭取要在 2030 年前達到 4,500 億瓦（450GW）。[24] 放眼全球，太陽能裝置容量即將跨越 1 兆瓦（1,000GW）的歷史性里程碑，儘管進展快速，但是只要沒有在政策上徹底改變，我們仍然將無法實現淨零排放的目標。

琳恩・朱瑞奇

就全球暖化來說，我們已經來到暖化攝氏 1.5 度的臨界點，可能即將面臨氣候災難，所以我們現在得開始做出不能出錯的重大決策。美國在 1950 年代以驚人的速度完成國道系統的建設，艾森豪總統是一位偉大的領袖，我們現在也應該採取作戰時的模式，善用每一處屋頂安裝太陽能板。

這表示我們不能只獎勵現有供電業者，也要提供誘因幫助消費者才行。我們應該利用屋頂太陽能板與蓄電池為建築物供電，這些電力可以用來為電動車充電，讓我們擺脫燃氣或燃油設備，改用電熱泵與電動壓縮機來降溫或是加熱。相關技術已經成熟，電池成本正在不斷下降。大家都喜歡說中國應該做什麼、印度應該做什麼，其實，美國如果能帶頭行動，中國與印度就會做得更快。

是什麼限制太陽能的成長？答案是慣性，不改變永遠最簡單。現有業者為了捍衛地盤，用盡各種官僚程序與繁瑣手續，把事情弄得極其複雜。總有一天，安裝太陽能板應該就像安裝廚房家電一樣，屋主如果下星期要用，在那之前一定會裝好。所有新房子都應該裝好太陽能板，房價應該包含太陽能系統，就像房價包含花崗岩流理臺一樣普遍。

我們一定要把事情變得超級簡單又便宜，其實改變已經在發生。這個電氣化的新世界不需要任何人犧牲，也不必花更多錢，人們還是可以得到想要的房子。不但如此，現在還可以利用太陽發電自己使用。

風力發電吹向新方向

太陽能與風能是成長最快的兩種能源，你可能以為兩者會互相爭奪市占率，其實不然，因為這兩種技術正好彼此互補，太陽能板在白天把陽光轉成電力，風機則通常在晚上起風時比較忙。從某個角度來說，風能也是太陽能的一種。地球在太陽照射下，會因為地形變化而受熱不均，於是較溫暖的空氣會上升，留下低氣壓區域，而氣壓差異導致空氣流動不平衡，由此產生的氣流就是風。

這兩種再生能源的商業模式也有互補作用，太陽光電可以加速電網往分散式轉型，風電則屬於集中採購管理的能源。風能可以讓電力公司繼續做最擅長的事，也就是協商有利的能源採購協議，並且向顧客供電。在各種供電事業等級的能源當中，風能的成長速度最快，甚至超過了化石燃料。[25]

在美國，風電的市占率一向比太陽光電還要高，主要原因就是大型電力公司的青睞。德州座落在石油礦藏豐富的墨西哥灣區，是美國石油工業的根據地，但是由於州政策支持風能產業的發展，這個州也一直是美國風能領域的領頭羊。2006年，馬谷風能中心（Horse Hollow Wind Energy Center）在德州中部成立，裝置容量達到 7 億 3,500 萬瓦（735MW），是當時世界上最大的風力發電場。不過後來被其他更大的風力發電場超越，最早追上的是中國甘肅酒泉的風電基地，規模足足有二十七倍。[26]

這些年來，風電技術突飛猛進，業者把葉片造得更長，渦輪機也建得更高了。隨著產能翻倍，新的風機成本下降了一半。當風力發電在美國變得比以火車運載煤炭還便宜，把風電整合到電網中自然變得理所當然。

然而，陸域風電的未來成長性正面臨好幾項限制，像是輸電瓶頸、電力公司的局限、缺乏可用土地，以及當地民眾反對興建等。[27] 風力發電的新趨勢是前進海上,這就要從一位有遠見的丹麥人如何化金融危機為全新的綠色商機說起。

沃旭能源的海上革命

世界上第一座離岸風電場原本只是一場小實驗。1991 年,丹麥國營公用事業丹能集團〔DONG,是「丹麥石油與天然氣」(Danish Oil and Natural Gas)的縮寫〕在波羅的海一座小島附近的海上建置了十一組風機,以最近的海岸城鎮命名為溫德比離岸風電場(Vindeby Offshore Wind Farm),完工後的裝置容量為 500 萬瓦(5MW)。這不過是個小小的嘗試,只能滿足丹麥標準電力需求的 1%。

整個 2000 年代,風電的成長主要是由其他更有野心的企業促成,隸屬國營事業的丹能集團則陸續併購對手,不斷壯大身為石油與天然氣發電企業的實力。但是,在 2012 年,這間旗下有六千名員工的供電事業公司面臨財務危機。由於美國興起以壓裂法開採頁岩氣的熱潮,天然氣產量創下新高,全球價格在四年內從高峰暴跌 85%。[28] 這對丹麥的電力消費者來說或許是好事,不過丹能集團的利潤卻化為烏有,信用評等被標準普爾下調至負向,執行長也因此下台。

2006 年,丹能集團併購丹麥另外五間能源業者,整合成一間石油、天然氣與電力公司,仍以化石燃料為主要業務。

董事會找來能源產業以外的領導人才接任執行長,接任的是四十五歲的亨利·保森(Henrik Poulsen)。他曾擔任丹麥以創新著稱的樂高集團(LEGO)領導人,任職期間幫助這間公司完成重大的轉型。即使最樂觀看待,當時的丹能集團也只能說是前途未卜,保森被賦予重建公司財務基礎和制定新成長策略的重任。

離岸風電市場在 2012 年幾乎不存在,成本高得嚇人,把風機設置在海上又平添風險,更別說富裕的海岸住宅業主勢必反對。

1991年在丹麥近海
興建的世界第一座
離岸風電場。

丹能集團眼前的形勢非常嚴峻，如果換成別人擔任執行長，
大概就會開始恐慌，在天然氣價格回升前先裁員再說。但
是，保森不是一般的執行長，他反而趁機大刀闊斧改革。

亨利・保森

我在 2012 年 8 月加入丹能集團，不久後公司就深陷危機，被標準普爾調降評等。當時，歐洲大多數能源公司都面臨很大的經營壓力，傳統發電事業的老牌企業正迅速凋零。在美國的頁岩氣開採熱潮下，液化天然氣與天然氣儲存業務面臨巨大的降價壓力。

我心中很清楚，公司需要一套全新的行動方針。我們逐項檢視公司業務，找出競爭優勢，以及有成長潛力的市場。

我們漸漸訂出一套計畫，把一長串不屬於核心業務的事業通通賣掉，以便減少債務。我們必須脫胎換骨，變成一間全新的公司。我堅信為了對抗氣候變遷，公司應該捨棄「黑色能源」，轉向綠能，我們最後決定採取的成長策略只有一項業務，就是離岸風電。

我認為我們在離岸風電領域具備別人沒有的機會，而且又有最早開發的優勢。我認為我們已經別無選擇，只能全力以赴。

徹底轉型絕非易事，我們參考過當時所有建設在海上的風電場，管理階層也檢視每一項成本與資料，卻發現這些風電場的營運成本都太高，發電成本竟然是陸域風電的兩倍多。

我們訂定計畫要大幅削減成本，目標是把離岸風電成本降到比化石燃料發電成本還要低。

我們把離岸風電場的各個部分全部拆開來分析，從渦輪機到輸電基礎設施，從安裝到營運、再到維護。

我們的渦輪機造得愈來愈大，以增加離岸風電場的容量。我們和供應商一起努力，每次設置新的風機，成本就下降一些。

2014 年，我們參與幾項英國離岸風電計畫的競標，這是業界有史以來最大的案子，最終我們拿下其中三個。有了足夠的生產規模，我們得以按照計畫持續削減成本。

我們訂定目標，在 2020 年前裝機成本要降到每千度電 100 歐元，結果進度超前，在 2016 年就降到 60 歐元。我們在四年內把離岸風電成本降低 60%，遠遠超出原本的預期。當我們動員整個產業與整個供應鏈，和我們一起努力達成使命，那種力量真的很強大。

我們後來決定捨棄「丹能」這個名字，改以發現電流具有磁性的丹麥傳奇科學家漢斯・厄斯特（Hans Christian Ørsted）的姓氏，將公司更名為「沃旭能源」（Ørsted）。

我們最後決定採取的成長策略，只有一項業務，就是離岸風電。

當一個新市場剛打開時，競爭對手通常不多，先行者因此占據很大的優勢。在風電產業，丹麥有兩間先行者公司，其中一間是工業設備製造商維斯塔斯（Vestas），他們不只是製造風機的先驅，目前也是全球最大的風機製造商。[29]

不過，沃旭則是率先看出離岸風電場比陸域風電場更有規模優勢的先行者。沃旭早期興建的離岸風電場，發電量都達到 4 億瓦（400 MW）左右。這項新業務為公司帶來成長與利潤，2016 年，沃旭能源掛牌上市，市值約 150 億美元，四年後更上漲至 500 億美元。隨著歐洲政府對離岸風電愈來愈感興趣，其他公司紛紛投入，讓整個產業的成本進一步降低。

亨利・保森

由於手上握有來自全球各地的新開發案，我們能以更工業化的方法設計與建造離岸風電場，心態上不再是要完成一件單獨的案子，而是要建立工業輸送帶般的標準化流程。這讓我們更有動力與信心，積極開拓歐洲一帶的海域，同時前進亞洲與北美洲。

儘管不確定美國會不會是成為重要的離岸風電市場，我們還是在波士頓設立北美總部。然後，我們收購贏得美國第一座離岸風電場開發標案的公司，參與羅德島外海布洛克島風電場（Block Island Wind Farm）的建設。現在，這座風電場讓美國每年減少 4 萬公噸的碳排放，相當於路上少掉十五萬輛汽車。

從那時候開始，離岸風電市場在全球各地崛起，我們也拿下不少開發案。最有意思的是，我們重新培訓員工，讓他們學習新技能，儘管這個行業正在面臨巨變，但是新任務為公司注入全新的使命感。

到了 2020 年，沃旭能源生產的電力有 90% 來自再生能源，[30] 自家公司的二氧化碳排放量也減少 70%，被世界經濟論壇評選為全球最永續企業。[31] 如今，沃旭是全球最大的離岸風電開發商，在不斷成長的全球市場中握有三分之一的市占率。對於想要擺脫過去的化石燃料的公司來說，沃旭能源是絕佳的楷模。

大小有關係：風機愈大發電量愈多

波音 747-8
76公尺

↓ 溫德比 （Vindeby）	↓ 米德爾格倫登 （Middelgrunden）	↓ 尼斯泰德 （Nysted）	↓ 荷斯韋夫二期 （Horns Rev 2）
完工：1991年	完工：2001年	完工：2003年	完工：2010年
直徑：35公尺	直徑：76公尺	直徑：82公尺	直徑：93公尺
高度：35公尺	高度：64公尺	高度：69公尺	高度：68公尺
容量：0.45兆瓦	容量：2.00兆瓦	容量：2.30兆瓦	容量：2.30兆瓦

賽荷特島
（Anholt）

完工：2013年
直徑：120公尺
高度：82公尺
容量：3.60兆瓦

英國威斯特莫斯羅夫
（Westermost Rough）

完工：2015年
直徑：154公尺
高度：102公尺
容量：6.00兆瓦

英國博柏邦克
（Burbo Bank Extension）

完工：2017年
直徑：164公尺
高度：113公尺
容量：8.00兆瓦

164公尺

天然氣的骯髒祕密

2020 年 4 月，環境保衛基金會通報，位於西德州二疊紀盆地（Permian Basin）、美國最大的石油與天然氣田，出現碳排放量暴增的情況。基金會科學主任史蒂夫・漢伯格（Steve Hamburg）看著他們的甲烷排放監測系統，透過衛星餽送、無人機、配備紅外線攝影機的直升機，不斷傳送過來的圖像與資料，他簡直不敢相信自己的眼睛。

他開始覺得不對勁：「這是有史以來美國主要石油與天然氣田測量到的最大排放量。」[32] 從二疊紀盆地洩漏的天然氣，達到這片天然氣田總產量的 4％，大量甲烷被排放到大氣當中，而這種氣體會對氣候造成嚴重的後果。

天然氣含有高達 90％的甲烷，而甲烷的吸熱能力是同等重量二氧化碳的三十多倍。

這次的排放量暴增事件，讓我們看到準確、即時的測量將如何幫助我們減少與控制排放。幾天內，環境保衛基金會就向應該負責的石油與天然氣公司，以及相關監管機構發出存證信函，強烈要求對方採取行動，關閉洩漏的天然氣井。

史蒂夫・漢伯格曾經是堪薩斯大學（University of Kansas）與布朗大學（Brown University）的環境科學教授，在擔任聯合國政府間氣候變遷委員會一系列研究報告的主要負責人後，他的學術生涯大轉彎。這系列氣候報告讀來令人膽顫心驚，同時也為他領導的科學家團隊贏得 2007 年諾貝爾和平獎。隔年，環境保衛基金會找上他，漢伯格認為這是直接參與氣候行動的機會，於是辭去布朗大學講座教授的教職，開始上天下海、實地監測環境的生活。

環境保衛基金會有一個響噹噹的「MethaneSAT」衛星計畫，這顆衛星將可以定位、測量全球的甲烷排放源。在 2023 年前，由 SpaceX 參與開發的美國－紐西蘭聯合太空任務，將利用獵鷹 9 號運載火箭（Falcon 9），把這顆衛星發射到低地球軌道。

史蒂夫・漢伯格

MethaneSAT 衛星計畫的開端源自我們在蒐集資料、做研究時，希望把甲烷排放量化。我們蒐集到的資料就像一張張照片，分成不同的片斷，這已經比以往的資料品質都還要好。可是，我們其實需要像電影那樣連續的資料流，而且不能只有幾個地方，而是每一個地方的資料都要有。

目前，在世界上很多地方，我們還是沒辦法蒐集到資料，除非開飛機到上空，或是在地面上安排工作人員，但是根本不可能拿到這樣的許可。

所以衛星是最好的辦法。我已經講了很多年，這件事要大規模執行、做得夠精確，一定要有專門的甲烷監測衛星。

於是，我們根據需要蒐集的資料，再加上太空監測的精確程度等面向，向哈佛大學天文台與史密松天文台（Smithsonian Astrophysical Observatory）的學者諮詢。我們問：「你們做得出來嗎？」、「在技術上可行嗎？」他們稍微深吸了一口氣後回答：「你知道的，很快就會有新科技出來。」

所以我們提議，一起來研究看看吧。我們把想到的東西都寫在白板上後，看了一下說：「應該做得出來，這是可行的。」就這樣，我們的衛星計畫誕生了。

MethaneSAT 微星將巡迴全球的石油、天然氣與煤礦產地，監測甲烷逸散的情況，同時也監測來自農場動物與垃圾掩埋場剩食所排放的大量甲烷。在我們努力解決氣候危機之際，這項工程肯定會讓大家更加關注，並且了解即時全球測量資料的必要。

解決甲烷逸散問題是當務之急，因為甲烷是會嚴重影響溫室效應的氣體，而且壽命很短。工業革命前，大氣中的甲烷濃度為 722ppb（十億分之一），現在的濃度是當時的兩倍以上。如果能夠在 2025 年前把人為造成的甲烷排放量減少 25％，[33] 在 2030 年前再減少 45％，我們就有望在有生之年把全球暖化控制下來。

透過飛機搭載的甲烷感測器，以及針對住家進行的研究，我們知道問題不只出在石油與天然氣的生產過程，[34] 從供應鏈的每個環節，到我們平常使用的瓦斯器具，都有可能洩漏甲烷。愈早把瓦斯器具換成電氣設備，才能愈快除去這些額外的甲烷排放源。

一直以來，佛瑞德・卡洛普（Fred Krupp）最重視的是把訊息傳達出去，讓公眾知道儘管事態緊急，但同時也會帶來難得的轉型機會。卡洛普從 1984 年開始擔任環境保衛基金會董事長，多年來致力於保護環境，立下不少汗馬功勞，也是促成禁用含鉛汽油與有害殺蟲劑 DDT（Dichloro-Diphenyl-Trichloroethane，學名是雙對氯苯基三氯乙烷）的重要功臣。目前，這個非營利組織在全球有七百名全職員工，年度預算達到 2 億 2,500 萬美元。

佛瑞德・卡洛普

就在此刻，甲烷正在使地球變溫暖，效果既直接又強大。科學家與政策制定者已經漸漸醒悟，減少甲烷排放本身就是一件要緊的事，可以獨立於減碳之外。甲烷從大氣中消失的速度非常快，只要大約十年，而二氧化碳則需要一百多年才會消失。因此，如果能順利達成我們的 2025 年與 2030 年甲烷減排目標，暖化速度就會減緩，甚至在不久後產生降溫效果。

在北極夏季海冰不斷融化的情況下，減少甲烷排放的迫切性不言而喻，除此之外，我們不知道還有什麼方法可以防止海冰消失。毫無疑問，肉牛與乳牛也會排放甲烷，不過環境保衛基金會把工作重點放在石油與天然氣產業，因為這是可以馬上減少甲烷排放的機會，避免暖化加劇形成的惡性循環。如果再不採取行動，絕大部分的北極夏季海冰很可能會從此消失。

值得高興的是，業界已經認知到這個問題，埃克森美孚、雪佛龍（Chevron）、殼牌（Shell）、英國石油（BP）、沙烏地阿美（Saudi Aramco）、巴西石油（Petrobras），以及挪威國家石油公司（Equinor）等石油業巨頭都已經承諾減少排放，共同組成投資聯盟「石油暨天然氣氣候倡議」（Oil and Gas Climate Initiative），致力於降低甲烷濃度，並且支持在 2030 年前淘汰業界常規的燃除做法，不再白白燒掉甲烷。

美中不足的是，這個聯盟的成員只有上市公司，並不包括俄羅斯、伊朗、墨西哥、印尼與中國的國營企業，這方面的問題恐怕只能靠外交手腕來解決。總之，所有的油氣公司都應該馬上關閉洩漏的油氣井，同時徹底解決在開採能源時甲烷逸散的問題。

如果再不採取行動，絕大部分的北極夏季海冰很可能會從此消失。

除了化石燃料產業的中期目標，我們還需要具體的計畫，幫助業者加快腳步，在 2025 年前不再排放甲烷。石油與天然氣公司應該要設立機制，以監測開採現場的甲烷濃度，並且訂定計畫按部就班升級設備。許多公司還在使用根據流經的氣體壓力啟動開關釋放甲烷的閥門，要換掉這種老舊設備一點也不難，現在已經有不會排放氣體的閥門，這樣的技術早就存在，而且每個閥門只要 300 美元。[35]

當業界開始負起責任，MethaneSAT 衛星就可以去找出沒人處理或通報的甲烷洩漏源。對於這些逸散的甲烷，我們一定要有嚴格的法規與執法行動。

2016 年，在歐巴馬執政期間的最後幾個月，美國國家環境保護局訂定一項甲烷汙染限令，規定所有新建的石油與天然氣開採現場，必須要有檢測與修復甲烷洩漏的機制。然而，在川普政府暫緩執法之下，2018 年至 2020 年期間，美國頁岩油氣開採現場洩漏出來的甲烷大幅增加。[36] 2021 年 4 月，拜登政府把甲烷洩漏當作基礎設施計畫要解決的核心問題，並且著重在廢棄的油氣井上。

油氣開採與鑽探作業必須受到規範，各國政府與監管機構一定要更加警惕，不管是新開發的開採作業，還是原有的開採作業，都要確實執法，妥善控管甲烷洩漏的問題。卡洛普說：「有一些洩漏是故意的。」業者為了安全與經濟效益的考量，會在開採現場燃除沒有用武之地的天然氣，這種做法應該視為不必要的排放，也是白白浪費天然氣，需要嚴格加以規範。[37] 在空氣流通的地方直接讓甲烷散逸到空氣中的做法，也必須完全禁止。

全部都應該電氣化

身為自豪的加州州民，我要向曾經擔任四屆州長的傑瑞·布朗（Jerry Brown）致敬。早在氣候危機成為全球性的大事件之前，布朗就已經帶頭努力保護環境。他在任內簽署生效一系列領先全球的法案：1977 年，加州首開先河，實施屋頂太陽能租稅獎勵政策；隔年，率先推出建築物與電器的節能效率標準；1979 年，布朗還簽署全世界最嚴格的防霾法規，禁用含鉛汽油、暫停興建核電，以及禁止海上石油鑽探。

身為世界第五大經濟體，加州保護環境的努力從未鬆懈。2002 年，共和黨的阿諾・史瓦辛格（Arnold Schwarzenegger）當選州長，但是對抗氣候變遷的決心不分黨派，當他簽下《全球暖化因應法》（Global Warming Solutions Act），以 2050 年前減少 80％溫室氣體排放為目標，加州也正式成為對抗氣候變遷的世界領袖。

2011 年，傑瑞・布朗再度當上加州州長後，繼續簽署各種意義重大的氣候法案。2018 年，就在卸任前一年，布朗簽署相關法規，要在 2030 年前達到 60％清潔電力，並且在 2045 年前達到 100％清潔電力，使加州成為全球最大、承諾完全轉型清潔電力的司法管轄區。

然而，放眼全美國，我們還有很長的路要走。美國約有一半家庭與餐廳仍然在使用瓦斯爐或瓦斯烤箱[38]，許多廚師不願意改用電爐或電烤箱，天然氣公司則以各種宣傳手法加強人們偏愛化石燃料的成見。

其實，根據權威機構消費者報告（Consumer Report）的大規模測試，在大多數烹煮方式中，包括煨、燉、燜、燒烤等，電子誘導加熱式爐具（IH 爐）的表現都比瓦斯爐具更好。這種爐具沒有明火，而是使用電磁產生能量來加熱鑄鐵鍋或鋼鍋，由於沒有爐火，電磁爐不但比瓦斯爐安全，也比較不會逸出有害氣體。倫敦米其林餐廳皮欽（Pidgin）的共同創辦人詹姆斯・藍斯登（James Ramsden）就說：「我很喜歡我們的大型電磁爐灶，永遠不會再回頭去用瓦斯爐。」明星主廚湯瑪斯・凱勒（Thomas Keller）、瑞克・貝雷斯（Rick

Bayless）以及蔡明昊也是愛用者。各地的建築規範都應該規定新建築必須安裝電磁爐灶，至於現有建築的瓦斯爐，只要有獎勵措施，假以時日，要完全汰換並不是太難。

我們的遠大能源願景

當我們烹飪、保暖與駕駛的方式逐漸改變，在美國，有許多個州本來已經持平的電力需求將會再度上升，所以，**我們的電網一定要升級，才能應付未來的電力負載**，以及太陽光電與風電等不穩定能源瞬間輸入的大量電力。美國的電網說好聽是老派，但是要滿足即時的需求，以高壓輸電線長途傳輸電力，電網得變得更有「智慧」才行。

有些電力公司在這方面做得比較好，例如他們安裝「需量反應」系統，以軟體連接成千上萬個恆溫器內建晶片。在區域

在大多數烹煮方式中，電子誘導加熱式爐具的表現都比瓦斯爐具更好。

電力供應吃緊的時候，智慧電網會獎勵願意調整空調以減少尖峰時段用電的消費者。還有一種做法是「淨計量電價」，當住家屋頂太陽能板的發電量比用電量大，過剩的電會回流電網，除了屋主的電費變得更便宜，這種做法也對地球有益。[39]

隨著愈來愈多零碳電力流入世界各地的電網，我們將面臨更大的挑戰。目前全球生產的 27 兆度電[40]，很快就會不敷使用，根據國際能源署的估計，到了 2050 年，全球將至少需要 50 兆度電的發電容量，才能滿足幾千萬輛電動車以及其他電氣設備的需求。一旦住家都以太陽能板供電，正如馬斯克與朱瑞奇先前預見的狀況，車庫就會成為屋主的加油站。

一旦住家都以太陽能板供電，車庫就會成為屋主的加油站。

節能效率的驚人力量

歷史上大部分時候，一國的經濟都是和能源使用量同步成長，很多人認為，要產出一美元國內生產毛額，或多或少都需要消耗一定的能源。但是，牛津大學出身的物理學家盧安武不這麼看，他認為我們可以在大幅減少能源用量的同時獲得經濟成長。1982 年，為了提倡節能效率，盧安武與其他人共同創辦洛磯山研究所。他在科羅拉多州舊斯諾馬斯（Old Snowmass）的住家完全以太陽能供電，並且透過房屋設計達到 99 % 被動式保暖，成為高能效設計的展示屋。他還蓋了一間溫室，不需要火爐也可以全年種植香蕉。

盧安武表示，能源效率的躍進完全在意料之中，他有信心這種躍進可以加速我們朝向零碳排放的未來轉型。舉例來說，LED 燈的耗電量比傳統燈泡少 75 %[41]，能效更高的管線與管路設計，可以讓泵浦與風扇系統的阻力減少 90 %。[42]

2010 年，洛磯山研究所為紐約市帝國大廈的翻新提供諮詢，並且展示出節能 38 % 的可能性，隨後其他知名建築也紛紛仿效。[43] 盧安武說：「改進的地方不一定是技術，反而往往是設計，取決於你如何把現存的技術加進來。」帝國大廈採用的節能方法包含幫窗戶隔熱、添加輻射屏障，以及改善暖氣與冷氣系統；這些方法適用於所有辦公大樓與住宅。

美國的電力有 75 % 都是用在建築物上[44]，建築物需要暖氣與冷氣，目前最常見的是兩種不同設備，一種是使用天然氣或石油的火爐，另一種是用電的冷氣機。下一步就是徹底淘汰這些舊設備，只要安裝一種新設備就能同時提供冷暖氣，[45] 那就是電熱泵。這種巧妙的系統既能提供暖氣，又能提供冷氣，而且一度電可以至少當三度電用，還有工業用的機種可供大型建築物安裝。雖然這項技術的費用仍然偏高，但是只要接洽本地的授權經銷商就可以取得。

大多數人只會在舊設備壞掉後才考慮改用熱泵，但是國營企業可以仿效一些獎勵節能措施的做法，像是加裝防漏封材、住宅加裝隔熱保溫、購買有能源之星（Energy Star）標章的電器等 [46]，提供誘因鼓勵人們淘汰燃氣設備。單是 2019 年，能源之星計畫就幫助美國人減少 390 億美元的電費，溫室氣體排放量也減少 3.9 億公噸，大約占美國總排放量的 5%。

截至 2018 年，美國的節能效率在全球排名第十名，[47] 落在德國、義大利、法國與英國後面，完全不值得高興。假如美國其他州的節能效率都能趕上加州，目前的二氧化碳排放量就會減少 24%。[48]

這個領域的大量潛力都還有待開發，盧安武認為，下一代的能源效率將大幅提升，可能讓 1970 年代至今的節能成果有如小巫見大巫。

在這些破壞式創新之下，現有的大型供電事業特別脆弱。由法規改變到更智慧型、更節能的電網等變遷所漸漸匯聚的力量，很可能在 2030 年前吃掉這個產業的一半收入，每多一個家戶安裝屋頂太陽能板，都代表傳統供電事業又少掉一份收入。

現在的電網正在慢慢擺脫能源效率低落的化石燃料舊模式，不僅集中、單向、以供應方為中心，而且用電高峰時段還容易出狀況；未來的智慧型再生能源電網則是分散式、雙向、以顧客為中心，不但更有效率，也更有彈性。但是，還有一個阻礙是，要做到按需求供電，就必須儲存足夠的蓄電量，彌補太陽能與風能的不穩定。不過，隨著再生能源成本不斷降低，電網業者可以配合顧客的需求與營運地點的限制，持續添加更多清潔電力與蓄電量到電網中。每一次採購與節能效率提升，以及計量政策的調整，都是往清潔電網又邁進了一步。

在未來三十年間，人類將過渡到全新能源模式的轉型，這會是非常了不起的成就。到最後，每一座化石燃料發電廠都得關閉，天然氣得逐步淘汰，煤炭將成為歷史；除此之外，別無他法。眼前的目標就是要實現百分之百零排放的電網，而且在愈多國家、愈快達成目標愈好。

然而，要對抗氣候危機，我們還必須解決能源以外的問題，尤其是要怎麼養活人類的問題。全球溫室氣體的排放量當中，有相當驚人的一部分來自我們吃的食物，以及這些食物的生產方式。在下一章中，我們將探討如何改變全球的糧食與農業系統，以成就我們淨零排放的未來。

速度與規模：2050年淨零倒數

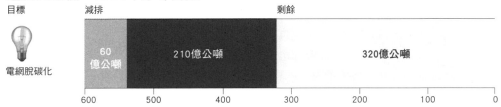

解決糧食問題

第 3 章　　**解決糧食問題**

在《不願面對的真相》引起世人對氣候危機前所未有的關注
之後，大家開始尋找在電力與交通運輸業大規模脫碳的方
法，然而早在我開始投資潔淨科技解決方案之前，高爾就經
常公開譴責違規排放溫室氣體的企業，呼籲大家支持有潛力
的潔淨科技。高爾在二十八歲那年當上議員，隨即在眾議院
召開美國國會的第一次氣候變遷聽證會，事隔幾十年後，他
歸根落葉，把重心放在也許是最有希望的氣候解決方案上：
以更好的方式生產糧食。

高爾年輕時，每年夏天都會在田納西州迦太基（Carthage）
附近的家族農場開尼福克農場（Caney Fork Farms）打工，
父親會帶著他巡視農場周圍，教他哪裡的土壤品質最好。有
一次，他們來到一處河床，那裡的土壤又黑又潮溼，高爾
抓了一把泥土在手裡。「黑色的土壤最好，這是我爸教我
的。」高爾說。

高爾從來不曾忘記父親給他上的那堂課，但他有點不好意思

的承認，自己得再花五十年才真正明白，為什麼那片肥沃的
土壤是黑色的。原因就在土壤裡的碳，高爾說：「土壤的碳
含量愈高，愈能養活土裡的各種微生物，而且愈黑的土壤愈
能留住水分，因為碳會形成網格結構，把水分鎖住。」

沒想到在這個小小的生態系發生的事，足以影響整個地球的

身在開尼福克
農場的高爾；
這座農場位於
田納西州的
迦太基附近。

環境。高爾指出，地球土壤含有 2 兆 5,000 億公噸的碳，[1]
是大氣中碳含量的三倍以上，**而要達到淨零排放，我們必須
讓土壤吸收更多碳才行**。這是很有潛力的做法，可惜我們正
在反其道而行。現今的地球表土正陷入危機，過去一個世紀
以來，共有足足三分之一的土地已經劣化。[2]

1930年代，
北美大平原因為
農地土壤劣化
而陷入沙塵暴。

回到開尼福克農場，高爾正在這裡實踐未來農場應該採取的
標準做法，他說：「整座農場是靠百分之百的再生能源在運
作，包括穀倉、糧食的生產、房屋等，但是農場最關鍵的還
是表土。」不管種植萵苣、南瓜還是甜瓜，要克服的挑戰都
一樣：土壤的碳含量愈高愈好，這樣才能促進植物與微生物
之間的交互作用。

1930 年代，不良的耕作方式導致德州、奧克拉荷馬州和堪
薩斯州的平原土地劣化，大量表土被風吹走，滾滾黃沙遮
天蔽日，捲得比建築物還高。在那次的黑色風暴事件（Dust
Bowl）後，我們學會定期輪作的道理，了解到覆蓋作物對
水土保持的重要性，這些血淚換來的智慧，催生再生農業
（regenerative agriculture）運動。

傳統農業犁田翻土的耕作方式，不但對土壤結構造成劇烈擾
動，破壞自然生態平衡，還會把大量二氧化碳釋放到空氣
中。接著又使用富含氮的肥料施肥，誘使受損的土壤產出更
大收穫。再來是噴灑殺蟲劑與除草劑，讓化學物質排入河流
與地下水層，殺死有用的微生物。工業化肥料會產生一氧化

二氮，吸收熱能的速度是二氧化碳的三百倍，而且會在大氣中停留一百多年，光是化肥的碳排放量就達到 20 億公噸二氧化碳當量。[3]

整體來說，造成溫室氣體排放危機的溫室氣體，有超過 15％、大約每年 90 億公噸，可以直接歸因於糧食系統，包含產業化的農業、牲畜（特別是牛）、稻作，還有化肥與剩食所排放的氣體。[4] 要實現淨零排放，我們必須徹底改變農業與糧食系統的運作方式。

到 2050 年，全球人口將從現在的七十億人增加到將近一百億人，中產階級人數不斷增加，肉類與乳製品的需求也將跟著節節攀升。要餵飽每一個人，我們生產的熱量得比 2010 年多 60％。[5] 我們的速度與規模計畫相關目標與關鍵結果如下頁圖表。

要在養活所有人，同時減少農業領域的排放，上表中的五項排放因素全都得解決。**「農地土壤」關鍵結果（KR 3.1）** 的目標是改善土質，並且以表土的碳含量作為衡量標準。只要加速推行再生農業，表土的碳含量就會提高，如果全球都能廣泛採行這種農法，預計每年可以吸收 20 億公噸的二氧化碳。[6]

氮肥是 20 億公噸二氧化碳當量的排放來源，**「肥料」關鍵結果（KR 3.2）** 是要讓農業限制氮肥的使用。一旦採用全新的施肥方法，並且精準掌握施肥時機與施肥部位的技術，想要在不影響產量的情況下減少排放應該不成問題；此外，我們還要發明不再使用化石燃料來生產肥料的新方法。多管齊下後，二氧化碳與一氧化二氮排放量應該可以減半。

「消費」關鍵結果（KR 3.3） 旨在減少蓄養牲畜所產生的排放量，尤其牛的排放量最大，所以必須減少牛肉與乳製品的消費量。所以，我們得改進、推廣植物製造的替代品，使植物肉與植物奶足以和牛肉與乳製品競爭，進而取代消費者

目標 3
解決糧食問題

2050 年前把農業領域 90 億公噸的
碳排放減到 20 億公噸。

KR 3.1　　　　　農地土壤

改善土質，以正確的農法把表土的碳含量增加
至少 3%。

↓ 20 億公噸

KR 3.2　　　　　肥料

停止濫用氮肥，開發更環保的肥料，2050 年前
把排放量減半。

↓ 5 億公噸

KR 3.3　　　　　消費

提倡低碳排放的蛋白質，2030 年前把牛肉與
乳製品年消費量減少 25％，2050 年前減少
50%。

↓ 30 億公噸

KR 3.4　　　　　稻米

2050 年前把種稻產生的甲烷與一氧化二氮減少
50%。

↓ 5 億公噸

KR 3.5　　　　　剩食：把剩食比例從全球糧食生產量的 33%降到
10%。

↓ 1 億公噸

對高碳排放食品的需求。此外，碳足跡標籤與飲食指南也可以引導消費者做出更好的選擇。

「稻米」關鍵結果（KR 3.4）是要讓稻田減少甲烷排放，同時仍然能夠生產足夠的稻米，因為米是世界上大部分地區的主食。

「剩食」關鍵結果（KR 3.5）要解決食物在生產與運輸過程中，或是在商家與消費者那一端被丟棄所產生的排放量。目前，全球生產的食物有三分之一是被浪費掉的，[7] 這些剩食大多被送到垃圾掩埋場，分解過程會產生將近 20 億公噸二氧化碳當量的排放，最主要的氣體為甲烷。[8] 減少剩食也能減輕食物生產過程中的負擔，每一分被浪費掉的食物都是在浪費能源與水資源。

表層土壤潛力無窮

要了解土壤的重要性，就要先了解土壤的形成。富含碳的植物與動物遺骸先被昆蟲與馬陸分解，然後再被細菌分解，久而久之就形成了泥土，而分解後剩下的有機物質就是碳的儲存庫，同時也富含植物所需的養分。[9] 沒有受到破壞的健康土壤在植物根系、真菌與蚯蚓的作用下，會形成地下孔隙網絡，就像土壤中布滿迷你隧道，讓植物的根扎得更深，有助於鎖住水分，也因此更加抗旱。[10]

再生農業是一套和自然協調的耕作與放牧方法，可以提高土壤封存碳的能力，重建土壤的有機質，恢復其中的生物多樣性，促成生命的多樣化。這種農法把傳統犁田耕地的動作減到最少，因為傳統做法會讓埋在土裡的有機質暴露到氧氣中，加速分解，進而釋放二氧化碳。相較之下，不耕地的農法會在土裡打出幾千個比玉米粒還小的淺洞，把播種時對表土造成的擾動減到最小，而根卻會長得更深，也就能夠吸收到更多養分與水分。2004 年，全球只有不到 7% 的農地採行這種免耕農法（no-till farming），[11] 如今，免耕農法已經擴大到美國 21% 的農地 [12]，以及南美洲的大部分農地。[13]

採行這種農法，其實是在遵循經得起時間考驗的古老做法。根據能源科學家瓦茲拉夫・史密爾（Vaclav Smil）所說，由於工業革命時代人口劇增，比起加強現有農田的產量，擴大耕種面積反而更省力。[14] 這樣的趨勢在 19 世紀加速發展，與其設法讓養分耗盡的土壤重新變得肥沃，農民寧可採取刀耕火種的方式毀林闢地，以增加種植面積。到了 20 世紀，農業開始產業化，現有農田的產量提高，每寸土地獲得更好的利潤，背後卻得付出代價：碳排放量變得更大。

再生農業運動反對現代農業對化肥與殺蟲劑的依賴；採行再

減少耕作，土壤與植物根系更健康

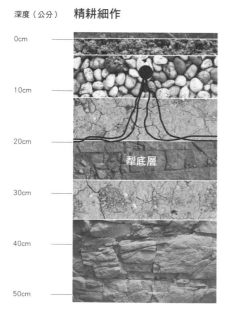

深度（公分）　精耕細作

0cm
10cm
20cm
犁底層
30cm
40cm
50cm

深度（公分）　長期未耕作

0cm
10cm
20cm
30cm
40cm
50cm

資料來源與圖片設計參考：Ontario Ministry of Agriculture and Food。

生農業的農民會用三葉草等覆蓋作物增加土壤養分，同時防止雜草蔓生。覆蓋作物在生長週期結束後，會留在土裡堆肥，形成一層天然又肥沃的覆蓋層。假如全球有 25％的農地採用覆蓋作物的做法，大氣每年將減少近 5 億公噸的二氧化碳，而且又能防止乾旱。[15] 2019 年，光是美國就有 800 萬公頃的土地因水患休耕；[16] 但是採行再生農業的農田，由於表土不易被水沖走，只要水一退，作物又可以蓬勃生長。

林木之間只要有適當間隔，夏季時就可以減輕草食動物的熱緊迫，同時保有足夠的陽光穿透，不妨礙下層草木生長。混牧林業也使農民收入更多元，樹木可以用來採伐木材，草則可以做成乾牧草或生質燃料。

輪作是一種古老的再生農法，可以讓土壤重新獲得重要的養分；管理得當的放牧則是以糞肥取代化肥。把這兩者結合起來，就是所謂的輪牧，也就是部分牧地在休牧期間不讓牲畜進入。另一個重要的再生解決方案是混牧林業（silvopasture），把樹林與牧場整合成共生系統，像高爾所說的：「只要到牧場上走一走就看得出來，有樹對土地就是比較好。」

整體來說，再生農業其實比產業化農業更加有利可圖。但是，許多大型產業化農場寧可維持現狀，至於手頭並不寬裕的小農，恐怕更是負擔不起轉型初期的短期成本。糧食生產要加快朝向再生農業轉型，政府應該提供獎勵，鼓勵農民與企業家採行這些新的解決方案。

停止濫用化肥

一氧化二氮可以把非常大量的熱能困在大氣當中，是一種特別有害的溫室氣體，[17] 儘管占據的份量相對小，卻貢獻全球總碳排放的 5％。一氧化二氮主要來自化肥，美國的玉米農民尤其愛用，但是許多天然肥料也會釋出一氧化二氮，所以也不是什麼良好的替代品。

根據世界資源研究所的研究，種植豆類等覆蓋作物可以減少一氧化二氮的排放，[18] 這些作物培養的微生物會吸收空氣中

什麼是再生農業？

提高生物多樣性，

以利養分形成，促進
自然分解，吸引捕食
害蟲的益蟲。

覆蓋作物

在收割經濟作物過後，
種植可以充當家畜飼料
或是可以採收的覆蓋作物。

再生農業以特定的
種植方式改善農地土質，
方法包括：

輪流種植不同作物，

使土壤消耗的養分與
累積的物質自然達到平衡。

同時飼養牲畜，

讓動植物形成
生生不息的生態系。

盡量不投入化學品，

以免破壞生物多樣性
或是汙染水源。

盡量不耕地，

避免對土壤造成擾動，
以便改善土質，防止
水土流失。

資料來源：Eit Food。

的氮，分解成植物可以利用的形式。如果再施以硝化抑制劑（農業用緩釋劑），還可以再進一步減低一氧化二氮的排放。

政府應該仿照汽車油耗標準的模式，制定氮利用效率標準，促使肥料公司改善這些產品在田間的表現。如果還能附帶經濟誘因，將會更加有效。

生產化學肥料是碳排放很高的工業，製造過程必須融合化石燃料中的氫與空氣中的氮來產生氨，需要高溫與高壓。[19] 為了找到更環保的替代品，全球各地的廠商正在探索利用太陽能或風能製造「綠氨」的方式。短期來說，只有少用化肥才能減少排放[20]；長遠來看，我們得找到更環保的方式來生產化肥，才有可能大規模減少排放。

甲烷的危害

我上高中的時候，有一年暑假在一間叫作漢堡主廚（Burger Chef）的速食店打工，每天煎漢堡排。我表現得很出色，就連店長都鼓勵我未來往這方面發展，他說：「杜爾，你會是做漢堡很好的料。」（我的兄弟姐妹聽到這句話都笑翻了。）這份工作教會我兩件重要的事：每次都把事情做對的嚴謹性，還有美國人對漢堡的熱愛。

多年以後我才知道，在所有常見食品中，那些圈養場牛肉的碳足跡最高，而且高出很多。

美國的人均牛肉消費量在全球僅次於阿根廷[21]，一般美國人每年消費的紅肉與家禽，比自己的體重還重，達到將近 100 公斤。[22] 這是速食業發大財的機會，每年在全球創造高達 6,480 億美元的收入，其中有三分之一屬於美國業者。[23] 把這門欣欣向榮的生意轉換成碳排放，你就會開始感覺到問題的嚴重性。

任何有關氣候危機的嚴肅討論，都應該重視大氣甲烷的問題，而大氣甲烷主要來自牲畜與剩食，每年的排放量占溫室氣體總量的 12％，達到 70 億公噸二氧化碳當量。[24] 你也許已經猜到，牛是排放之王，占了 46 億公噸。[25] **假如全世界的 10 億頭牛組成一個國家，牠們的溫室氣體排放量將會名列全球第三**，僅次於中國與美國。肉牛與乳牛的排放量占了全部牲畜排放總量的近三分之二，對氣候的威脅遠遠超過豬、雞、羊與鴨子等農場動物的總和。

大多數人在大啖漢堡或是義式香腸披薩的時候，都不太會去思考碳排放的問題。但是，這些日常飲食在生產週期的每個環節，不管是用來種植牛飼料的化肥，或是牛消化飼料的過程，無不產生大量的碳排放。[26] 牛的碳排放主要來自打嗝，此外，一頭 450 公斤重的乳牛每天的糞便量約 36 公斤，也是貢獻大量碳排放的來源。[27]

全球有超過 75％的農地都用於飼養動物，作為我們的食物來源。[28] 然而這些動物只提供全球 37％的蛋白質以及 18％的熱量，撇開對溫室氣體排放造成的重大影響不談，動物也是表現欠佳、效率低下的食物來源。[29]

隨著全球對熱量的需求增加，可以利用的土地只會愈來愈少；除此之外，隨著一大部分人口的收入增加，肉類與乳製品的需求也跟著增長，開墾更多土地來從事農業和畜牧業的壓力就更大了，而這正是森林遭到大規模摧毀的主要原因。我們的淨零目標面臨雙重壓力，不只牲畜會排放甲烷，燃燒樹木或樹木腐爛也會排碳。我們的計畫呼籲全球終止所有形式的毀林現象，這個議題在下一章會有著墨。

在大部分氣候變遷論述中，對於大規模減少糧食生產過程碳排放的可能性，人們都是抱持悲觀態度。我同樣不想低估這件事的困難程度，因為到了 2050 年，全球有將近 100 億人口要吃飯，大家都會想吃自己愛吃的食物。而我們已經看到，美國人特別愛吃牛肉與乳酪，消費量大得驚人。

每公斤食物製造的碳排放量

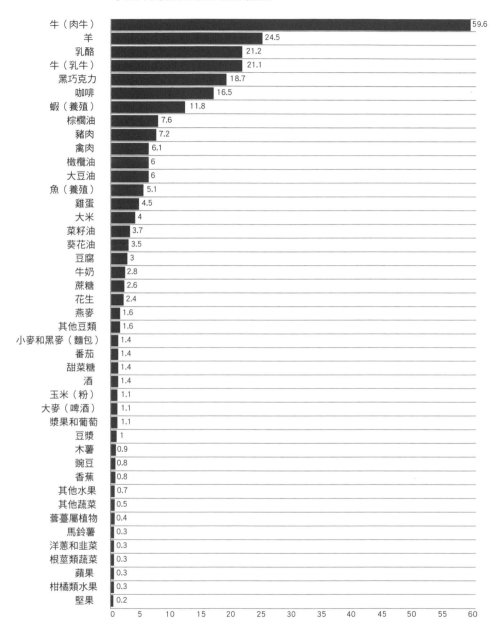

溫室氣體排放數字反映的是整個供應鏈的排放量。

資料來源：Joseph Poore and Thomas Nemecek。
圖表設計參考：Our World in Data。

那麼，要怎麼做才能在滿足人們胃口的同時，減少數十億公噸牲畜與農業的排放量呢？雖然糧食生產的過程也許永遠無法完全不排放溫室氣體，但是我們肯定可以加速減少排放，在 2050 年前達到每年只排放 20 億公噸的折衷標準。不過，即使是這樣不徹底淨零的目標，還是需要集合市場、創新、教育、政策以及測量數值的力量，積極採取行動。

這種轉型已經在發生，可行的肉類替代品「植物性蛋白質」已經大舉進入市場，這些低碳排放的食品不斷在改良口味，最好的產品吃起來已經和牛肉或豬肉很接近。這些產品如今在許多超市或餐廳都找得到，普及速度相當快。

另一方面在供應端，有人在牛的飼料中加入天然添加劑來減少腸道排放氣體（噯氣），相關研發前景可期。根據加州大學戴維斯分校（University of California, Davis）的研究，只要少量海藻，排放量就可以大幅降低 82%。[30]

教育是另一種有效的工具。舉例來說，現在的美國人吃得比以前健康，和美國食品藥物管理局（Food and Drug Administration，簡稱 FDA）在 1994 年規定食品包裝必須標注營養成分有關：[31] 美國人平均攝取的熱量下降 7%，蔬菜攝取量則增加 14%。同理，在食品包裝上標注氣候指引，可以引導消費者選擇友善地球的食品，有助於打開低碳排放食品的市場。杜克大學（Duke University）一項研究指出，消費者「低估和食品有關的碳排放，但是如果有標籤就會有幫助」[32]。

2019 年，丹麥成為第一個提出食品商店內要有「環境價格標籤」[33] 的國家。「食物是每個人對抗氣候變遷最有力的工具。」採用氣候標籤的連鎖沙拉店 Just Salad 永續長珊卓拉・努南（Sandra Noonan）這麼表示。

2020 年，美國麵包輕食餐廳 Panera Bread 成為標注「氣候友善」食品的最大連鎖店，他們和世界資源研究所合作，為菜

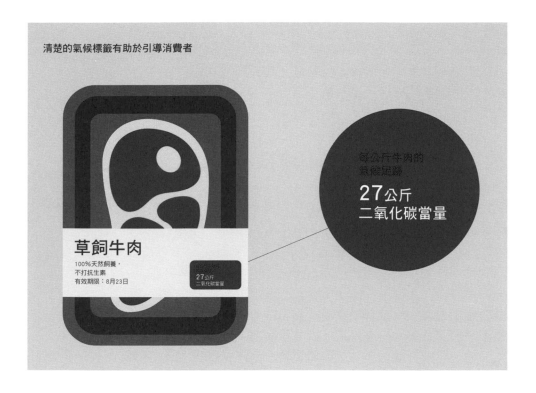

清楚的氣候標籤有助於引導消費者

草飼牛肉
100%天然飼養，
不打抗生素
有效期限：8月23日

27公斤
二氧化碳當量

每公斤牛肉的
氣候足跡
27公斤
二氧化碳當量

單上的低碳排放菜色頒發「酷餐點」（Cool Food Meal）標章 [34]。如果簡單明瞭的標籤上又再加上量化的碳足跡資料，顧客會更懂得應該如何做決定。

早在 1992 年，美國農業部首次推出官方飲食指南，以「健康飲食金字塔」（Eating Right Pyramid）為象徵；2011 年，金字塔變成了餐盤；2020 年，飲食指南變得更加注重蔬菜與穀類。美國人的飲食因此產生很大的改變，從學校營養午餐、員工餐廳到個人選擇，莫不受到這些指導原則的影響。由此可見，只要透過引導消費者少吃牛肉與乳製品、多吃植物性蛋白質的方式，政策制定者就可以推動市場對低碳排放食品的需求。

最佳的氣候友善飲食是什麼樣子呢？植物學家暨作家麥可・波倫（Michael Pollan）提出一個簡單的處方：「吃食物，以植物為主，別吃太多。」約翰霍普金斯大學（Johns Hopkins University）的研究則得出這樣的結論：「三分之二的飲食以純素為主」[35]，肉類與乳製品每人每天最多只吃一份，牲畜造成的碳排放就可以減少 60％。

改造漢堡：超越肉類的故事

2010 年，凱鵬華盈一位年輕合夥人阿莫爾・戴希潘德（Amol Deshpande）注意到全球糧食短缺問題的報導，開始搜尋以植物蛋白複製肉類口感與味道的技術。那年稍晚，大約就在我開始理解牛隻的碳排放問題有多大的時候，阿莫爾引介一位名叫伊森・布朗（Ethan Brown）的壯漢到我們的辦公室做簡報。身高 196 公分、穿著 T 恤和牛仔褲的伊森令人一見難忘，最讓我佩服的是他的「蔬食麥當勞」願景，還有他極大的熱情，堅持要做出味道跟真的肉一樣的純天然植物肉漢堡。

有了美味的植物肉和植物奶，我們根本不必限制份量。

氣候友善飲食：
大量水果與蔬菜，少量動物性蛋白質

圖片設計參考：Government of Canada。

伊森・布朗

我在華盛頓特區和馬里蘭州科利吉帕克（College Park）長大，我爸是馬里蘭大學（University of Maryland）的教授，他很不喜歡都市生活，一有空就跑去我們在馬里蘭山區經營的農場。雖然當初買下這座農場純粹是為了休閒與保育，但我爸也很有生意頭腦，不久我們就有了一百頭荷蘭牛與鮮乳工廠。

小時候在我周遭，不管是家裡、穀倉、溪中還是樹林裡的動物，都讓我很著迷，我最早的志願其實是成為獸醫。

我從小吃肉，以我的體型而言，大概吃得比別人都多。我最喜歡的速食之一是 Roy Rogers 漢堡餐廳的雙 R 霸漢堡，裡面有火腿與起司。漸漸長大後，回想起在農場度過的時光，我發覺很難不去思考，火腿、起司與牛肉等產品就是來自動物身上。

快轉到我二十歲出頭時，我坐在我爸在馬里蘭大學的辦公室裡，和他討論我的職涯規畫。他問了我一個重要的問題：「世界上最重要的問題是什麼？」我想，應該是氣候變遷吧，如果氣候崩壞，就什麼都不重要了。

畢業後，我在海外工作了一段時間，專心朝著解決氣候問題的清潔能源發展。我在這個領域進展得很快，接著結婚、生子，也貸款買了房子。然後，發生了兩件事。第一件事是，三十多歲的時候，我感到愈來愈不安，因為我發現孩子成長環境中的糧食系統基本上沒有任何改變，他們同樣得面對和我一樣的困擾，而且選擇相當有限。第二件事是，我對動物與農業的熱愛，漸漸和能源與氣候的事業結合在一起。我記得特別清楚，每次參加潔淨科技研討會，幾千位專業人士聚在一起討論如何提高燃料電池或鋰離子電池的效率與密度，但是會後卻去吃牛排大餐。我那時已經知道牲畜會造成大量碳排放，於是不禁想，我們的餐盤亟需一個大規模的解決方案。

我在快三十歲時開始吃全素，當時最早心裡想做的，並不是像現在超越肉類（Beyond Meat）這樣的事業，而是要開一家蔬食麥當勞。但我很快就發現，比起素食餐廳，我們更需要的是更好的素食產品。然而，要有更好的產品，不能只是把「肉類替代品」當成烹飪練習，必須運用科學、技術與大量經費，就像我在能源領域看到的做法。我們要擺脫「替代品」的思路，直接以植物來製造肉類，也就是所謂的植物肉。

我不再從雞、牛或豬等動物的角度去想，而是從成分的角度思考、定義肉類的來源後，才真正突破盲點。說穿了，肉其實就是由下列五種東西組成：氨基酸、脂質、少許碳水化合物、一點點礦物質，還有水。動物吃進植物，把植物轉換成肌肉組織，也就是我們說的肉。以現今的科技，我們可以不要依靠生物轉換器（動物），而是直接從植物獲取重要材料，用別的系統把材料組成我們熟悉的肉的形式。

我開始在全球各地尋找可以解決這個問題的技術，最後找到密蘇里大學（University of Missouri）兩位研究人員正在研究一種方法，可以打破植物蛋白分子的結構，重組成肌肉的紋狀結構。2009 年，也就是我成立超越肉類那年，我打電話給他們，並且自我介紹。謝天謝地，他們最後答應和我合作。後來，我再找馬里蘭大學尋求更多研究資源，就這樣和兩間大學一起努力好幾年，最後終於研發出端得上檯面的產品原型。

伊森前來凱鵬華盈和我們分享他的願景時，他已經從家人與朋友那裡籌到錢，在一幢舊醫院大樓裡弄了一間實驗廚房。漸漸認識

伊森以後，我覺得他是我見過最真誠的人，他一心想要為人們提供他們熱愛的東西，也就是烤肉以及品嘗肉的感覺，只不過要用豌豆、扁豆與種子油來代替動物肉。他選用最永續的作物，萃取其中的蛋白質來製造牛肉的生化精華，完全不需要用到牛。雖然伊森看起來像個現代嬉皮，但是他的商業計畫很實在，有科學研究與消費者口味測試的背書，而且我們很喜歡「超越肉類」這個名稱。就這樣，凱鵬華盈成為伊森剛起步的公司的第一個主要投資者。

伊森・布朗

一眨眼幾年過去，公司經歷好些沉浮波折，我自掏腰包總共投入大約 25 萬美元；但是，超越肉類要玩真的，還需要幾百萬美元才行。凱鵬華盈的團隊願意冒險投資我們，他們一加入，其他投資人也紛紛跟進，我們才真正開始動起來。

雖然我們在 2009 年底就推出過一種牛肉產品，但一直要到 2012年，我們才給消費者帶來我認為在肌肉組織與感官體驗上都有所突破的產品：植物雞柳。這項產品在全食超市的熟食區盛大開賣，美食評論家馬克・彼特曼（Mark Bittman）還在《紐約時報》的星期日評論專刊封面寫了一篇專題報導，配的插畫是一隻頭部變成青花菜的雞，那是我們公司非常風光的一刻。

2016 年，我們推出「未來漢堡排」（Beyond Burger），陳列在超市的肉品貨架上，旁邊就是來自牛身上的牛肉。這項產品最初只在全食超市上市，接著才銷售到全美各地，現在全球都買得到。未來漢堡排是由純天然原料製成，以生肉的形式出售給消費者自行烹煮，這是一項很大的突破。即使到現在，我們已經開始推出 3.0 版本的產品，未來漢堡排與其他產品想要縮減和動物蛋白質之間的差異，還是有很長的路要走。目前，我們正透過「超越肉類快速而不懈的創新計畫」（Beyond Meat Rapid and Relentless Innovation Program）致力實現目標，值得慶幸的是，我們不認為會有什麼具體阻礙。有朝一日，我們一定可以做出分辨不出差異、完美組成的植物肉。

2019 年，我們又跨越另一個重大里程碑：麥當勞開始在加拿大安大略省西部少數幾間分店測試我們為他們開發的一款漢堡。一天晚上，我在多倫多開完會後，趁機花幾個小時的車程，前往販售這款漢堡的分店。我走進店裡，點了我們的產品來吃，結果真的美味極了，我每一口都細細品味。走到外面的停車場，我內心充滿感恩，同時也大大鬆一口氣，從夢想開始的這一切，現在竟然成真了。

公司成長表示我們需要更多資金，是時候讓公司上市了。我們在 2019 年 5 月的公開發行上市讓所有人跌破眼鏡，連我都相當驚訝，股價以發行價兩倍以上的金額開盤，接下來幾個月內更漲到四倍。突然之間，每個人都知道超越肉類這間公司。

兩百多萬年前，我們的祖先開始攝食動物的肉，這種飲食選擇再加上後來學會生火煮食的能力，為人類提供更高的營養密度，猶如在疏林草原上找到一塊能量棒。由於不必進食大量的草與其他植物，胃也不再需要處理太多東西，因此開始收縮，多出來的能量就跑到快速增長的大腦裡，我們祖先的大腦因此長大了一倍。現在，我們可以利用這種腦力與科技，把肉類與動物分開來，這樣對我們的健康、氣候、自然資源與動物福利也有好處。而且不但是為我們自己好，也是為了後代子孫好。這種改變就像是演化層次的改變，我和同事都從這個理念中獲得無窮的力量。

超越肉類的目標是在2024年前降價到牛肉漢堡同等價格的程度。

超越肉類已經在全球八十多國有超過十一萬八千個分銷據點，其中包括廣大的中國市場。此外，他們也和世界級的兩大餐飲品牌，麥當勞與百勝餐飲集團（Yum!），簽訂全球策略結盟協定。但是，這些還只是開始而已。最近有一項消費者研究顯示，超過 90％的植物肉漢堡顧客並非純素或素食者；[36] 廣大的市場也證實植物肉不只是一時風潮而已，這個領域在 2020 年的年增率是 45％，[37] 成長曲線絲毫沒有趨緩的跡象。[38] 超越肉類的下一個目標就是，在 2024 年前降價到牛肉漢堡同等價格的程度。[39]

伊森・布朗是勇敢的氣候鬥士，在競爭激烈的產業中堅持不懈，超越肉類與不可能食物（Impossible Foods）的競爭簡直是一場肉搏戰；不可能食物利用從大豆中提取類似血液的分子「原血紅素」製作漢堡排。2019 年，漢堡王（Burger King）開始在全球銷售「不可能華堡」（Impossible Whopper）。同年，泰森食品（Tyson Foods）加入戰局，推出使用豌豆蛋白製成的植物雞塊，這間美國最大肉廠也選擇順應時勢，跳進來搶奪市場占有率。目前，植物性蛋白質在包裝肉品市場已經有近 3％的市占率，和十年前植物奶的情況差不多。

在替代蛋白質的市場中，人造肉是另一項新發展，這種肉也稱作人工肉、實驗室培養肉或是細胞肉，製作方法是對動物的肌肉、脂肪與結締組織進行切片，提取細胞放進富含營養的血清中培養。雖然人造肉不是素食，價格也比天然肉還要高，不過生產人造肉同樣有望減少碳排放。梅約醫學中心（Mayo Clinic）心臟病專家、上行食品（Upside Foods）執行長暨共同創辦人烏瑪・瓦樂蒂（Uma Valeti）表示，他們的細胞自我更新技術可以保證「肉品生產過程完全不涉及動物」[40]。

乳製品的困境

如果各位還是覺得，要讓消費者把吃肉的習慣改成吃植物性替代品，聽起來好像成功機會不高，不妨先想想超市乳品區近年的演變。目前，美國的乳品銷量有 15％來自燕麥奶、豆奶、杏仁奶或是其他植物性的原料，[41] 隨著綠色溢價趨近於零，植物奶的市占率也逐年成長。不管消費者選擇哪一種植物奶，從碳排放、土地利用與用水這三項關鍵指標來看，都會比喝牛奶更環保。

值得一提的是，乳品只不過占乳製品碳排放的一小部分，問題更大的是乳酪，它是排放量第三高的食物，僅次於牛肉與羊肉。[42] 在全球的乳酪市場中，莫札瑞拉（mozzarella）是銷量最大的乳酪，製作一磅莫札瑞拉乳酪（約 0.453 公斤）只夠兩片傳統披薩使用，卻需要用到 10 磅牛奶（約 4.5 公升），相當於一頭高產乳牛的日產量，而這頭乳牛每年會排放 250 磅的甲烷（約 113 公斤）。[43]

相較於植物奶已經成功打開市場，理想的乳酪替代品仍有待發明。就我的口味來說，目前由堅果與大豆製成、不含奶類的乳酪替代品還達不到要求，但是我有十足信心，不用多久食品創新者就會發明出更好的東西。

重新思考種稻的方式

食物與氣候的相關討論通常會聚焦在吃肉這件事上，但其實，有一種看似無害的主食也會產生大量碳排放：稻米。米是三十多億人的基礎飲食，[44] 全球人口攝取的熱量有 20％由它提供，全球的甲烷排放量也有 12％來自米，[45] 有些研究估計的碳排放量甚至更高。

稻米通常是種在灌水的田裡，這種做法能防止雜草生長，而

且一般認為還可以提高產量。然而,灌水的稻田為製造甲烷的微生物創造出理想的生存條件,這些微生物需要沒有空氣的環境,並且以腐爛的有機物為食。

這個問題很棘手,但是許多人正在找辦法。已經有數不清的小農採用改良的水稻種植方法,以間歇性灌溉來減少甲烷排

放，比起持續灌水的稻田還要更環保。而且這種做法不但能減少三分之二的甲烷排放，產量還會增加一倍，大幅提高稻農的利潤。只不過，這種做法伴隨著另一個問題，也就是一氧化二氮排放量會急劇增加，[46] 而這種溫室氣體的暖化作用，足足是二氧化碳的三百倍。

遏制這個問題的關鍵在於嚴密監控水位，以淺水灌溉，加上妥善管理稻田的氮素與有機質，就可以控制這種蹺蹺板效應，因此減少高達 90％的溫室氣體排放量。[47]

更永續的種稻方式其實就是避免田裡的含水量波動太大，目前，大型米商已經更樂意向不再持續灌溉的稻農收購大米，美國知名米商 Uncle Ben 母公司瑪氏食品（Mars, Inc）在 2020 年的永續米收購率達到 99％。[48] 由聯合國支持成立的永續稻米平台（Sustainable Rice Platform）也推出驗證標章，引導消費者購買對農民和氣候都更有益的米。

轉型到低碳排放的種稻方式絕不是三兩下就能解決的事，推廣淺水灌溉需要有人和幾億名稻農密切配合，要求他們改變長久以來的種稻方式，而且新方法得要有更高的產量、更好的利潤，才有可能說服他們。儘管還需要更多的研究、教育與測量數值，但是在緩解氣候危機所需的各種解決方案中，這個方案的成本相對低廉，卻能換來巨大的報酬。

重新調配供應端的補貼

儘管農業減少排放已經取得重大進展，距離我們的目標卻還有一大截。我們看到令人鼓舞的跡象，也看到嚴重的阻礙。從 2010 年以來，即使全球人口仍然在成長，養牛的數量卻維持平穩。[49] 在美國，牛奶價格下跌，[50] 乳牛場利潤變少，有些乳農縮減規模，有些則是乾脆賣掉土地，或是轉為其他用途。

然而，牛肉與乳製品的碳排放問題不會自動消失。大多數國家都會補貼農民，美國政府在 2019 年總共補助農業生產者 490 億美元，其中也包括對乳業的高額補貼，[51] 而中國與歐盟在這方面的支出更大，補助分別高達 1,860 億美元與 1010 億美元。

我們何不利用此刻來打破現狀，推動食品業減少排放？農民需要有人幫忙，才有可能轉型種植新作物，因此首要原則應該是，由政府轉而補助更永續的農業。農民商業網絡（Farmers Business Network）的阿莫爾・戴希潘德說：「再生農業運動吸引更多農民想要投入，這種農法不但利潤更高，水土也能保持得更好，而農民的財富 90％在於他們的土地。」他還說，農民如果能夠把更多蓄牧土地轉為種植高需求作物，還可以進一步提高農場的價值。

歸根究柢，把糧食系統的問題處理好，糧食產業更有利可圖，對地球也更好。在世界資源研究所負責科學與研究的副所長珍妮特・藍佳納森（Janet Ranganathan）說：「糧食是所有永續問題挑戰之母，這個系統不做出重大變革，我們恐怕甚至無法把暖化幅度控制在攝氏 2 度以下。」

重視剩食問題

要大幅減少農業的碳排放，我們還得解決糧食系統的一大問題：剩食。**全球每年有高達 33％的食物被浪費掉**，高收入國家丟棄的食物比例更高。[52] 整體來說，被浪費掉的食物在全球造成超過 20 億公噸的碳排放，與此同時，全球卻有八億多人營養不良；[53] 換句話說，有太多食物吃不完，同時又有太多人吃不飽。

在低收入國家，剩食往往是無心造成的結果，原因可能是儲存不當、設備與包裝不合格，或是天氣惡劣等。這些狀況通常發生在供應鏈上游，例如糧食還沒收割就已經腐爛，或者在運送途中開始變質。

相較之下，美國有 35％的食物是被消費者丟棄，[54] 每年浪費高達 2,400 億美元，[55] 相當於每戶家庭浪費近 2,000 美元。問題出在食品標籤上的保存期限誤導人們，以致於安全無虞、還可食用的食品太早被丟棄。此外，店家拒收不合格的食物也使浪費情況更形嚴重，而所謂不合格，往往只是賣相不佳而已。

這種全球分配不均的問題需要一系列不同的解決方案，對於富裕國家，我們的策略包括食品標籤規格化、市辦堆肥計畫，以及提高公眾意識。除此之外，食品店家、食物銀行與供應鏈之間也要制定更有效的計畫，以利於減少浪費。

2015 年，法國開始禁止大型超市丟棄沒賣掉、但是仍然可以捐給慈善機構的食品。從此，法國每天有超過兩千七百間超市把快要過期的食品送到全國各地的八十間倉庫，[56] 每年搶救約 4 萬 6,000 公噸的食品，食物銀行收到的捐贈則增加 20％以上。

這些做法很值得肯定，但是我們應該在供應鏈更上游就開始介入。在已開發國家中，比較常浪費食物的場所包含屠宰場、農場與發貨中心。在相對貧窮的國家中，解決剩食問題最好的辦法是升級食品儲存、加工與運輸的基礎設施。許多低成本措施可以小兵立大功，例如更好的儲物袋、穀倉或是條板箱；生產者與收購者之間保持溝通無礙、彼此固定配合也同樣不可或缺。

政府應該和民間攜手合作，以扎實的測量數值與定期報告追蹤進展。唯有大家重視避免食物浪費的問題，減少 10 億公噸剩食碳排放的目標就有望實現。

別等到算總帳那一天

食品產業脫碳是艱鉅的挑戰，影響卻既深遠且廣泛。只要把糧食問題處理好，農業的碳排放就會大幅降低，這將是邁向氣候穩定、健康生活以及更少人挨餓的一大步。

要幫助公眾做出更好的選擇，我們必須教育消費者，讓他們更深入理解食物與溫室氣體排放之間的關係。我們必須在再生農業領域有更多創新，此外還需要更多錢，而且是很多很多錢，用來推動農民、供應商、食品商、店家、餐館，還有最重要的消費，督促大家做出永續的選擇。

解決問題的方法之一在於，提高農業的生產率與效率，要在不破壞寶貴資源的前提下，生產全人類所需要的糧食，每寸土地就得收穫更多食物、產出更多熱量才行。在過去半個世紀裡，美國農民一直朝這個方向發展，[57] 生產效率提高以後，生產一公斤牛肉或一公升牛奶所需要的土地與水就減少了。[58] 全球各地的政府部門有很大的職責，應該投入更多研發來提高生產率，推出更好的政策來阻止農民把森林或草原開墾成農地。

到了 2050 年，人類將會有好些後果要承擔。正如前文所說，全球人口不斷增加，需要的熱量也比以前多出超過 50％。[59] 既要滿足人們的口腹之欲，又要減少排放、保護重要生態系，不啻是艱鉅的任務，但只要能採行更有成效、能不斷再生的農法，改為精準施肥，同時鼓勵低碳排放的飲食、減少浪費，**我們還是可以在改善氣候問題的同時享受美食，這也是我們應該做的事。**

速度與規模：2050年淨零倒數

目標

解決糧食問題

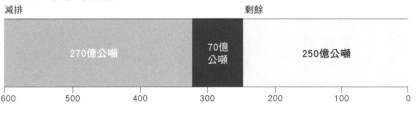

減排　　　　　　　　　　　　　　　　　　　剩餘

270億公噸　　70億公噸　　250億公噸

600　　500　　400　　300　　200　　100　　0

保護自然

第 4 章　**保護自然**

我喜歡用工程師的眼光看問題，所以總是先看整體，再拆解細部。就讀萊斯大學的時候，我曾經把舊音響設備拆開，改裝成校園電台 KTRU 可以使用的器材。我們有時候會用這些器材舉辦演唱會，我因此明白一個道理。在搭建舞台的時候，人們常犯的錯誤是，把麥克風與揚聲器放得太近，結果就造成大家都很熟悉的高頻噪音，聲音尖銳刺耳得令人難以忍受。

這個現象叫做「回授迴路」（feedback loop），當麥克風接收到揚聲器放大播放出來的聲音，再被揚聲器提高音量播放，又再被麥克風接收，再被揚聲器更大聲的播放。出現回授現象的時候，只要關掉麥克風或者揚聲器就會沒事，否則，不斷放大的聲音有可能毀掉你的設備，當然還有你的耳朵。

目前，我們的氣候也出現好幾種危險的「回授迴路」，形成反饋迴圈。**這是個可怕的未知領域，即使使用最好的氣候模型，也無法完全推算出這些現象的後果。**要進一步理解氣候所受到的破壞，不妨把地球想像成一台極其複雜的巨大機器。當大氣中高濃度的碳使地球變暖，而環境溫度偏高使得森林的水分被蒸發，於是乾燥加上高溫引燃野火、四處蔓延，把儲存在樹木中的碳排放到大氣中，地球溫度又再進一步升高，這就是我們目前所處的困局。

反饋迴圈可以無止盡的不斷重複，只要碳排放的根本原因沒有消除，全球暖化的迴圈終將演變成不可收拾的災難。整個生態系都會被擾亂，森林就不必說了，農田、疏林草原、河

在陸地、大氣與海洋之間流動的碳

資料與圖片來源：U.S. DOE Biological and Environmental Research Information。

人類排放　　　自然流通　　　封存的碳

光合作用

人類排放

植物呼吸作用

植物生質

土壤碳

微生物的呼吸
與分解作用

化石碳

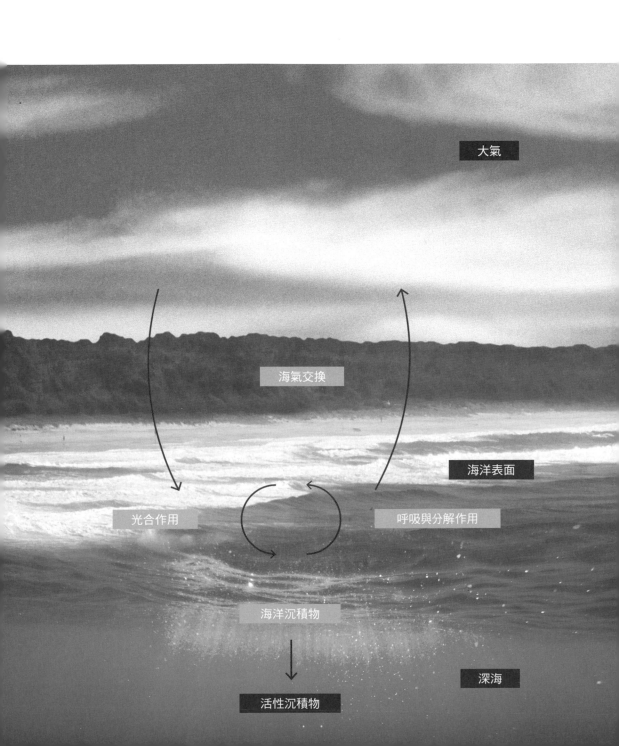

大氣

海氣交換

海洋表面

光合作用

呼吸與分解作用

海洋沉積物

深海

活性沉積物

流三角洲與海洋也難逃厄運。一旦擾動的時間夠久，就會到達不可逆轉的境地。最容易被擾動、又會給地球帶來嚴重後果的地區是永凍層，也就是北極陸地表面下的凍結土石層。當永凍層隨著溫度升高融化，微生物會分解土壤中凍結長達幾百萬年的植物物質，釋出二氧化碳與甲烷。我們根本無從按下停止鍵、把碳埋回地底下，[1] 如果放任這種情況發展下去，融化的永凍層將會讓北極從原本的溫室氣體儲存庫，搖身變成巨大的排放源。

要阻止反饋迴圈把地球變得不宜人居，我們必須讓碳循環穩定下來。地球本來就有自然的規律，樹木吸入二氧化碳、吐出氧氣；海洋、土壤與岩石也會吸收大量的碳。工業革命以前，自然規律的碳循環處於平衡狀態，大氣中二氧化碳濃度約為 280ppm。[2] 然後，人類開始燃燒煤來取暖、獲取蒸汽動力以及發電，然後又燃燒石油來驅動交通工具。不用多久，我們的二氧化碳排放量就超過地球能夠吸收與儲存的極限，大氣中的二氧化碳濃度開始增加，從 18 世紀中期以來已經上升高達 50％，上升速度也逐年增加。[3]

如今，不斷升高的碳濃度預示地球即將迎來危急風暴。大氣中的碳原本由地球的「碳匯」（carbon sink）吸收，儲存在土地、森林與海洋中。但是，這些碳倉庫已經面臨超載的風險。工業化、化石燃料汙染以及各種有害的做法，已嚴重威脅到它們吸收人類碳排放的能力。除非我們改變做法，否則恐怕很難有機會實現淨零排放。如果真的想要避免氣候災難，我們就得恢復地球這三種碳匯的天然功能。

如此重大的問題應該怎麼解決？我們可以參考生物學權威愛德華・威爾森（E. O. Wilson）的遠見。威爾森被譽為「天生的達爾文接班人」，2016 年，他在輝煌的七十年研究生涯尾聲，送給全世界一份禮物，也就是著作《半個地球》

目標 4
保護自然

2050 年前把 60 億公噸的碳排放減到 -10 億公噸。

KR 4.1	**森林** 2030 年前，讓毀林造成的碳排放達到淨零；終止對原始林的破壞與砍伐。 60 億公噸
KR 4.2	**海洋** 2030 年前淘汰深海的底拖網漁法，讓至少 30%的海洋受到保護；2050 年前至少讓 50%的海洋受到保護。 10 億公噸
KR 4.3	**土地** 2030 年前，受保護的土地面積從現在的 15%擴大到 30%；2050 年前擴大到 50%。

（*Half-Earth*）。這本書中提出一項保護地球豐富多樣生命體的危急措施：把地球表面的一半保留給大自然。[4] 威爾森寫道：「半個地球的提議是第一個和問題嚴重性相稱的緊急解決之道。」他還表示：「我深信**唯有騰出至少半個地球作為保留區，我們才能挽救其中的生命**，達成人類生存所需要的環境穩定。」

威爾森的大膽提議將能夠保護地球上一半的海洋、森林與土地，達成最終極的重要目的，也就是讓地球的碳循環恢復正常，切斷持續升級的氣候反饋迴圈。

我們只有一個地球，只要徹底反思人類與地球的關係，勢必都得打破根深柢固的土地利用與發展模式。當地居民的權益不能不顧，氣候正義的問題也得解決，在全球對資源的需求以及保護環境的必要之間，不可避免一定得有所取捨。這些事都不容易，但是只要是認真想要避免勢不可擋的氣候災難，我們就必須順應自然，而不是對抗自然。

要恢復碳循環的平衡，就必須達成上述三項關鍵結果。「**森林**」關鍵結果（**KR 4.1**）的目標，是在 2030 年前大幅減少人為毀林，並且種植的樹木要比被砍伐或焚毀的樹木更多。要保護森林，就得先從政治上與經濟上著手，禁止砍光區域內大部分或全部樹木的「皆伐」（clear-cutting）做法，讓樹木可以世世代代繼續留在土地上。我們也需要更嚴格的法規、監督與認證，確保進入市場的樹木都是永續木材。

「**海洋**」關鍵結果（**KR 4.2**）旨在停止人類對海洋的破壞，近岸海洋就像茂密的水下牧草地，長滿可以吸收碳的海洋植物，我們必須保護這些區域免受汙染或是不當漁法的破壞。海洋深處布滿層層的海洋沉積物，這是地球上最大的碳儲存庫，然而商業捕魚業者在這些水域以侵略性的底拖網漁法捕撈，把重型魚網沉至海床拖曳，使二氧化碳釋出到海水中，其中一部分終將進入大氣。我們必須徹底淘汰深海底拖網捕撈，並且在 2050 年前保護 50％的海洋。

我們都很希望只要盡量種樹，毀林問題就能迎刃而解，但是要考量的現實因素很多：像是種在哪裡樹才會長得好？對鄰近土地有什麼影響？樹能活多久？沒人種怎麼辦？

「土地」關鍵結果（KR 4.3）是要在 2030 年前，讓地球上 30％的土地受到保護，例如凍原、冰冠、草原、泥炭地，以及疏林等；並且，在 2050 年前將保護面積擴大到 50％。和 2020 年只有 15％的土地受到保護相比，這是個極具挑戰性的目標。[5]

加總起來，本章的三項關鍵結果可以減少 70 億公噸的碳排放，也就是當前危機的 13％。要達成目標，我們必須從政府的大膽行動、民營企業的勇敢創新與投資，以及慈善事業的關注著手。

本章有一個重要的潛在意義：氣候正義。人類破壞大自然往往是為了正當的理由，也許是為了燃料、食物或是住所。現今，也有許多人為了生存而伐木整地，這是他們能做的最好選擇。公正的自然保護計畫一定要提供可行的替代方案，讓受影響的人能夠繼續賺錢養家活口。我們不能單靠禁止所有做法來擺脫氣候危機，也不可能由高層下令而解決問題。富裕國家、有錢的企業與慈善家一定得承擔全球復育措施的成本，並且幫忙貧窮國家，或是協助國內的貧窮地區。

森林的未來

全球森林的災難已經持續登上頭條新聞好幾十年，我們被亞馬遜森林大火與近期加州野火的新聞快報輪番轟炸，很容易讓人感到麻木。但是，太多人對樹木的重要性一知半解，也不清楚樹木消失後會發生什麼事。

現在，我們就從基礎開始說起。樹木會從大氣中吸收碳，小樹儲存少量的碳，漸漸長成大樹後儲存的量就愈來愈多。這些碳會一直儲存在樹木之中，直到生命週期結束為止，通常是百年之久。當樹木被大火燒毀，不管是不是人為造成，儲存在樹木中的碳都會被釋放出來，於是二氧化碳逸散到大氣

中。毀林現象既是全球暖化的原因、也是結果。

相關數字令人震驚，全球每六秒鐘就失去一座足球場大的森林。[6] 所有形式的毀林，不論是砍伐或燒毀，加總起來每年造成 60 億公噸的二氧化碳排放，約占全球排放總量的10%。[7]

毀林對當地生態
與地球的碳循環
都造成極大破壞。

熱帶的毀林問題尤其棘手，因為熱帶地區儲存大量的碳，野
生動植物更是豐富多樣，光亞馬遜雨林就儲存高達 760 億公
噸的碳。[8] 根據世界資源研究所的資料，如果將熱帶毀林現
象和世界各國並列排名，碳排放量將會位居第三，僅次於中
國與美國。[9]

曾在環境保衛基金會擔任氣候主任的納特・克歐漢（Nat Keohane）表示，這是有時效性的緊急狀況。他警告：「**現在再不保護熱帶森林，十年後就沒有機會了。**」

砍伐林木是為了空出土地飼養牲畜與種植作物，是為了生產木材與紙張，也是為了興建水壩與鋪設道路。毀林現象有部分是為了因應需求不斷增加的農業用地，才能養活全球持續成長的人口。我們可以毫不誇張的說，全球正面臨土地短缺的危機。要在 2050 年養活一百億人口，同時又不放任砍伐林木，就必須提高現有農地的生產力，同時少吃牛肉等碳排放量高的食物。正如第三章提到的，我們必須透過政策來減少糧食生產的碳排放，並且投資飼料添加劑與精準施肥等創新技術。只不過，即使這些都做到了，還是不夠。

要讓人們停止毀林，得要有經濟誘因來改變行為，由砍伐森林轉為保護森林。很重要的是，資金必須流向靠砍伐樹木討生活的人，如果沒有其他收入取代、甚至超越砍伐森林所賺取的收入，根本不可能指望森林的命運會有所改善。此外，我們也必須以國家政策來保護森林。

2007 年，聯合國宣布針對開發中國家實行 REDD+ 計畫*，構想看似簡單，是由富裕國家付費，要開發中國家停止毀林。但是，資金缺口再加上全球尚未建立碳價機制，這項計畫基本上沒有發揮作用，推出以來熱帶森林的排放量不減反增。只要富裕國家無法確實兌現經費承諾，像這樣的計畫就不可能帶來任何改變。

在有效的大型公共政策付之闕如下，民營組織試圖填補空缺，推出相關計畫，由企業付費給國營或民營團體來防止樹木遭到砍伐。透過這種方法避免的碳排放就叫做「碳抵

---

* 編注：REDD 計畫全稱為「毀林及森林退化排放溫室氣體之減量計畫」（Reduced Emissions from Deforestation and Forest Degradation），最初在 2005 年提出，最後於 2007 通過，而 2009 年則是再納入森林復育與永續管理概念，發展為 REDD+。

熱帶毀林現象是全球森林快速消失的主因

溫帶林（包括「極北」和
「溫帶」林區）

熱帶林（包括「熱帶」和
「亞熱帶」林區）

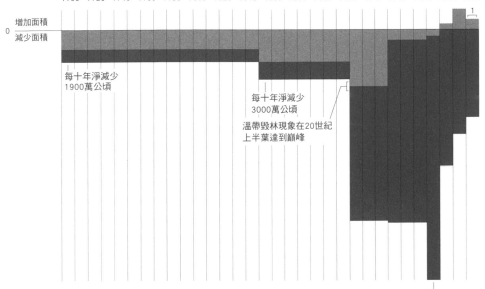

1700 1720 1740 1760 1780 1800 1820 1840 1860 1880 1900 1920 1940 1960 1980 2000 2020

增加面積
0
減少面積

每十年淨減少
1900萬公頃

每十年淨減少
3000萬公頃

溫帶毀林現象在20世紀
上半葉達到巔峰

[1] 溫帶林區在1990年出現轉折點，
森林面積開始呈現淨增長。

全球森林消失現象在
1980年代達到巔峰，
淨減少1.51億公頃，
相當於半個印度。

溫帶林和熱帶林所在地區

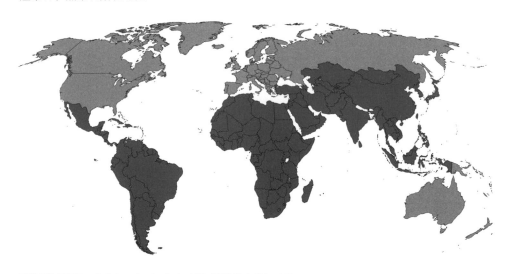

資料來源：Williams's Deforesting the Earth、UN's 2020 Global Forest Resources。
資料評估與圖像設計參考：Our World in Data。

換」（carbon offset），[10] 企業可以購買碳權來中和自己的碳足跡。我們會在第六章深入探討這個議題，在此要特別一提的是，這些計畫在許多方面遭到質疑。像是，這個做法是否多此一舉（因這項計畫而減少的排放量是否本來就可以避免）？可持續多久（搶救下來的樹木能活多久）？成效怎麼驗證（計畫承諾的目標兌現了嗎）？

要及時遏制毀林現象，我們必須有更充裕的經費，以實施更優質的保護計畫；這類計畫必須更透明，才能驗證是否有效；此外，取得更好的衛星資料、建立更完善的認證計畫也很重要。最後，各國政府必須拿出更大的決心，以政策雙管齊下，創造經濟誘因，同時立法保護森林並且嚴格執行，才能淘汰毀林的做法。

要如何帶頭推動改革，下面就是很好的例子。有一間國際組織以市場導向的方式，為毀林危機帶來新的解決方案。

雨林聯盟：創造永續物產的市場

2000 年，保育人士恬西·韋倫（Tensie Whelan）當上雨林聯盟（Rainforest Alliance）董事長，這間非營利組織的使命是，保護生物多樣性與仰賴雨林為生的老百姓生計。當時，氣候變遷還是不怎麼引人注意的話題，媒體與政府基本上不關心，在這樣的背景下，韋倫為雨林聯盟訂下大膽的目標：透過創造價值幾十億美元的市場來保護全球的熱帶雨林。

恬西・韋倫

我在紐約市長大，但我們家在弗蒙特州有一座農場，我常去那裡露營或釣魚。我的自然知識大多都是從我爸那裡學來的，他在自然歷史博物館上班。我媽說西班牙語，從事刑事司法改革工作；我外公外婆住在墨西哥市，所以我親眼見過貧窮是什麼樣子。

年輕時，我在瑞典擔任一份國際環保期刊的編輯，然後又去拉丁美洲當記者，報導永續發展議題，包括毀林問題。我親眼看到人們是因為經濟壓力而砍伐樹木，並不是因為他們是壞人才砍樹。

當時，造成毀林的一個主要導火線是，麥當勞從哥斯大黎加採購牛肉，這讓美國的漢堡變得很便宜，但是牧地增加卻也造成森林被摧毀。在環保抵制行動下，麥當勞與其他業者不再從哥斯大黎加進口牛肉，但是森林並沒有因此得救，當地人轉而以刀耕火種的方式來維持生計。這讓我開始想要探究，怎樣才能幫助人們追求永續的維生方式。

雨林聯盟是由丹尼爾・卡茲（Daniel Katz）創立，他在讀到每分鐘就有 20 公頃的雨林被摧毀殆盡，每天有二十幾個物種滅絕後，受到感召起而行動。

丹尼爾用他從賭場贏來的一筆錢，廣邀專家舉辦一場研討會，他們提出兩個相輔相成的想法。第一個是用購買代替抵制，發起正面的宣傳，鼓勵消費者購買永續產品。

第二個想法是設計一個標誌來認證市場上的永續產品，他們選了青蛙作為面向消費者的標章，因為健康的青蛙族群是生態系健全的象徵。

雨林聯盟
標章：實踐
永續採購
的認證。

雨林聯盟的第一次成功出擊，是認證哥斯大黎加的永續香蕉農場，接著又認證瓜地馬拉的咖啡農場，然後是啟動厄瓜多的可可認證計畫。

保護森林的行動在 1990 年代取得相當大進展，[11] 但是韋倫還是覺得不夠快。於是，她一家接著一家的拜訪開發中國家的農場，和當地種植者與原住民合作，過程非常辛苦又漫長。韋倫承諾提供資金給這些人，讓他們不但不需要破壞雨林，還可以保護雨林。她贏得農民的信任，加入認證計畫的農民每年持續增加。由於聯盟強制要求雇主必須提供安全的工作條件與公平的報酬，認證計畫也受到農場工人的歡迎。

然後，他們終於迎來突破，全球數一數二的香蕉商金吉達（Chiquita）決定做對的事，只和屏棄強迫勞動惡習的供應商合作。金吉達旗下的農場全都獲得雨林聯盟認證，這些農場都承諾在不傷害樹木或剝削勞動力的前提下收割森林的原料。

世界著名品牌加入後，一切都不同了。因為和金吉達合作，雨林聯盟成為環保運動中備受矚目的非營利組織，擴大永續認證計畫的規模也成為韋倫的當務之急。

恬西・韋倫

雨林聯盟有三十五名員工，每年的預算為 450 萬美元，還得分攤給許多項計畫。我們得想清楚如何擴大規模，尤其大公司與大品牌已經開始付費加入，自然必須更慎重。

我們花了差不多十年，才完成金吉達所有產品的認證。我在任期間，其他香蕉商也開始改變做法，和聯盟合作。同一時間，我們也在擴大咖啡與可可的認證範圍，為了籌募資金並且提高永續意識，我們開始徵收使用雨林聯盟標章的授權費。

聯盟也努力幫助森林裡的原住民聚落以碳權（carbon credit）與其他生態系服務換取現金，而這筆錢是由品牌和企業支出。我們應該讓更多資金從大企業流向小農。

我們邀請營收超過 300 億美元的卡夫食品（Kraft Foods）了解我們正在做的事，[12] 當執行長羅傑・戴洛梅迪（Roger Deromedi）來到薩爾瓦多，我們讓農民和他談話，說明他們做了哪些改變，而哪些有效、哪些行不通。他則看見永續生產方式帶來的正面影響，在經濟、環境與社會方面都展現出成效。

在這之後，卡夫承諾向雨林聯盟認證的種植者採購原料，給旗下多個品牌的產品使用。五年內，卡夫為旗下 25% 的產品貼上永續來源標籤，碳足跡因此減少了 15%。[13]

到了 2006 年，雨林聯盟達成重要的里程碑：認證品牌的年銷售額達到 10 億美元。

我看見
人們迫於
經濟壓力
而砍伐樹木。

然後，聯合利華（Unilever）邀請我加入他們的永續農業諮詢委員會，他們的標準有很多地方都和我們一樣。他們對茶特別感興趣，聯合利華旗下大約有二十個茶品牌，包括立頓（Lipton）。他們居然反過來勸我進軍茶市場，而不是我勸他們加入。

這一步為肯亞成千上萬的小茶農帶來很大的影響，我們也看到阿根廷茶農在種植供應美國市場的茶葉時，變得對環境更加友善。接下來，我們開始和瑪氏食品合作，一起尋找永續可可原料的供應來源。

就這樣，我們認證的範圍遠遠超過香蕉，還包括全球 20％的茶葉、14％的可可、6％的咖啡，為整個供應鏈上下游的五千間公司找到永續原料的供應來源。整體來說，我們幫助在地種植者以永續方式生產，保護全球約 7％的農業森林。

雨林聯盟把現金補貼用在種植者身上，讓他們把碳封存起來，並且保護當地生態，這種做法使「論質計酬」的理念傳播開來。基本上，這等於是在為碳訂定價格。2015 年，恬西‧韋倫離開雨林聯盟，到紐約大學史登商學院（Stern School of Business）擔任永續商業中心（Center for Sustainable Business）主任。此時，在雨林聯盟以及所有夥伴的不懈努力之下，毀林現象至少短暫的開始有了改善。從 2000 年至 2015 年，碳排放量下降 25％，從 40 億公噸減少到 30 億公噸。[14]

轉職到紐約大學後，韋倫領導永續商業中心開發出一套強大的指標，用來證明企業花在永續做法上的支出是值得的。[15]這套指標追蹤企業在員工留任意願、客戶忠誠度，以及公司評價等方面的進展。

另外也有其他組織在追蹤這些資料，國際永續發展協會（The International Institute for Sustainable Development）每年會發布一份永續認證產品報告。此外，紐約大學也和一間公司合作，彙整零售商的產品條碼資料，對於洞悉消費者行為非常有幫助。

恬西・韋倫

我來到紐約大學後，對「綠色缺口」（green gap）很感興趣，這指的是消費者表示對永續的重視程度以及他們的實際購買行為之間的落差。我不想做問卷調查，只想看到真實的數字。

我們拿到三十六類產品的包裝消費性商品過去五年來的資料，涵蓋七萬多項個人護理用品與食品。我們將所有標注為永續的商品，例如植物性、有機或是非基改，拿來和傳統商品做比較。

結果發現，在那五年間，包裝消費性商品市場的成長有 55％ 來自主打永續的商品，而且這些商品平均貴了 39％。所以根本沒有綠色缺口這回事，有的只是綠色溢價而已。

大多數消費者也許不願意為清潔能源或電動車額外支付綠色溢價，卻不介意為永續食品多付一點錢。

大多數消費者不介意為永續食品多付一點錢。

2015 年，《巴黎協定》提到全球森林的問題，並且投以前所未有的重視程度：「締約方應該在適當的時候採取行動，保護、強化碳匯以及溫室氣體儲存庫……包括森林。」[16] 條文中甚至明定，應該「按成效支付報酬」給保護雨林與自然界其他碳匯的政府、非政府組織。

要阻止森林遭到破壞，目前投入的資金還遠遠不足，全球**投入開伐森林的資金遠超過保護森林的資金，比例為 40：1**。[17] 不過，已經有端倪顯示趨勢正在朝向綠色方向扭轉。2021 年 4 月，在美國總統拜登主持的氣候峰會上，政府與民營企業共同承諾在年底前募集至少 10 億美元，用於大規模保護森林與永續發展，資金將為原住民和森林聚落提供福利。拯救森林的成功之道很可能就在於募集更多資金，由世界頂尖的土地管理人監督，以更透明、更高標準的方式運用。

最佳森林守護人

在避免氣候災難的課題上，最被低估的力量也許就是保護原住民的權利、土地以及生活方式。雖然原住民只占全球人口的 5％，他們的土地卻孕育出全球 80％的生物多樣性，[18] 這些土地至少包括 48 萬公頃的森林，[19] 其中儲存高達 380 億公噸的碳。然而，原住民能發揮的作用超越這些數字，他們的傳統是源自對自然生態的愛護與感情，他們的智慧與習俗經過千年磨練，在人類努力減緩地球暖化、努力適應更熱的地球之際，將變得不可或缺。

從數字來看，原住民習俗的力量無庸置疑，由原住民聚落管理的森林，毀林率通常比周圍森林低兩到三倍，[20] 即使周圍森林是國家保護區也一樣。根據世界資源研究所指出：「保障原住民土地所用權的亞馬遜地區能儲存碳，能過濾水而減少汙染，又因為水土保持得當，能防治侵蝕和洪水，還能提供一系列維護當地、區域，以及全球生態的服務。」[21]

要確保原住民能持續守護森林長長久久，他們的土地必須受到法律保護，並承認他們就是所有權人。在氣候領域中，這個原則叫做保障土地所有權（secure land tenure）。

在橫跨巴西、玻利維亞與哥倫比亞的亞馬遜地區，保障原住民所有權的土地每公頃能產生高達 1600 美元的淨收益，以二十年為期加總的淨收益將超過 1 兆美元，立法保障土地所有權的成本還不到收益的 1％。**讓原住民土地受到法律保護，可以確保 55％封存在亞馬遜雨林裡的碳不會被釋放出來，這是防止額外碳排放與保護地球最具有成本效益的一項機制。**[22]

讓海洋重返生機

全球海洋供應地球一半的氧氣，[23] 還有豐富的魚產作為食物。海洋也是最有效的氣候調節機制，沒有任何事物可以取代，人類社會需要海洋才能欣欣向榮，我們需要海洋才能生存。

然而現實中，海洋早已經和過去不同，幾十年來的汙染造成嚴重的後果。早在 1960 年代，科學家就測出海洋吸收碳的能力正在微幅但明確的下降，這些資料點加上海洋酸度升高的證據，讓羅傑‧雷維爾（Roger Revelle）下定決心研究其中的問題。雷維爾是位於加州拉荷雅（La Jolla）的斯克里普斯海洋研究所（Scripps Institution of Oceanography）學者，也是全球最資深的氣候科學家之一，他得出的結論是：地球正發生人類活動引起的暖化。雷維爾到哈佛大學擔任客座教授的時候，曾經教導過年輕的高爾，高爾把他奉為精神導師。後來，海洋吸收二氧化碳的能力日漸退化，而退化的程度就被稱為雷維爾因子。

在自然的情況下，海洋本來就會和大氣互相交換碳，自古以來時而排放、時而吸收，不斷交替。但是，在大氣碳濃度不斷增加的這幾百年裡，海洋主要扮演貯存器的角色，[24] 吸收的碳比排放的多。除了空氣中大量來自化石燃料的碳排放，過度捕撈、過度鑽探以及過度開發等，也釋出大量儲存在水生生態系與海洋沉積物中的碳。

結果，最靠近海岸線的海洋，也就是多數海洋生物的家園，正面臨危機，[25] 海草、珊瑚礁以及紅樹林都被人類大肆破壞。只要停止這種破壞，我們每年就能防止 10 億公噸的碳被排放到大氣中。[26]

然後，另一個海洋區是大陸棚以外的深海，覆蓋面積高達地球表面的 50％。[27] 深海海底沉積物富含的碳，是所有陸地的幾千幾萬倍。[28] 深海採礦與深海捕魚會擾動沉積物，促使儲存在深海的碳釋出，[29] 導致海洋酸度升高，甚至足以溶解某些貝類。尤其具有破壞力的是底拖網捕撈，巨大的漁網被沉到海底拖曳，釋出 15 億公噸的二氧化碳到水中，[30] 研究人員還不確定，究竟有多少碳因此進入了大氣。

目前的海洋酸度平均比工業革命前高 25％左右。

海洋正遭到兩面夾擊，一方面要吸收來自上面空氣與下面海床的碳，另一方面，海洋生物又因為無遠弗屆的塑膠汙染而窒息。過度捕撈現象已經從 1980 年占全球漁業資源的 10％，擴大到現在的 33％，其中最嚴重的違規者是中國、印度與印尼。另一個可悲的問題是，全球 90％的珊瑚礁很可能會在 2050 年前因海水溫度與酸度過高而死亡。中國已經喪失 80％的珊瑚礁，擁有世界最大珊瑚礁系統的澳洲大堡礁，也因為大規模白化事件失去一半以上的珊瑚礁。而珊瑚礁白化正是海水暖化的跡象。[31]

海洋酸化的罪魁禍首是空氣中的二氧化碳，因為這些碳主要都是被海洋吸收。唯有實現淨零排放並且減少大氣中的二氧化碳，我們才能力挽狂瀾，拯救海洋暖化與酸化；另一方面，我們也應該擴大海洋保護區，以減少和海洋相關的碳排放。

墨西哥的奇蹟

帶頭行動保護海洋的人是海洋生態學家恩里克・薩拉（Enric Sala），薩拉是世界頂尖的海洋保護專家，從小在西班牙北部的布拉瓦海岸（Costa Brava）長大，自然而然培養出對海洋的熱愛。他在巴塞隆納大學（University of Barcelona）唸生物學，最後拿到生態學博士學位，成為斯克里普斯海洋研究所的教授。

1999 年，薩拉參訪墨西哥下加利福尼亞半島的普爾莫角（Cabo Pulmo），這裡曾經有非常豐富的生態，現在卻成為水下沙漠，漁民能捕到的漁獲已經不足以維持生計，曾經養活各種魚類、同時吸收大量碳的海洋植物都消失了。絕望之餘，漁民們做出一件讓人意想不到的事，薩拉在一次 TED 演講中這樣說明：「他們不是花更多時間出海，去捉剩下的寥寥幾條魚，而是根本不捕魚了。他們在海上設立國家公園，把那裡變成禁止捕魚的海洋保護區。」[32]

十年過後，這片水下的不毛之地搖身變成生命與色彩的萬花筒，就連石斑、鯊魚、鰺科魚等大型捕食者也回歸了。正如薩拉所說：「我們看到那片海洋恢復到原始的狀態，而那些有遠見的漁民與小鎮，因為經濟成長以及旅遊業發展而賺到更多錢。」

薩拉辭去學術工作，成為國家地理學會（National Geographic Society）的全職保育工作者。他與博物學家麥克・費伊（Mike Fay）合作，說服中非國家加彭（Gabon）的總統設立一系列國家海洋公園。2008 年，薩拉與費伊發起「原始海洋計畫」（Pristine Seas），記錄海洋中尚存的野生環境，並且與政府攜手保護它們。這些海洋保護區面積約有半個加拿大那麼大，十分壯觀，現在都由政府立法保護。

「這讓我們看到未來的海洋可以呈現出什麼樣貌，」薩拉說：「因為海洋的再生能力十分驚人，只要保護更多面臨危機的地方，這些海域就可以恢復生機，變回野生的環境。」這個案例告訴我們一件事：當保育變成一門生意，奇蹟就會發生。

雖然沿海海洋保護區的數量最近有所增加，但是全球仍然只有 7％的海域受到充分保護，沒有過度捕撈或其他破壞之虞。我們的計畫要成功，2030 年前至少必須有 30％的海洋受到保護，2050 年前要有 50％的海洋受到保護。美國國家公共廣播電台曾經報導：「海洋保護區的做法結果如何？真的有效！研究一再顯示，只要嚴格執行捕魚禁令，魚類數量就會迅速攀升，反倒為在周邊水域捕魚的漁民帶來實實在在的收穫。事實上，許多專家都認為，唯有大幅度擴大海洋保護區，漁業才有可能永續發展。」[33]

絕大多數漁民都在沿海海域捕魚，不過公海也被捕撈得相當嚴重。深海捕魚基本上不受管制，沿海海域至少有區域執法單位可以巡查，愈深入公海，規矩就愈模糊，執法也愈不容易。

薩拉一心想解決極具破壞力的底拖網問題，他說：「超級拖網漁船是海上最大的漁船，漁網大到裝得下十幾架 747 飛機，這種巨型漁網拖過的地方，所有東西都會被摧毀，包括海丘上可能育有幾千年歷史的深海珊瑚。」衛星資料顯示，俄羅斯、中國、台灣、日本、韓國與西班牙占了公海捕魚量的近 80％，[34] 這些國家的政府會提供現金補貼給漁民，讓他們購買更大的拖網漁船。

根據薩拉的分析，超過一半的公海漁場都是依賴這些補貼，補貼金額每年總計 40 億美元。原始海洋計畫倡議在國際上禁止底拖網捕撈，[35] 獲得全球頂尖海洋科學家的支持，這項禁令由聯合國召集討論，確保不會影響全球的魚類供應。

地球溫度日益升高，努力奔走保護海洋的人猶如推著大石上

全盤皆輪：
底拖網漁法
會把封存在
海底的碳
釋放到海洋中。

坡，珊瑚礁、水下植物以及海洋生物並未脫離險境，**氣候變遷的反饋迴圈還沒有關閉**。說白一點，我們需要更嚴肅的全球性承諾。2016 年，二十四個國家加上歐盟協議保護南極的羅斯海（Ross Sea），未來三十五年禁止商業捕魚，簽署國包括重度依賴漁業的中國、日本、俄羅斯與西班牙。這類保護如果能擴大實施，海洋將有望恢復原本應有的角色，成為無數物種充滿活力的家園。

養殖海藻以吸收碳

雖然海洋還有救，但是所剩時間已經不多。我畢生的偶像高登‧摩爾，也就是前面提到的摩爾定律發明者，把他的才能與資金都投入海灣基金會（Bay Foundation），致力於恢復加州蒙特里灣（Monterey Bay）的水下海藻林。海藻吸收二氧化碳的能力很強，是同等大小陸地森林的二十倍。[36]蒙特里灣的海獺在17與18世紀因皮草貿易被大量獵殺，數量大幅減少，海獺最愛的食物海膽因此大量繁殖，把海藻幾乎吃光光。從1980年代開始的海獺保育工作，讓這個族群的數量逐漸恢復，隨著海膽數量受到控制，蒙特里灣的海藻林慢慢恢復昔日輝煌，生態系統又回復正常。

海藻林可能是擴大海洋每年吸收碳量的其中一個辦法，因為接近海面的海藻會透過光合作用吸收二氧化碳。海藻是生長速度非常快的植物，每天最多可以成長60公分。查爾斯‧達爾文（Charles Darwin）在19世紀中葉乘坐小獵犬號（HMS Beagle）出航的時候，曾經這樣記錄他和海藻林的邂逅：「這些壯觀的水下森林，我只能用陸上森林來做比較，依賴海藻生存的生物之多，令人嘆為觀止。」

2017年，反轉計畫在宣布養殖幾萬公頃新海藻林的計畫時，特別強調它是「精彩預告」，因為這是很有希望解決氣候危機的方案。[37]丹麥奧胡斯大學（Aarhus University）的海洋生態學教授多特‧克勞斯－顏森（Dorte Krause-Jensen）說，當富含養分的海藻葉枯死並且沉落到1,000公尺或更深的海底，其中的碳「可以說就此永久封存」[38]。

世界資源研究所糧食計畫的技術總監提摩西‧塞勤傑（Timothy Searchinger）說，海藻林是「效率高的轉換途徑，不會占用應該用來生產糧食的寶貴農地」。以往，吸收二氧化碳的生物質量都是在陸地上培植；現在，海藻很有可能成為不會跟農業爭地的碳清除工具。

「海洋樸門永續陣列」（marine permaculture arrays）於焉誕生，這是地球科學家布萊恩・馮・赫爾岑（Brian Von Herzen）的發明。馮・赫爾岑以美國麻薩諸塞州伍茲荷（Woods Hole）以及澳洲昆士蘭（Queensland）為根據地，成立非營利組織氣候基金會（Climate Foundation），投入開發這種專門養殖海藻的網架，並且以再生電力抽取富含養分的底層海水灌溉。到 2020 年，氣候基金會已經在菲律賓小規模試行，並且為澳洲海岸設計幾百平方公尺的海藻網架。目前，基金會正在募集資金，希望在菲律賓打造至少大十倍的海藻陣列。

馮・赫爾岑雖然有萬丈雄心，不過目前養殖中的海藻陣列卻仍然微不足道，但他的商業模式確實可行。安裝海藻陣列的業者可以採收部分海藻拿去販賣，加上海裡的魚群回來了，不到四年安裝成本就能回收。像馮・赫爾岑這樣的創新者如果有辦法把這種做法規模化，擴大到占全球海洋的 1％，或是大約半個澳洲那麼大，海藻林每年將能吸收 10 億公噸的二氧化碳。

海藻林就是海藻養殖場，可以吸收碳，再妥善封存在海底。

這個願景十分誘人，只是我們還需要有更大規模的成功案例，才能指望借助海藻林來實現淨零排放。

泥炭地的隱憂

地球容量巨大的碳儲存庫是由溼地、凍原、極地冰冠以及下面的永凍土等天然碳匯所組成，這些天然碳匯會吸收碳，再妥善封存長達萬年以上。

這當中最少人知道、卻最重要的，大概就是泥炭地。泥炭是一種黏稠、泥濘、溼潤的物質，以往被開採來當作燃料。**泥炭地是地球第二大碳儲存庫，儲存的碳量僅次於海洋，**[39] 如果遭到破壞，勢必對大氣層造成嚴重影響。舉例來說，乾涸的泥炭地只占全球 0.3％的陸地面積，排放的二氧化碳卻占了人為排放量的 5％。[40]

和保護森林的情形一樣，不少泥炭地已經受到法律保護，禁止開採，相關立法在印尼可以看到不錯的初步成果。但是，要擴大保護與復育泥炭地的規模，還需要獎勵措施、固定監測以及嚴格規範多管齊下才行。

以生物多樣性恢復地球的儲碳能力

復育土地、森林與海洋，其實就是在保護地球的生物多樣性，保護讓生態系健全運作的幾百萬個物種。地球上各種不同的生命形式，都是相互依存，失去一種生物就會危及另外一種生物。每當一個物種滅絕，生態系在我們無法預知、又看不到的地方可能已經發生變化。當蠕蟲或微生物被產業化農業消滅，有機物再也無法被消化並把碳存進土裡。在黃石國家公園內，有幾組小狼群可以使糜鹿群維持在一定的數量，糜

泥炭地必須
受到保護
以防災難性
的排放。

鹿專吃白楊的幼苗，假如狼滅絕了，麋鹿就會大量繁殖，樹苗來不及長大就被吃光，假以時日，森林覆蓋也會消失。狼沒有特別做什麼，但是單憑牠的存在，就足以守護林木。

當前氣候緊急狀態的核心問題之一正是「生態滅絕」（ecocide），某個生態系統以及生態系生物多樣性將徹底毀滅，而且這樣的徵兆日益明顯。地球上估計有八百萬到九百萬種動植物，在人類出現以前，每年只有百萬分之一的物種滅絕，[41] 到了 20 世紀早期，每年滅絕的物種上升到十餘種，物種滅絕的速度也愈來愈快，**當前面臨滅絕危機的物種已經超過一百萬種**。[42] 但是，最壞的情況可能還在後頭，正如威爾森所說：「如果物種滅絕加劇，生物多樣性終將達到臨界點，生態系統就會全面崩壞。」

在美國，國家公園管理局（National Park Service）是保護土地與物種的主要機制，小說家暨環保人士華萊士・史達格納（Wallace Stegner）曾說，美國的國家公園系統是「我們有史以來最棒的構想」，許多國家也仿效美國的做法。

儘管保育工作成果斐然，物種遞減率仍然居高不下，野生棲地正在不斷遭到破壞，該怎麼做才能讓地球生態系恢復生機呢？

迎接最大的挑戰

我經常不由自主讚嘆地球魔法般的井然秩序，例如碳循環，這是一種可以探測的過程，目前急需重返平衡。要避免氣候災難，威爾森應該會說，我們一定要像轉型到清潔能源那樣，竭盡全力恢復自然環境。

2018 年，國家地理學會回應威爾森提出的「半個地球」挑戰，發起由科學家、企業家、原住民以及環保領袖組成的

「為大自然行動」（Campaign for Nature）。威爾森的願景是在 2050 年前讓地球的一半面積受到保護，「為大自然行動」則設定較近期的目標，要在 2030 年前讓地球 30％的面積受到保護。他們認為，要解決氣候變遷以及「防止大滅絕危機」[43]，這是我們最起碼必須做到的事。2021 年，拜登政府贊同美國將朝這個目標努力。

無論是迫在眉睫的 30×30，還是存亡攸關的 50×50，我們的計畫都符合這兩個時間表的目標。就像駕駛飛機，沒有達到最起碼的速度，飛機不可能起飛，唯有加速起飛後，你才有可能胸有成竹的航向最終目的地。

大自然的三個領域分別是土地、森林與海洋，全都對淨零排放有非常關鍵的作用。地球的碳匯正處於氣候穩定與氣候災難、生物多樣性與大滅絕之間的斷層帶，人類也是面臨生存危機的一個脆弱物種，人類的演化樹正來到一處搖搖欲墜的危枝，是我們把自己弄得危險迫在眉睫。但是，先別急著絕望，請記住，我們已經一再見證，復育工作真的有用，即使看來被破壞得很厲害的生態系還是有望恢復。

總結來說，自從上一次冰河時期在一萬一千年前結束，人類過了不少好日子，在氣候恰到好處的星球上繁榮發展，氣溫不會太低，也不會太高。「人類繼承的美麗世界，是所有生命體花了三十八億年的時間建構而成。」威爾森這麼寫道：「我們是這個生命世界的管家。我們已經有足夠的知識遵行一種簡單易行的道德觀：不再傷害生命。」

速度與規模：2050年淨零倒數

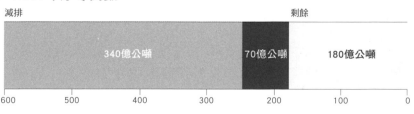

目標	減排		剩餘
保護自然	340億公噸	70億公噸	180億公噸

600　　500　　400　　300　　200　　100　　0

淨化工業

第 5 章　**淨化工業**

二十五歲那一年，詹姆斯・瓦基比亞（James Wakibia）踏上一條不平凡的路，這讓他後來成為「胸懷遠見、禁用塑膠的人」[1]。瓦基比亞是一名攝影記者，來自肯亞第四大城市納庫路（Nakuru），他的攝影生涯始於背著變焦相機在街上梭巡，拍攝當地的街頭日常，像是一早開門的店家、上學途中的孩童等。當然，他也拍大自然，肯亞的自然風光名不虛傳。瓦基比亞把他拍的照片發表在部落格上，很快接到有酬勞的攝影案子。他說：「攝影讓我學會觀察，給了我停下來按下快門的勇氣，後來更讓我敢於提出質疑。」[2]

2011 年的某一天，瓦基比亞路過當地的垃圾場，只見超市的塑膠袋多到滿天飛，甚至吹到附近的馬路上。他拍下城市的湖岸與池塘邊堆滿塑膠瓶的景象，感到深惡痛絕。2013 年，他發起請願，要求將垃圾場遷移，市政府官員不為所動，回絕了他的請求。

這只是瓦基比亞的第一次衝撞，他開始在推特（Twitter）上用主題標籤 #BanPlasticsKE（意思是「禁塑膠肯亞」）吸

引數千名跟隨者。他也引用美國著名民謠歌手暨環保人士彼得‧席格（Pete Seeger）的歌詞：「只要是無法分解、再利用、修理、重建、翻新、整修、轉售、回收或堆肥，就應該限制使用、重新設計，或是不再生產。」而且瓦基比亞發明的口號更簡潔：「減塑生活真美妙」（Less plastic is fantastic）。在路過那座垃圾場四年後，他把精力投入更大膽的目標上，發起請願讓納庫路成為全世界第一個禁止所有拋棄式塑膠製品的城市，包括塑膠袋、寶特瓶與免洗餐具。

詹姆斯‧瓦基比亞向肯亞的塑膠汙染問題宣戰，最終旗開得勝。

然而，納庫路市政府再一次拒絕他。

不過，這次請願引起肯亞環境與區域發展大臣茱蒂‧瓦克亨古（Judi Wakhungu）的注意，她實在太喜歡瓦基比亞的主意，開始推動在全國實施拋棄式塑膠禁令。她將這項政策定位為經濟上的迫切需要，因為在肯亞，半數的乳牛胃裡都有塑膠，導致牛乳供應減量。2017 年，肯亞通過全球最嚴格的拋棄式塑膠禁令，[3] 瓦基比亞雀躍的說：「我沒想到會這樣，這真是太好了。」

肯亞的罰則非常嚴厲，任何人只要被發現製造、進口或販售塑膠袋，最高可罰款 4 萬美元或是判四年徒刑；至於違法使用塑膠袋，最高罰款 500 美元或是監禁一年。政府不是在開玩笑，禁令實施後有幾百人被罰款，十幾人吃上牢飯。

禁令生效後不到十八個月，肯亞宣布 80％的人口已經停用塑膠袋。[4] 英國廣播公司向全球觀眾報導這項重大成就，瓦基比亞則受到聯合國環境規畫署表揚。[5]

當一個勢單力薄的小國單獨實施一項綠色禁令，一定會碰到強大阻力，尤其禁用的又是跨國大企業生產製造、用途多得不勝枚舉的材料。電影《畢業生》（*The Graduate*）中有一個著名場景，一位生意人對達斯汀‧霍夫曼（Dustin Hoffman）飾演的年輕男主角說：「我有話跟你說，就兩個字：塑膠。塑膠的前途無可限量。」[6] 這部電影在 1967 年出品，當時塑膠業正在起步，逐漸發展我們成今日所見無所不在的材料。它極其普遍，用途廣泛，最終卻變成一場噩夢。

塑膠會造成兩次汙染，第一次在製造時，第二次在丟棄時。塑膠不單只是用石油與天然氣製造，製造過程中還會排放二氧化碳。人類史上一半的塑膠都是在過去十五年間製造，[7] 未來將會浮現的影響令人擔憂，這個問題正在以工業規模日益加速惡化。

目標 5
淨化工業

在 2050 年前，將工業的 120 億公噸排放量減到 40 億公噸。

KR 5.1　　鋼鐵業

在 2030 年前，生產鋼材的整體碳濃度降低 50%，在 2040 年前降低 90%。

⬇ 40 億公噸

KR 5.2　　水泥業

在 2030 年前，生產水泥的整體碳濃度降低 25%，在 2040 年前降低 90%。

⬇ 20 億公噸

KR 5.3　　其他工業

在 2050 年前，來自其他工業（塑膠、化工、造紙、鋁、玻璃與成衣）的排放量減少 80%。

⬇ 20 億公噸

在人造的世界裡，幾乎所有事物在製造的時候都會排碳，不管是在肯亞禁用的塑膠、路上的混凝土橋樑，或是摩天大樓裡的鋼筋，無一例外。即使我們最後成功讓電網脫碳、讓交通運輸電氣化，生產這些設備所用到的材料，在製造過程中還是會排碳。有些碳排放是來自直接作為熱源的化石燃料，有些則來自生產過程中的化學反應。

有一套策略可以有效幫助所有工業減少碳排放。首先是盡量少用材料，例如特別設計的建築可以使用比較少混凝土，因此排放到大氣中的二氧化碳也就跟著減少；其次是回收再利用，例如回收紡織品，再製成環保布料，無需從頭開始生產；第三是使用替代熱源，例如用電來產生熔鍊鋼所需的熱，發電來源就可以選擇零排放能源；最後是創新發明，例如發明可以堆肥的新型容器，避免容器最後變成垃圾，只能送進垃圾掩埋場。

人類為了製造各種物品，每年會排放 120 億公噸的溫室氣體，約占全球總排放量的 20％，對大氣造成不小的負擔。**「鋼鐵業」關鍵結果（KR 5.1）**專門針對工業的最大排放源，每年碳排放量高達 40 億公噸，希望全球鋼鐵業者尋找新做法與新技術，在生產鋼材的過程中可以減少使用化石燃料。[8]**「水泥業」關鍵結果（KR 5.2）**則針對每年碳排放量近 30 億公噸的水泥製造業。[9]由於中國飛快的都市發展與建設，目前鋼鐵與水泥生產都是由中國主導，想要讓這兩個大型工業實現脫碳目標，新做法與新技術的成本一定要讓開發中國家負擔得起才行。

塑膠、化學品、紙張、鋁、玻璃與成衣的生產，全都以化石燃料作為直接熱源。這類產品當中，有不少到最後是被焚燒銷毀，因此產生更多碳排放。**「其他工業」關鍵結果（KR 5.3）**要運用前面提到的工業減排策略來減少排放，像是減少材料、回收再利用、使用替代熱源，以及創新發明。

當然，說起來容易，做起來難。本章會先討論和消費者最直接相關的塑膠業與成衣業，接著再探討產生熱能的新方法，這種方法可以幫助工業大體實現脫碳目標；最後，再深入了解水泥與鋼鐵這兩大碳排放產業，這也是挑戰最艱鉅的地方。

我們沒有轉圜的餘地，如果不減少工業排放，隨著全球人口不斷成長，對能源的需求愈來愈大，工業排放勢必衝上雲霄。

塑膠為害不淺

塑膠屬於化學工業，每年產生 14 億公噸的碳排放。全球的拋棄式塑膠垃圾超過一半來自二十間聚合物生產商，其中以美國的埃克森美孚、陶氏化學（Dow），以及中國的中國石化為首。在人類史上的這個關鍵時刻，這些企業必須做出選擇，是要犧牲氣候，繼續使用化石燃料；還是帶頭轉型，邁向永續的未來。

禁用拋棄式塑膠製品應該要有可行的替代方案，塑膠袋可以用未漂白的紙袋來代替，或者用回收瓶製成、可重複使用的袋子；利用可分解的纖維，可以做出堅固的餐具、吸管與容器；至於飲料包裝，開架商品只要一律改用玻璃瓶裝與鋁罐，外帶飲料改用可重複使用的瓶子或是可分解的杯子即可。有史以來最成功的回收案例，就是超市與便利商店飲料貨架上的鋁罐，美國歷年來生產的鋁製品有將近 75％至今仍在使用當中，充分展現「循環經濟」的潛力。[10]

至於塑膠，根據當前我們面臨的緊急狀況，足以顯示出曾經令人滿懷希望的兩種解決方案都失敗了，至少目前為止是如此。首先是塑膠的回收，雖然普遍被市場採納，消費者配合意願也很高，但是整個回收市場已經失靈。長期接收美國塑膠垃圾的國家，尤其是中國與馬來西亞，已經不大願意再當

更環保的選擇：
以植物澱粉製成的
聚乳酸聚合物，
比用石油製成的
塑膠少排放75%
的溫室氣體。

垃圾場。中國不久前每年還會進口 700 萬公噸的廢料，[11] 最近卻把大門關上，主要是看到境內水道被回收業者傾倒的塑膠垃圾汙染；這些業者為了減少損失，寧可把不合格的塑膠製品倒進河中。[12] 說得直接一點，全球的回收系統簡直是一團糟。

在美國，問題主要出在石油與塑膠業者身上，而且他們是故意造成這樣的失誤。早在 1989 年，石油與塑膠業者遊說國會，要把所有塑膠製品都印上回收標誌，[13] 而且他們明知道這樣做會使回收計畫破功，到處可見的 1 到 7 號標誌令人眼花撩亂。[14] 於是，一頭霧水的美國消費者索性把什麼都丟進資源回收桶，[15] 也不管它能否回收，或是已經被食物汙染。

回收計畫要發揮更好的效益，消費者必須能夠辨識哪些東西屬於可回收的資源才行，為此，永續包裝聯盟（Sustainable Packaging Coalition）設計了新的標誌。舉例來說，餅乾的包裝通常是盛在塑膠托盤裡，包上一層薄薄的塑膠膜，再裝進硬紙盒，清楚的標誌應該告訴我們，硬紙盒是可回收的資源，塑膠膜則不可回收，而塑膠托盤要洗過才能丟進資源回收桶。更精確的標誌也會讓那些假裝不知道自家產品包裝不可回收的公司無所遁形。

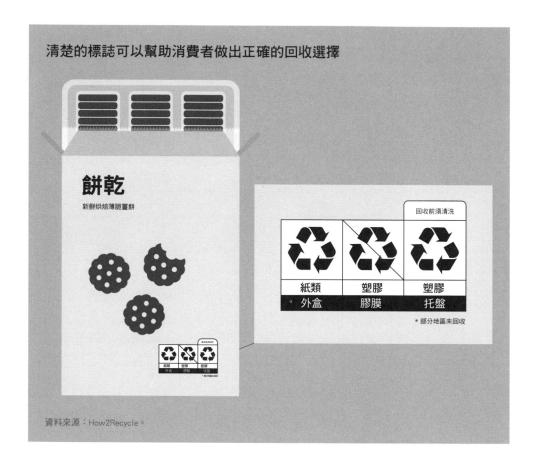

清楚的標誌可以幫助消費者做出正確的回收選擇

餅乾

新鮮烘焙薄脆薑餅

回收前須清洗

紙類	塑膠	塑膠
外盒	膠膜	托盤

＊ 部分地區未回收

資料來源：How2Recycle。

另一個令人失望的解決方案是生物塑膠。要了解為何生物塑膠到目前為止沒有成功，就得問兩個問題：材料是有機的嗎？可以生物分解嗎？可以被細菌分解的有機樹脂是最理想的生物塑膠，完全符合這兩項條件。問題是，這兩項條件都不容易滿足。

可口可樂正非常緩慢的從化石燃料與石化產品包裝，轉換到使用再生能源與原料。他們試驗過以 70％的石油與 30％的乙醇（從甘蔗提取）製成的瓶子，這種混合材料雖然能夠略微減少碳足跡，卻仍然會產生耗時幾百年才能分解的塑膠瓶。[16] 其他形式的生物塑膠對環境與我們的健康也會造成危害，可能比使用石油製成的傳統塑膠危害還要嚴重，有些做法會製造更多汙染、耗損更多臭氧，或是破壞更多珍貴的土地資源。[17]

我們需要的是更容易分解、又可以規模化的做法。化學家正在研究一種用玉米或木薯澱粉製成的聚合物，叫做聚乳酸（PLA）。它的質地堅固，摸起來就像一般的塑膠杯，卻比傳統塑膠減少排放75％的溫室氣體。那還有什麼問題？這種聚合物只能在專門的工業堆肥設備中進行生物分解，完成分解需要十到十二週，用途因而受到限制。在一般的垃圾掩埋場中，或是萬一被丟入海中，這種聚合物會很難分解。[18]

話雖如此，在製造拋棄式餐具時盡量使用聚乳酸，[19] 總是好處多過壞處，不但能減少垃圾掩埋場堆積如山的塑膠垃圾，還能防止資源回收桶受到汙染，同時確保剩食被製成堆肥回到土壤中，而不是在垃圾掩埋場腐爛並且釋出甲烷。生物塑膠要能滿足目前的需求，我們還需要更多創新，讓這些材料能在一般家庭的堆肥桶中直接分解。

塑膠製品在生命週期的每一個階段都會對環境造成汙染
1950年至2015年全球塑膠生產與使用情形，單位：公噸。

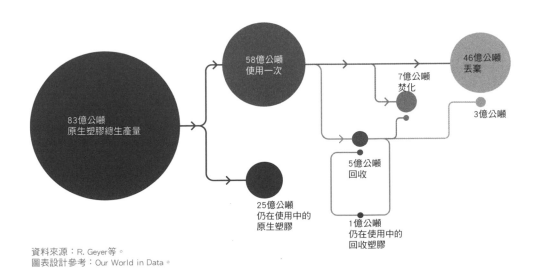

83億公噸
原生塑膠總生產量

58億公噸
使用一次

7億公噸
焚化

46億公噸
丟棄

3億公噸

25億公噸
仍在使用中的
原生塑膠

5億公噸
回收

1億公噸
仍在使用中的
回收塑膠

資料來源：R. Geyer等。
圖表設計參考：Our World in Data。

塑膠垃圾的生命週期凸顯出我們目前的處境，而且這幅景象一點都不美好。**全球的塑膠垃圾只有 9％成功回收**，那麼剩下的塑膠垃圾去了哪裡？12％被焚化，排放出二氧化碳；[20] 其餘被送到垃圾掩埋場，最終進入海洋。全球塑膠垃圾從 1980 年以來暴增高達十倍，由於廢棄物的物流管理不當，每年有 800 萬公噸進入海洋，害死上百萬隻海鳥，[21] 危及數百種魚類、海龜與海洋哺乳動物。被塑膠垃圾纏住的動物會窒息或溺水而死，吃進塑膠的動物則會餓死，因為牠們的胃都被塑膠塞滿。

禁用這些致命材料的行動已經從肯亞蔓延開來。2018 年，英國國會通過一項二十五年計畫，要逐步淘汰某幾種塑膠，並且配合美國對微塑膠的零售禁令；微塑膠指的是添加在洗潔劑、化妝品與保養品裡的塑膠柔珠。截至 2021 年，歐盟已經對免洗吸管、餐盤與餐具下禁令，[22] 並且設下「到 2029 年前塑膠瓶回收率達到 90％的目標」。加總計算，全球有 127 個國家或多或少都有一些限制塑膠使用的規定。[23]

無可否認，我們沒辦法禁用所有塑膠製品，至少目前還不行。在一些醫療用品、家用電器以及非拋棄式塑膠容器中的塑膠，目前還找不到替代品。不過，產品包裝、購物袋以及其他拋棄式塑膠製品占塑膠相關碳排放將近一半，對這些塑膠下禁令是絕對可行的做法，除非我們缺乏政治決心。

解決衣著問題

雖然服飾與鞋類的溫室氣體排放量相對比較小，但是它們的文化意義超越了數字，因為這是我們每天都要穿戴的產品。過去二十年裡，成衣的生產與消費因為「快時尚」興起而加速運轉，[24] 每年產量達到 6200 萬公噸。為了追趕快速變換的潮流，廠商生產品質低劣的衣服，穿幾次就丟，導致垃圾掩埋場裡的織品、橡膠、皮革與塑膠垃圾堆積如山。

根據哈佛商學院發表的一份研，Zara 販售的衣服所使用的材料，本來就不打算能讓消費者穿超過十次。

成衣業在應對氣候危機的作為上一向慢半拍，不過，根據知名時尚雜誌《Vogue》最近的一篇報導表示，業界達成一項最新共識，要在 2030 年減少 50％的碳排放量。[25] 要實現這個目標，時尚品牌、製造商與零售商都得加快腳步，在上下游兩端採取解決方案。上游的紡織業務比較簡單，只要在成衣生產過程中使用再生能源與提高能源效率，就可以直接減少碳排放。下游的解決方案就比較分散，不但要時尚品牌減少過度生產，還必須選擇低排放的運輸工具以及採用更環保的門市運作。要推動大規模改變，業者必須鼓勵消費者採納租衣、轉售、翻新、收集以及再利用等做法，重點就是想辦法延長每一件毛衣、外套、手提包或是每一雙鞋子的壽命。

有一項策略可以帶來巨大的影響，那就是使用回收材料生產服飾。早在 1993 年，戶外服飾品牌巴塔哥尼亞（Patagonia）率先跨出這一大步，利用回收塑膠瓶生產抓毛絨布料，現在約有二十間知名品牌與翻轉市場的新秀，也加入這個行列。

另外一些業界領導品牌則改用從一開始就比較環保的原料，例如總部設在舊金山的製鞋業者 Allbirds，不只設下淨零排放的目標，還用 OKR 來追蹤進度。鞋類的市場本已飽和，競爭超級激烈，Allbirds 卻在 2014 年成立時，立志實現一個獨特的抱負，要把舒適與優質設計融入「地表最永續的鞋子」。公司成立兩年後，賣出第一百萬雙鞋子，也就是 Allbirds 招牌的美麗諾羊毛運動鞋，中底夾層是由巴西的甘蔗製成。

正如 Allbirds 共同創辦人兼營運長喬伊・茲維林格（Joey Zwillinger）所指出：「我們把環境視為和公司成敗息息相關的利害關係人。」[26] 為了讓公司的財務目標與淨零目標保持一致，Allbirds 為全公司 250 名員工都設定了 OKR。這些積極作為奠定 Allbirds 不只是製鞋公司的地位，如今它還是一間環保企業；為了加速永續鞋業的發展，Allbirds 在 2021 年公開碳足跡計算器，以供其他業者參考。[27]

這間公司的一項最高目標，是要履行對顧客如鋼鐵般堅定的承諾：Allbirds 的全部產品在整個生命週期都能完全達到碳中和。而對應的關鍵結果，就是追蹤作業流程中每個環節，從供應鏈、製造、運輸到零售各自要達到的碳排放目標。為了執行這項 OKR，公司訓練每位員工學會量化，再來是想辦法減少每一道程序的碳排放。

日益壯大的綠色時尚領導品牌不只有 Allbirds，其他公司如 Reformation，會根據永續性來採購纖維並劃分級別；而像史黛拉‧麥卡尼（Stella McCartney）這樣的設計師品牌，則證明高級時裝也可以變得很環保。

在消費者方面，我們看到二手衣與古著興起，美國、歐洲與亞洲的年輕人很快把二手衣變成真正的時尚潮流。特洛夫公司（Trove）、崔西時裝（Tradesy）等服務商正在創造線上轉售的新市場，鼓勵消費者購買高品質服裝再轉售出去，抵消快時尚的負面影響。現在，其他業者也得趕快追上時尚界的新潮流，追求淨零排放。

工業熱源電氣化與氫的巨大潛力

工業製程用熱所消耗的能源，占全球能源用量將近五分之一，同時也是工業領域最大的二氧化碳排放源。[28] 製造的過程需要用到不同熱度，以生產紙張、織品、鋼鐵、水泥等五花八門的製品，製程中用到的熱能都是在現場生成，熱源通常是天然氣、煤或石油等高排放來源。

目前，這些消耗掉至少一半工業燃料的製程，已經有技術可以將它們電氣化，[29] 像是電熱泵、電鍋爐與回收廢熱等，都是行之有年的低熱與中熱替代熱源。至於煉鋼業，由於需要攝氏 1,000 度以上的熱能，儘管有些電爐可以達到這個溫度，卻因為成本過高、太過消耗電力而受到限制。工業界正在尋找更實用的方法來生成不排碳的高熱，最後他們轉向研究一種很基本的元素。

近年來，工業界討論最熱烈的氣候相關議題，就是氫在未來可能擔當的重任。氫和電一樣，是能量的載體，本身不是能源。工業界對氫寄予厚望，因為它幾乎無所不在，只要有水與電流，就可以製造氫。這個工序叫做電解，利用電來分裂水，把由兩個氫原子與一個氧原子構成的水分子變回氫與氧，由此產生的氫元素就可以儲存起來，直接就地使用，或者冷凝成液態後運送到需要生成熱或發電的地方。

許多工業製程已經有可行的替代熱源

製程用熱消耗的 燃料占工業總用量比例	%	製程範例	技術現況
超高溫加熱 (>1000℃)	32%	玻璃熔窯、熱軋機加熱板坯、 水泥生產中的石灰石鍛燒	研究中或 前導試驗階段
高溫加熱（400～1000℃）	16%	石化工業的蒸汽重組與裂解	已有替代方案
中溫加熱（100～400℃）	18%	烘乾、蒸發、蒸餾、活化	已有替代方案
低溫加熱（<100℃）	15%	洗滌、漂洗、食物製備	已有替代方案
其他 （未評估替代方案）	19%		

資料來源與視覺設計參考：McKinsey and Company。

工業界用顏色來區分不同來源的氫：

褐氫或黑氫：
以煤生產

灰氫：
以天然氣生產

藍氫：
以天然氣生產，但捕集、封存排放的二氧化碳

綠氫：
以零排放能源生產

目前，工業生產的氫主要用於製造化學物質，其中 95％是以天然氣生產。**接下來幾十年，我們的目標是讓清潔的氫成為高強度熱能的標準來源**，這樣我們才能讓水泥與鋼鐵這些最難解決的產業實現脫碳。

生產綠氫的成本肯定會隨著更多工廠加入生產而降低，[30] 然而，在全球大部分地區，要降到比生產骯髒的氫還便宜，至少要再等二十年以上。而且，不管用什麼能源生產，要過去從來沒有用過氫的產業開始採用，就會碰到成本阻礙。壓縮或冷卻技術的成本都很高，液態氫又很難運送，輸送管線也得改造，以防止氫氣洩漏或爆炸，這些成本加起來就是一筆龐大的綠色溢價。

綠氫必須跟成本正在下降的電池以及其他清潔能源競爭，那麼，綠氫的贏面在哪裡？有一個可能是取代骯髒的氫，用於製造化肥用的氨。有朝一日，綠氫用在鋼鐵製造與其他高熱製程時，也許真的能變得符合成本效益，控制成本的做法包括在製程現場生產氫，電解裝置所需的電則由太陽能板或風機供應。

在其他領域，綠氫也許可以用在電網的儲電與海上運輸，但是不太可能用來當作汽車、巴士、卡車或火車的動力來源，因為更輕、密度更大的電池已漸漸成為驅動這些交通工具更務實的選擇。不過，如果在製造建設城市的建材時，把綠氫作為零排放的能源選擇，也許會迎來全新的工業時代。

水泥業的減排捕碳挑戰

人類使用混凝土已經有兩千多年的歷史，但是一直要到 19 世紀中期工業時代的開端，建設城市的人才學會如何大規模應用這項材料。當時，約瑟夫—奧古斯特・帕文・德拉法基（Joseph-Auguste Pavin de Lafarge）在法國東南部經營石灰石採石場，他想找新方法來利用採石場的白色石灰岩與富

水泥在生產的各個階段都會排放二氧化碳。

生產水泥時產生的碳排放

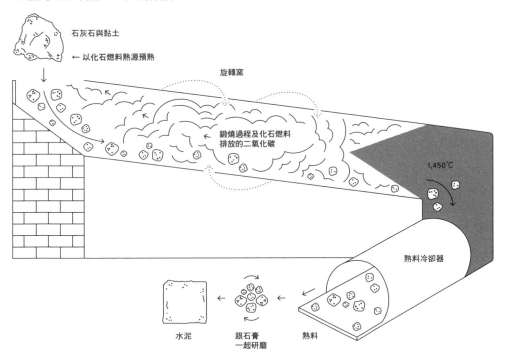

石灰石與黏土

← 以化石燃料熱源預熱

旋轉窯

鍛燒過程及化石燃料排放的二氧化碳

1,450℃

熱料冷卻器

水泥　　跟石膏一起研磨　　熟料

含礦物質的黏土，於是採用才剛獲得專利的新技術，大量製造波特蘭水泥（Portland cement）；波特蘭水泥之所以有這個名稱，是因為它的質地和英吉利海峽波特蘭島（Isle of Portland）上著名的石灰岩相似。

到了 1830 年代，德拉法基已經可以看到從工廠煙囪冒出來的滾滾濃煙，渾然不知自己正在促成未來的氣候危機，也無從知道 21 世紀的水泥業終將達到每年約 30 億公噸的二氧化碳排放量。製造水泥一直是很「火爆」的工程，石灰石與黏土在燃燒化石燃料的旋轉窯中會加熱到攝氏 1,450 度，水泥製程中有一半的二氧化碳排放就是由此而來。材料在窯中旋轉受熱時，石灰石會分解成氧化鈣與二氧化碳，因而產生另外一半的排放量。這時，窯中的材料已經變成顆粒狀的水泥「熟料」，最後再和石膏等其他材料一起研磨而成。水泥其實就是一種黏著劑，拌入水與沙石，就會形成混凝土，它是 19 世紀營建業的制勝法寶，德拉法基逐漸發展成為全世界最大的水泥生產商，至今仍然穩坐龍頭地位，營收達到 250 億美元。

每生產 1 公噸的混凝土，就會排放幾乎等量的二氧化碳到大氣中，[31] 水泥業的碳排占全球溫室氣體總排放量的 5％，如果不從根本上改變，這個產業的碳排放只會隨著經濟成長持續增加。不過，要求水泥業徹底改革的呼聲愈來愈大。2019 年，氣候變遷機構投資人團體（Institutional Investors Group on Climate Change）採取行動，以旗下管理的 33 兆美元資金為籌碼，施壓要水泥業在 2050 年實現淨零排放，[32] 並向歐洲四大水泥業者發出一封措辭強硬的信，要求他們制定短期與長期的減排目標；四大業者其中之一包含拉法基豪瑞集團（LafargeHolcim），旗下雇有六萬七千名員工，如今已經是瑞士跨國上市公司。

集團的執行長簡・耶尼施（Jan Jenisch）表示：「我們很嚴肅的看待這項挑戰。」[33] 他提到旗下廠房的用電，已經有

20％是由再生能源提供，並承諾會加大力度開發碳中和水泥。關心氣候變遷的投資人不買帳，拉法基豪瑞集團的行動太慢了，不足以造成夠大的改變。最後，在 2020 年 9 月，他們終於承諾要在 2050 年實現淨零排放。[34]

艾瑞克・楚謝維奇（Eric Trusiewicz）在水泥營建業有十年的經驗，楊・凡杜肯（Jan Van Dokkum）則是凱鵬華盈在規畫綠色投資策略時的經營合夥人，他們共同擔任新創公司索利迪亞科技公司（Solidia）的董事，這間公司開發出一種新的化學配方，讓水泥在硬化過程中會吸收二氧化碳。

如果不從根本上改變，這個產業的碳排放只會隨著經濟成長持續增加。

艾瑞克・楚謝維奇

混凝土是一切文明的隱形基礎材料，你能想到的任何都市化工程、工業活動、能源生產、交通基礎設施，或是建築房屋，無一不是混凝土打下的基礎。

混凝土每年變出 300 億公噸的魔術，只要用一點點這種白色粉末，再和隨便找到的任何一種東西混在一起，就會變出一塊可以用五十年以上的石頭。全球使用的混凝土當中，有 40％只用一把鏟子拌出來，其餘 60％則是採用工業設備，建造出更大的建築與結構。如果沒有混凝土，很難想像會有任何形式的文明存在。

魔術。公噸的 300 億 變出 每年 混凝土

楊・凡杜肯

水泥業要脫碳，必須面臨很大的挑戰。因為全球的水泥生產主要掌握在大約二十幾間公司手中，到目前為止，水泥業者完全沒有採用新技術來減少二氧化碳排放的誘因。

對於生產水泥的公司來說，經濟與環境基本上是互不相容，他們的碳足跡相當驚人。水泥業的利潤很微薄，因為這是競爭激烈的大宗商品，所以在同行沒人理會的情況下，要水泥公司花錢創新很困難。創新在水泥業一直被當成阻礙，而不是必需。

這個產業應該被強制要求清理碳足跡，唯有這樣，創新與改革才會變成必需。

艾瑞克・楚謝維奇

沒錯，這個問題很棘手，但是只要利用現有方法與技術，我們已經可以讓水泥業減碳 50% 以上。首先，你可以透過設計使建築的混凝土用量減半；其次，你可以採用減少二氧化碳的解決方案，例如和水泥很像的輔助材料與填料。這些替代品雖然不像有牌子的混凝土那麼亮麗，但還是行得通，困難的是，要怎麼讓這些材料普及又容易取得。

改變現狀不容易，新的混凝土技術會出現綠色溢價，儘管新材料有時候會更便宜，但是新方法往往因為需要技術專長與監工，導致成本變得更高。大家長久以來用既定的方式營建，這個行業在全球有數以億計的勞工，許多人是低技術的工人。此外，還有規範與公共安全的問題，我們應該加強教育，讓業界懂得如何有效而安全的運用這些新材料，以及如何設計出使用更少材料的建築。

政府可以創造誘因、或是以強制性的命令來加快改革的步伐，水泥的二氧化碳排放量很高這件事，不應該歸咎於水泥與混凝土大廠，政府與人民如果想要讓某個產業改革，就要改變那個產業的規則。業者一直抗拒改變，是因為到目前為止，不改變的成本比較低。

但是，我們正來到一個轉折點，對這些大廠來說，繼續忽視碳排放不再是成本比較低的選項。他們已經看到發生在煤礦、石油與天然氣產業的變化，自然不想也被汰淘出局，所以正開始思考如何創新。

楊・凡杜肯

擔子不應該只由政府來扛，投資界與金融界也可以施壓，要求水泥業整頓，一定要讓水泥業感受到壓力，他們才會採取行動、做出改變。來自金融界的壓力會影響公司股價、參與資本市場的機會，以及投資報酬，而股東施壓是促成企業採用新技術與新方法的最大動力。

艾瑞克・楚謝維奇

水泥業要如何實現淨零排放？我們要擴大現有創新技術的規模，並且繼續把可行的新技術推向市場。想要讓業界接受新的方法，原料就必須既便宜又容易取得，最終的成品用起來必須簡單、可靠，價格又有競爭力。最理想的狀況是可以用現有基礎設施來生產，雖然這個門檻很高，但是相關領域目前有很多富有創業精神的人正在努力解決問題。

沒錯，這個問題很棘手。

水泥的創新必須解決兩個主要排放源，也就是供熱的燃料，以及水泥窯內的化學反應。在供熱方面，目前已經有一些很有潛力的技術，有望以電力或清潔的氫代替化石燃料。至於水泥窯內實際生產過程中的化學反應，目前有幾間公司正在重新設計製程，以捕集石灰石釋出的二氧化碳；舉例來說，凡杜肯與楚謝維奇的公司索利迪亞，就以有別於傳統水泥配方的新化學物質生產水泥，改變混凝土硬化過程中的化學反應，使混凝土可以自行吸收二氧化碳。此外，也有公司在測試新的材料與添加劑，致力於以更少的水泥、更低的碳排放量來生產混凝土。

正如楚謝維奇所說，混凝土的問題很棘手，這些更環保的新方法要能實際應用，必須由跨國水泥大廠與開發新技術的新創企業一起合作才行。因為建造一座新水泥廠的成本高達 4 億美元，絕非新創企業與大學研究團隊可以獨力完成。

沒人敢保證我們最終一定能找到去除水泥業所有碳排放的方法，但是人類文明看來還沒打算停止建設，所以我們一定要繼續努力研發，才能向淨零排放邁出一大步。

打造鋼鐵般堅固的未來

人類鍛造堅硬金屬的工藝已有幾千年歷史，但是一直到 1880 年代，來自蘇格蘭的賓州實業家安德魯‧卡內基（Andrew Carnegie），因為一項發現而改變世界。他大規模採用高溫熔煉粗鐵的方法去除雜質，製造出更堅硬、更耐用的鋼。鋼材很快變成不可或缺的材料，有了鋼梁，建築物可以向上發展，遠遠超過之前只能蓋到四、五層樓高的限制，城市變成垂直向上發展。而當汽車工業開始興起，鋼板就成為首選的材料。

從氣候的角度來看，製造鋼材的問題在於，每年產生近 40

億公噸的碳排放，約占全球總排放量的 7%。生產鋼與生產水泥一樣，熔爐要燒到接近攝氏 2,200 度的高溫，而這些鼓風爐燒的是煤，因此在冶煉本身的碳排放之外，還有化石燃料的碳排放。

要減少煉鋼過程中的碳排放絕非易事，因為製程複雜，工序

鋼鐵製造業每年產生近 40 億公噸的碳排放。

又多，從加熱半成品到把鋼材軋成薄板，每一個步驟都要用
到化石燃料。局部的解決方案是用電流來熔化回收廢鋼，[35]
美國生產的鋼材有近三分之二都採用這種方法，可惜在中國
並不普遍，而 2020 年全球生產的 18 億公噸鋼材中，中國的
產量就占了一半以上。[36]

零排放鋼材需要滿足三個條件。首先，熔爐必須以零排放能源供熱；其次，進入熔爐的生鐵不能以化石燃料生產，或者必須以廢鋼代替；最後，軋製前的加熱必須以綠氫或是其他零碳方式供熱。

綠色鋼材解決方案在進入實際應用並且普及之前，性能與成本都得在真實世界經過測試。2020 年，瑞典鋼鐵製造商奧瓦科（Ovako）與氫氣生產商林德集團（Linde Gas）攜手合作，在旗下位於胡福什市（Hofors）的廢鋼工廠安裝綠氫系統。這項計畫的負責人約藍・尼斯壯（Göran Nyström）指出，這是氫氣第一次被用來加熱軋鋼機中的鋼材。[37] 這次試驗非常成功，奧瓦科因此能募集足夠資金，讓旗下所有工廠都改用綠氫加熱，大量減少整個生產過程中的碳足跡。

奧瓦科也證明，在製程中使用零排放的氫氣來加熱，對鋼材品質不會造成任何負面影響。正如所料，化石燃料產業力圖抵制，液化天然氣業者尤其擔心會對使用天然氣生產的藍氫市場造成競爭威脅。歐洲能源研究聯盟（European Energy Research Alliance）主席尼爾斯・洛克（Nils Rokke）則稱，完全捨棄以液化天然氣生產的氫、百分百採用綠氫是「荒謬」的做法，[38] 他主張「應該兩者同時並進」。

洛克的主張至少在轉型階段是有那麼一點道理，不過綠精靈已經從瓶子裡鑽出來，瑞典鋼鐵製造業聯合集團（Hydrogen Breakthrough Ironmaking Technology，簡稱 HYBRIT）開始更大規模的採用綠氫作為燃料。2020 年 8 月，集團成員瑞典頂尖鋼板製造商 SSAB，正式啟用第一座大型綠氫鋼鐵工廠。時任瑞典首相斯特凡・勒夫文（Stefan Löfven）興奮的表示：「我們正在啟動鋼鐵製造業千年來最大的技術變革。」[39]

瑞典政府無形中建立一套 OKR，他們訂定明確的目標，讓瑞典鋼鐵業在 2040 年實現零排放；至於關鍵結果，一方面是從現在開始到 2024 年進行大規模生產水準測試，另一方面則是擴大推行。SSAB 執行長這麼宣稱：「我們一定要把握這個大好良機。」[40]

誠如我們所見，工業脫碳化也許是所有領域中最複雜的過程，即使如此，不管是在塑膠業、成衣業、水泥業還是鋼鐵業，新技術與商業模式仍然取得長足的進展，加總起來，這些解決方案有望減排 80 億公噸。如果你還記得我們的減排數字，就會知道大氣中還剩下 100 億公噸的排放量，下一章就要討論如何減掉這最後的 100 億公噸。

速度與規模：2050年淨零倒數

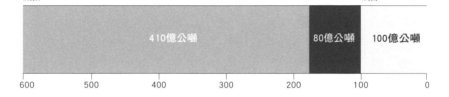

目標	減排		剩餘
淨化工業	410億公噸	80億公噸	100億公噸

600　　500　　400　　300　　200　　100　　0

移除空氣中的碳

第6章　**移除空氣中的碳**

假設我們順利達到前五章設定的目標，在交通與用電上不再排碳，農業轉型成功，也找到新方法製造水泥與鋼鐵。比較有可能發生的情況是，實際上其中一些大目標上達成率不足，但是某些目標則超額達成。再假設像這樣截長補短後，儘管整體數字達標，根據我們的計算，全球每年仍然會排放100億公噸的溫室氣體。

這就是讓我夜裡輾轉反側的現實。本章的「**二氧化碳移除**」**關鍵結果（KR 6.1 及 KR 6.2**）非常難達成，我們得想方設法消除這每年排放的100億公噸二氧化碳當量，少一點點都會是徹底的失敗，而且不只計畫失敗，人類文明也會潰敗。

於是，問題來了，我們究竟應該把力氣放在減少碳排放，還是優先移除碳？由於氣候行動的經費有限，競爭異常激烈，不僅只是學術界激辯的議題。而我們的立場是「兩者都要兼顧」，因為這兩種行動會相互牽連，如果沒有大規模的碳移除計畫，從現在開始到2040年，我們每年都得加倍減少排放，才有可能趕得上實現淨零排放的進度。而且，還沒出現零碳替代方案的產業，減排壓力就會大得不勝負荷。

話說回來，二氧化碳移除或是簡稱「碳移除」，究竟是什麼？[1] 這是一系列捕集大氣中二氧化碳分子並且封存起來的活動，封存的二氧化碳可能是植入工業產品裡，也可能埋入地下貯藏庫、土壤、森林、岩石或海洋中。在實務做法上，碳移除又分為工程解決方案與自然解決方案兩種，前者最主要的例子是直接空氣捕集（direct air capture），也就是從環境空氣中分離出二氧化碳，再永久封存起來；自然解決方案則包括林地復育（在被破壞的林地上重新種植樹木）、人工造林（在原本沒有森林覆蓋的區域種植樹木），以及農林混作（在農地上種植樹木與灌木）。

濾除大氣中的二氧化碳是技術難度極高的工程，但這項工程真正困難、而且幾乎可以說是難如登天的地方在於規模過於龐大。根據專門研究具體減排措施的環境智庫世界資源研究所，我們距離每年濾除幾十億公噸二氧化碳的目標都還很遠。

就目前情況來看，想要如期達到淨零排放，我們每年都得從空氣中移除 100 億公噸的碳，占全球總排放量的 17％ 左右，這無疑是極為大膽的目標。摩根大通（JPMorgan）的麥可・辛巴列斯特（Michael Cembalest）曾經半開玩笑的說，在科學史上，最高的比率就出現在碳移除的學術論文數量相對於實際被移除的碳量上。辛巴列斯特認為，綜觀我們眼前必須克服的各項艱鉅任務，**碳移除工程也許是「最難攀登的陡峰」**。[2]

對於這個問題，我的看法是，我們必須發揮驚人的智謀與創新精神，在 2050 年前清除大氣中剩下的 100 億公噸碳排放。我們沒有別條路可以走，只能硬著頭皮想辦法。

和時間賽跑的碳捕集方案

拯救地球需要多重碳移除方案齊頭並進，想要有任何一絲機會在 2050 年縮短我們與淨零排放的距離，現在就得開始資助所有碳移除方案，並且擴大發展規模。

目標 6
移除空氣中的碳

每年從空氣中移除 100 億公噸的二氧化碳。

KR 6.1　　　自然移除方案

到 2025 年前，每年至少移除 10 億公噸，到 2030 年增至 30 億公噸，到 2040 年增至 50 億公噸。

[50 億公噸]

KR 6.2　　　工程移除方案

到 2030 年前，每年至少移除 10 億公噸，到 2040 年增至 30 億公噸，到 2040 年增至 50 億公噸。

[50 億公噸]

移除二氧化碳的各種方法

碳移除方案	說明
人工造林以及林地復育	透過人工造林、復育衰退或被毀的森林來吸收與封存二氧化碳。
改善森林管理	調整森林管理方式,以增加森林儲存的碳量。
生物碳	將生物質經過熱降解後剩下的固體殘餘物,摻入土壤中封存。
生質能源附帶碳捕集與封存(BECCS)	封存生物質中的二氧化碳,不讓能量轉換時出現的碳釋放到大氣中,而是捕集、封存起來。
建築材料	混凝土養護,採用融合植物纖維與礦化碳的材料。
碳礦化	將天然或人工鹼性礦物與二氧化碳反應後,形成方解石(calcite)或菱鎂礦(magnesite)等固體碳酸鹽礦物。
直接空氣捕集與碳封存(DACCS)	以化學方法從環境空氣中分離出二氧化碳,並永久封存起來。
提高海洋鹼度	通常是透過溶解礦物或電化學的方式增加海水鹼度,以加強海洋儲存溶解無機碳的能力。
土壤碳封存	調整土地管理方式以提高土壤中的碳含量,例如減少耕作或是實施農林混作。
海岸藍碳	利用額外培養的生物質與復育成功的生態系土壤來吸收、封存二氧化碳,例如泥炭地與海岸。
海洋生質管理與養殖	在海洋生態系中養殖微型或大型藻類,增加海洋生物質封存的碳量;或者改善管理與利用生物質的方式,提高固碳能力的持久度。

資料來源與圖表設計參考:CDR Primer。

無論是依賴自然或工程的碳移除方案，執行起來都十分複雜。[3] 自然方案必須解決各種棘手的問題，例如作業標準、會計帳目、驗證性與「外加性」（additionality，衡量被移除的碳是否本來就會被移除）等。雖然以相對低廉的價格投資森林相關計畫的機會很多，但是衡量外加性的市場標準始終還沒有建立起來。此外，自然方案通常必須和農業與開發計畫競爭土地。最後，自然方案能持續多久往往充滿不確定性，因而很難發展，像是林木可能被燒毀，富含碳的表層土壤會被攪動，封存的碳也會不小心釋放回空氣中。

如果採用工程方式的碳移除解決方案，固碳能力的持久度可以延長到一千年以上，但是工程方案也有下列其他問題。

移除量

正如世界資源研究所的凱莉・李文（Kelly Levin）所說，我們正寄望於「前所未有的技術要達到史無前例的規模」。直接空氣捕集技術雖然有潛力，但是至今在全球只捕集區區2500公噸的碳，距離10億公噸的1％都還差得很遠。

我們如果指望工程方案移除剩下100億公噸碳排放的一半，目前的技術實在無法讓人得到一絲安慰。**我們將需要總面積相當於佛羅里達州的太陽能板來供電**，捕集過程將消耗全球能源用量近7％，比墨西哥、英國、法國與巴西的總用量還要多；[4] **要把這麼多二氧化碳封存在地下，相當於得把整個石油工業反過來操作。**總之，碳移除技術要能切實滿足我們的需求，效率必須比現在提高一大截才行。

成本

現有的工程移除方案通通不具有經濟效益，很難大規模捕集與封存碳。市場根本還沒有成形，直接空氣捕集的價格目前差不多是每公噸600美元，或是每10億公噸6,000億美元，也就是說，每年處理50億公噸的碳得花3兆美元。[5]

正因如此，工程移除方案的關鍵結果必須和第二部第9章

「創新」中提到的**「碳移除」關鍵結果（KR 9.4）**緊密結合。隨著工程碳移除方案在未來取得技術突破與經濟規模後，商業價格應該可以在 2030 年前降到每公噸 100 美元，並且在 2040 年前降到每公噸 50 美元，比目前價格低廉 95%。

公平性

正如聯合國政府間氣候變遷委員會指出，通往未來低碳、高氣候韌性的路上，「充滿著道德、現實與政治阻礙，還有不可避免的權衡取捨」[6]。在飽受致命空氣汙染困擾的社區，絕對不能用碳移除作為減少排放的替代方案。假設中國或美國的燃煤鋼鐵廠向冰島的碳捕集公司購買碳抵換，鋼鐵廠造成的汙染還是會繼續毒害當地的居民。

碳抵換可行嗎？

在碳移除方案得以擴大規模之前，我們必須先問：「要怎麼規模化？」、「由誰來做？」碳抵換是讓企業或個人花錢，購買碳排放減量或是碳移除額度的計畫，理論上可以抵消企業或個人的排放量。[7]

在氣候行動的圈子裡，「碳抵換」乘載多重含意，所以既受到嚴厲批評，也被廣泛的使用。在最糟糕的情況下，碳抵換是一種「漂綠」的做法，讓企業或個人可以不必為自己的不良行為負責。有品質的碳抵換固然可以為氣候帶來正面影響，但是效果很容易被高估，甚至出現虛報的情形。[8] 碳抵換經常被利用來為綠色解決方案籌募資金，然而，不管有沒有這些經費，方案往往還是都會實施。漂綠不是解決氣候危機的辦法，我們沒有那麼多經費與時間可以揮霍。

普泰拉電動巴士公司董事長暨達美航空（Delta Airlines）前永續長蓋瑞斯・喬伊斯（Gareth Joyce）認為，我們應該為移除碳所獲得的碳權建立新的貨幣。理想的制度應該獎勵人們對未來技術解決方案的投資，同時不妨礙資金流向目前實施中的自然移除方案。

在挑選碳抵換計畫之前，請先問以下兩個問題：

是否已經竭盡所能讓作業流程、供應鏈以及產品使用方式得以脫碳？

是否已經盡力改善所有環節的效率？

如果這兩個問題的答案都是肯定的，碳抵換不失為值得一試的暫時解決辦法，前提是被移除的碳必須是：

外加的

可驗證的

可量化的

持久的

對社會有利的

我們要呼籲世界各國與企業先處理好自己的碳排放，透過避免排放與提高能源效率的方式減少碳排放量，做到這一點之後才來考慮碳抵換。而且，碳抵換不是只為了帳面上好看，或是當作公關形象策略，而是要真心想要幫助地球修復。正如世界資源研究所的凱莉・李文所說，當情勢已經岌岌可危時，「你只能用盡一切努力」。

該不該種一兆棵樹？

要除去空氣中的碳，種樹是最明顯、成本又低的方法，但是真正執行起來必須很有系統。誠然，樹是吸收二氧化碳、終止全球暖化反饋迴圈最理想的自然機制，所以有人提議種一兆棵樹後，獲得廣大回響。但是，這些吸睛的宣傳活動往往避而不談種樹的難題，像是一棵樹能吸收多少碳，能持續吸收多久？種樹對當地的生態與經濟會產生什麼影響？種一兆棵樹需要多少土地？

大規模的植樹造林必須經過深思熟慮、事前規畫與規範管理，最成功的林地復育措施通常得種植原生種的樹木，或者是和當地生態系相輔相成的樹種，還要種在最有利於這些樹木生長的地方。如果想要恢復、擴充地球的碳匯，達成第四章的**「森林」關鍵結果（KR 4.1）**，種下的樹木必須能夠陪我們度過未來幾十年的危機，至少要能活到 2050 年以後。

我們也不能忘記植樹的土地需求，**畢竟光是吸收美國一國的碳排放，就需要空出全球一半的土地來種樹**。[9] 不過，我並不是說種樹無法發揮作用，恰恰相反，植樹造林是僅次於停止肆意毀林與失控排放的重要策略。但是，就像所有其他碳移除方案一樣，最重要是，我們必須切記種樹不是萬靈丹。

種樹熱潮正在興起，由於政府的鼓勵，從中國到衣索比亞都有類似計畫在進行。[10] 植樹者固然一片善意，重要的是不能只隨心所欲的種樹，而是應該以持久的影響為目標。

隔空抓碳

2009 年，兩名來自瑞士的工程所研究生克里斯托夫・葛伯德（Christoph Gebald）與簡・烏茲巴赫（Jan Wurzbacher）共同創辦直接空氣捕集新創公司氣候工事公司（Climeworks）。八年後，他們建造起十八座看起來很像風扇、可以過濾空氣中二氧化碳的大型機台。[11] 這些設備首次亮相展示過後，附近一間溫室向他們購買二氧化碳，用來當作肥料促進水果與蔬菜的生長。他們賺的另一筆外快，是把捕集到的二氧化碳裝進貯藏罐，再賣給當地的裝瓶公司，用來製造可口可樂的氣泡。

創業早期的這些生意成為橋梁，帶領他們通往規模更大的商業冒險。不久後，氣候工事與冰島公用事業公司雷克雅維克能源（Reykjavík Energy）合作，攜手打造小規模實驗性的屋頂空氣捕集設施，要以每公噸 1000 美元的價格，每年捕集 50 公噸的二氧化碳。這是驗證用機械移除碳的概念是否可行的重要測試。下一步，他們將會蓋一座每年捕集 4,000 公噸二氧化碳的工廠，[12] 捕集到的碳不是要拿去賣，而是混進被地熱加熱的水中，再注入地下水庫。接下來，經過兩年緩慢的化學反應之後，會產生固體的碳酸鈣礦物，之前的碳排放就會永久封存在岩石中。

加拿大卑詩省有一間新創公司碳工程公司（Carbon Engineering），計畫要以更大的規模發展類似的技術。這間公司獲得比爾‧蓋茲與雪佛龍公司的資助，正在興建號稱全世界最大的直接空氣捕集工廠，每年預計可以移除高達 100 萬公噸的二氧化碳。[13]

利用工程方式移除碳的方法不只有直接空氣捕集。2018年，一群航太工程師在舊金山成立名為查姆工業（Charm Industrial）的新創公司，創辦人暨執行長彼得‧萊因哈特（Peter Reinhardt）表示：「我們花了整整一年，每個週末都在絞盡腦汁，尋找低成本封存二氧化碳的方式。」他們最後找到「快速熱解」（fast pyrolysis）這個方法，以高溫把植物原料快速分解成液體燃料；於是，曾經的二氧化碳排放源「農業廢棄物」就可以轉成「生質油」，注入舊油井中。萊因哈特說：「它不再是氣體，所以會沉到地底下，碳不會再跑出來。」目前，查姆工業已經能夠以每公噸 600 美元的價格封存二氧化碳，而且還有一點利潤可賺。

這些解決方案能否順利推展，有賴各國政府為碳訂定價格，

　　這個金額就可以作為每封存 1 公噸碳的報酬。在 2030 年
前，如果工程移除的成本如同我們所料的降下來，每公噸
100 美元的碳價就足以抵消捕集過程的全部成本。此外，碳
定價會刺激市場進一步擴大，有助於降低綠色溢價。而且，
捕集到的二氧化碳可以有各種用途，例如製造水泥，或是當
作航空燃料等。此外，因移除碳而獲得的碳權，可以出售給

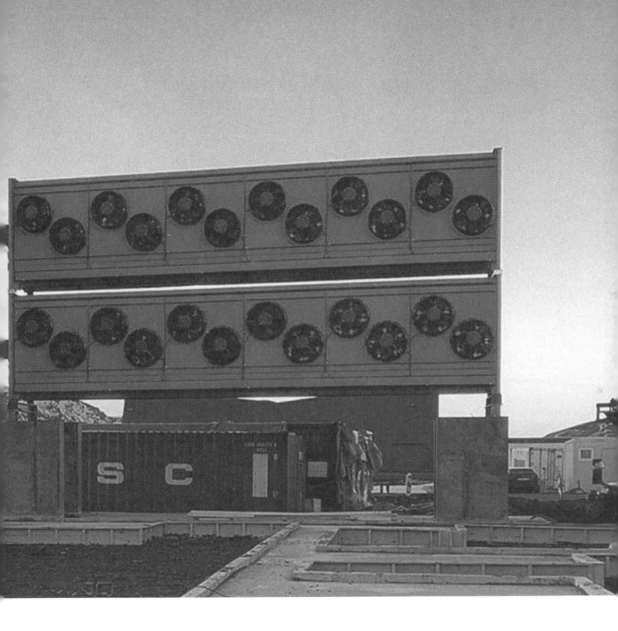

瑞士新創公司
氣候工事是
直接空氣捕集
（以工程方式
移除、封存碳
的技術）的
先驅。

需要抵消碳排放的公司。氣候工事執行長烏茲巴赫接受《紐
約時報》採訪時表示：「我們不只是在成立一間公司，而是
在創建一門新產業。」[14]

催生碳移除市場

要創建一門新產業，產品不能沒有市場，然而碳移除的現實問題是，沒有任何誘因讓人想要付錢買單。試問有誰會願意花 600 美元去清除空氣中 1 公噸的碳？就算只花 300 美元也沒人會願意出錢。而且，這不是一筆小錢，別忘了我們最終必須以工程方式移除 50 億公噸的碳，而 1 公噸僅僅只是一開始那 10 億公噸當中的 10 億分之一。假如你出手大方，買下 100 萬公噸的碳，荷包就會失血 5 億美元，而且還得再找一千位同樣大方的朋友來共襄盛舉，才能移除一年份的 10 億公噸。

說到這裡，我們不能不提到線上支付平台史特拉普，這是一間於 2009 年在加州帕洛奧圖（Palo Alto）開張的公司。史特拉普創辦人派崔克・科里森（Patrick Collison）早在達到投票年齡前，就已經在軟體領域有傲人的表現。十六歲那年，他以人工智慧程式語言 Croma 贏得愛爾蘭的 BT 青年科學家大賽（BT Young Scientist Competition）；考上麻省理工學院後沒多久，他就退學和弟弟約翰（John）一起創辦史特拉普。如今，史特拉普為亞馬遜、DoorDash、Salesforce、Shopify、Uber 與 Zoom 等公司提供金流服務，原本的小家族企業現在的市值估計高達 950 億美元。根據它在全球一百二十個國家開展的雲端軟體服務，史特拉普已經具備打造大規模碳移除市場的獨特優勢。2020 年 10 月，這間公司在南・蘭索霍夫（Nan Ransohoff）的領導下推出史特拉普氣候計畫（Stripe Climate），讓企業很容易就可以把營收的一小部分用於碳移除。截至 2021 年 6 月，共計有兩千多間企業利用這項計畫購買碳額度，平均每公噸價格約在 500 美元以上。[15]

南・蘭索霍夫

史特拉普最早是在 2019 年底涉足碳移除市場，當時我們立志每年至少要支付 100 萬美元，用來直接移除大氣中的二氧化碳並且永久封存起來，每公噸的價格不拘。

會有這個想法主要是因為，2018 年聯合國政府間氣候變遷委員會的報告中，有一項重點提到，要避免氣候變遷演變成最壞的結果，在減少排放之餘，移除空氣中的碳也很重要。

雖然科學界本來就有一些碳移除方案，例如植樹與土壤碳封存，但是單靠這些方案不大可能達到我們想要的效果。

所以我們聚焦在填補中間的缺口，實際做法就是向新興碳移除公司購買碳額度，而我們通常是他們的第一個顧客。這個機制背後的理論在於，當我們成為早期客戶，可以加速這些大有可為的新公司降低成本、提高產量。這不是什麼新想法，製造業的學習曲線一再印證，實際運用與擴大規模會帶來進步；在 DNA 定序、硬碟容量與太陽能板的發展過程中，同樣也可以看到這種現象。

我們在 2020 年春天把理論化為實踐，進行第一筆碳移除採購。在我們發表聲明後，發生了兩件事。首先，碳移除圈子的反應積極的令我們有點意外，主要也反映出這個領域有多麼缺乏資金；其次，我們收到大量史特拉普用戶的詢問，說他們也想為氣候出一分力，但是一直不知道應該從哪裡著手，更別說訂定一套評選專案的標準。

這兩個發現催生出史特拉普氣候計畫，讓企業很容易就可以將營收的一小部分，用來資助努力開拓碳移除市場的公司。

沒有任何一間公司有辦法獨力創造出夠多的需求，足以擴大碳移除的規模。但是，上百萬間使用史特拉普金流服務的公司集合起來，就是扶植這個新產業走下去的力量。我們的目標是匯集需求，建立起大型碳移除市場，一旦成功，這個市場將加速低成本、永久性碳移除技術的問世。如此一來，這個世界要擁有一套可以避免氣候變遷演變成災難性結果的解決方案組合，可能性就大多了。

我們的目標是匯集需求，建立起大型碳移除市場。

當響應計畫的顧客愈來愈多，大家主動購買碳移除額度，碳移除公司就能擴大經營規模，把價格降低；下一步，我們就會進展到審計實際捕集的碳量，並且根據封存的持久度調整價格。

在這方面領航的科技巨頭微軟（Microsoft），最近破天荒宣誓要在 2030 年實現負碳排放，[16] 承諾屆時整體營運包括供應鏈，從大氣中移除的碳將會比排放的碳還要多。微軟還計畫，要在 2050 年前徹底消除公司成立以來的全部碳排放，也就是從 1975 年比爾‧蓋茲從哈佛大學退學，和保羅‧艾倫（Paul Allen）共同創辦微軟開始算起。

微軟為這個承諾投入 10 億美元，用來加速與擴展愈來愈多早已開始動工的各種碳移除計畫。微軟領導層這麼寫道：「我們這些有能力走得更快、更遠的企業應該付諸行動。」本著 OKR 追蹤成果的精神，他們承諾將發布永續發展年報，「詳細說明我們的碳足跡，以及減少排放的旅程」。

微軟還發起一項徵集提案的活動，最後收到來自全球四十個國家的一百八十九個構想，入選的前十五項方案總計將移除 130 萬公噸的碳，是全球累計至目前為止直接空氣捕集量的五百倍以上，包含氣候工事與查姆工業的捕集量。

毫不意外，微軟資助的第一批碳移除計畫有 99％都是自然方案，主要是森林與土壤計畫，持久度不超過一百年。[17] 微軟打算每年擴大投資，並且增添更多元的碳移除方案，假以時日，預計將會有愈來愈多的碳移除量是透過封存時間更持久的工程方案所產生。

每間企業都要找到淨零之路

企業要實現淨零排放並不容易，首先得設法把現有的碳排放

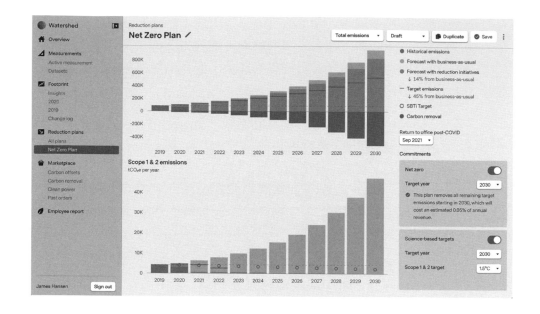

減到不能再減，盡量提高能源效率，檢視遍布各地供應鏈的
減排進展，再計算還需要多少碳抵換才能抵消剩下的碳排
放。尤其重要的是，企業的淨零計畫要有實際意義，就少不
了向投資人提交減排報告，而且要像企業財報一樣嚴謹透
明。

二十幾年前，我與紅杉資本（Sequoia Capital）的麥可・莫
瑞茲（Michael Moritz）攜手資助賴利・佩吉（Larry Page）
與謝爾蓋・布林（Sergey Brin）推出 Google。2021 年，我
們再度聯手，支持三位從史特拉普出身的創業者，克里斯
汀・安德森（Christian Anderson）、艾維・伊茲科維奇（Avi
Itskovich）與泰勒・弗朗西斯（Taylor Francis）成立分水嶺
公司。我們一致認為，推出可以促進減少碳排放的軟體平
台，真的就是邁向淨零的一個分水嶺。

碳核算平台
分水嶺
使企業能追蹤、
進而減少排放。

泰勒・弗朗西斯

我記得八年級那個暑假去看了《不願面對的真相》，走出電影院的時候心裡很震驚，同時也一頭熱的想要做點什麼。這場氣候危機感覺像是我們這一代人的挑戰，在我和同輩朋友的成長過程中會一直影響我們，而只要現在開始行動，就能解決這個問題。

我想盡己所能出一分力，於是開始主動寫電子郵件到高爾的辦公室，最後終於有人回信，說他們正在培訓解說員，分派到各地去放映高爾的幻燈片並且做講解。我去了納士維（Nashville）受訓；我那時才十四歲，還要我媽陪同一起到當地才能訂飯店。接下來的四年間，我從加州的高中一路去到中國的高中，到處去講解氣候變遷的問題。我告訴那些高中生，我們應該施壓要父母採取行動，才能在沒有氣候災難的環境中長大。

但是除了用講的，我一直想做點別的事，可以真正讓碳曲線反轉的東西。於是，我暫時把氣候問題放在一邊，開始去史特拉普上班，在那裡學到很多打造軟體產品的知識。

2019 年，我感覺是時候回到對抗氣候問題上了，於是和克里斯汀・安德森與艾維・伊茲科維奇一起創業，新公司的宗旨是每年至少直接消除 5 億公噸的二氧化碳。安德森是史特拉普氣候計畫的發起人，我們從中看到企業當前的氣候計畫根本不夠，許多公司花幾個月時間把碳足跡整理成 PDF 報告，等到報告正式發表時，數據早已經過時了。

企業喜歡購買便宜的碳抵換，而且其中有一些根本沒有移除到大氣中的碳。我們這才恍然大悟，脫碳要成為經濟體系的全面運動，就需要有足以應付挑戰的軟體工具。

這就是我們成立「分水嶺」要做的事。我們推出幫助企業核算、減少、移除碳排放並且整理成報告的工具，這也可以說是讓企業達成真正淨零排放的平台，我們希望幫助企業把碳計算融入每天的決策當中。

我們知道這樣做行得通，因為像是蘋果、Google、微軟、巴塔哥尼亞，甚至是沃爾瑪等頂尖企業，都發現他們可以在成長的同時大幅減少碳排放，而且還對他們的獲利有好處。

很多公司已經在用分水嶺平台管理碳足跡，就像管理企業的其他業務一樣。例如，Square* 採購低碳材料來製造硬體，並且推動以清潔能源進行區塊鏈挖礦。連鎖沙拉店 Sweetgreen 的菜單不但計算卡路里，也計算每道菜的碳足跡。還有 Airbnb、Shopify 與 DoorDash 分別以零碳方式改寫住宿、電子商務與物流領域的面貌。

---

* 譯注：由推特共同創辦人傑克・多西（Jack Dorsey）成立的電子支付科技公司，已於 2021 年 12 月改名 Block。

只有各行各業都把碳足跡納入決策考量，我們才有可能實現淨零排放。

從弗朗西斯的經驗中我們看到，**如果不去核算碳足跡，就沒辦法處理它，更不可能改變它。**

冷靜反省後的熱血鼓舞

本書前六章試圖讓各位讀者理解氣候問題的規模有多大、眼前挑戰有多艱鉅，以及這六大領域集合起來真的可以反轉碳排放。如果這令你感到有點沮喪，我完全理解，也常常有這種感覺。氣候變遷是生物與物理、政府與商界之間巨大連鎖效應的產物，問題複雜的程度就像是在考驗我們的智力能否理解，更別說要解決。要做的事情這麼多，才會有一絲躲過氣候浩劫的機會；剩下的時間這麼少，最重要的是，風險已經非常、非常高。

但是，只要肯做，回報也會非常高，一旦走上淨零之路，額外的好處也會接踵而來。只要我們成功減少排放，也確實移除大氣中的碳，大自然的自癒力就會恢復，我們等於在幫助地球吸收更多碳，促成終極的良性循環。

正如 OKR 有兩個部分，本書也分成兩部，第一部說明我們必須在氣候危機失控以前「做些什麼」來解決它；所以這個部分既困難又嚴肅。現在，我們要來看看「該怎麼做」，才能在 2050 年的最後期限前實現目標，我們將探討四種可以創造奇蹟的厲害方法，我把它們稱為「促進劑」，那就是政策、運動、創新與投資。

我無意暗示第二部是比較「簡單」的部分，但我個人覺得第二部的內容既振奮又鼓舞人心，而儘管我不認為我們能靠希望來度過難關，第二部確實也令人充滿希望。它要探討的是，在我們的社會、政府、企業與非營利組織中可以發生哪些事，這些都是我們可以著力的地方。

說到底，是我們讓自己陷入泥淖，要怎麼走出來也要看我們的努力。我們人類縱有萬般人性弱點，卻也充滿集體智慧。接下來，就讓我們來看看該怎麼做。

速度與規模：2050年淨零倒數

目標

減排

移除空氣
中的碳

490億公噸

10億公噸

| 600 | 500 | 400 | 300 | 200 | 100 | 0 |

風險已經
非常、
非常高。

攻克政治與政策場域

第7章 **攻克政治與政策場域**

2009 年 1 月，我已經在加州為了氣候問題努力奮戰兩年，接著將轉攻更大的場域。我出席美國參議院氣候變遷與能源政策聽證會，並且舉起右手宣誓、作證 [1]。召開此次聽證會的委員會主席是我家鄉的參議員芭芭拉·巴克瑟（Barbara Boxer）。我向委員會提出警告，美國在太陽能、風能以及先進電池領域可能落後其他國家。我告訴他們，如果能夠好好資助美國創業家，即使有些人不免失敗，還是會出現關鍵的解決方案。我還說，當務之急是要把溫室氣體排放加上標價，也就是所謂的碳定價（carbon price），這正是最重要的政策。如此一來，不但可以減少碳排放，也可以為再生能源和化石燃料創造公平競爭的環境。這樣做有可能改變一切。

我告訴在場的參議員：「對不起，我得把話挑明了說。**到目前為止，我們做的還不夠。我們必須馬上行動，要快，還要大規模的實施。**」

我必須字斟句酌。一個多世紀以來，我們都在加重氣候危機，如果要逆轉狀況，我們的行動得大幅加快速度、加倍擴大規模。美國的創新能力無可匹敵，必須帶頭遏制全球暖化；今天我們會深陷困境，美國必須負起最大的責任，自然得比其他國家更努力解決問題。

1992 年，世人終於幡然覺醒，憂心氣候變遷會對人類帶來致命的威脅。那年 6 月，聯合國環境與發展會議（United Nations Conference on Environment and Development）在里約熱內盧舉行，這場會議就是著名的「地球高峰會」（Earth Summit）。[2] 來自一百七十八個國家的科學家、外交官與政策制定者，以及一百一十七位國家元首都參加了這場為期十二天的會議。全球菁英在此集思廣益，思考如何拯救我們的星球。[3]

會議議程涵蓋瀕臨危機的熱帶雨林、迫在眉睫的水資源匱乏問題、都市擴張侵略鄉鎮郊區，還有毒素，無所不在的毒素，從含鉛汽油到核廢料，不勝枚舉。但是，有一個議題特別突出，也就是科學證據顯示，大氣層中的二氧化碳與其他溫室氣體不斷增加。這些氣體和氣候變遷息息相關，已經不容忽視，我們必須立即回應。

地球高峰會為永續發展吹響號角，呼籲成長必須以保護生態系統為前提。各國代表同意展開一項看似宏大的計畫，預計每年投入 6,000 億美元。這一刻，世人注意到一個新的政治問題，以及一個不祥的名詞叫作「全球暖化」。

但是，這場高峰會打從一開始就受到阻礙。曾經發誓要成為「環保總統」的老布希（George H. W. Bush）此時正在競選連任，不願得罪化石能源產業。因此他威脅說，如果大會有心設定明確的減碳目標，美國經濟將會受害，他會不惜杯葛這場會議。[4] 最後，美國與其他 153 個國家簽署協議，然而協議內容和我們的需求相差甚遠。這一刻也為未來數十年的氣候協議定調。**在美國與化石能源產業的淫威之下，國際氣候協議於是一再的妥協。**

兩年後，也就是在 1994 年，《聯合國氣候變化綱要公約》（United Nations Framework Convention on Climate Change）生效，要求較富裕的國家減少人為的溫室氣體排放，並且資助較貧窮的國家保護自然資源。地緣政治總是難纏。《華盛頓郵報》（*Washington Post*）指出：「在里約，富國與窮國為了爭執誰應該為環境保護付費而吵嚷不休。最後，世界各國同意在未來的聯合國論壇繼續討論這些問題⋯⋯希望經過一段時間之後，能出現一勞永逸的解決辦法。」[5]

1997 年，簽署公約的國家希望透過《京都議定書》（Kyoto Protocol）解決問題；這是第一個明確規範溫室氣體排放的國際協定。然而，在美國，參議院卻投票反對，阻擋政府提交批准。[6]氣候行動就此停滯了將近二十年，直到 2015 年，歐巴馬總統行使行政命令，加入《巴黎協定》（Paris Agreement），狀況才終於有所突破。共有一百九十五個國家簽署協定，承諾限制全球平均氣溫上升的幅度，控制在和工業時代之前相比，最多升溫攝氏 2 度的範圍，並努力使升溫幅度減至攝氏 1.5 度內，這些國家「認為這樣將可以大幅降低氣候變遷的風險與衝擊」。[7]當參與談判的人確立減碳的目標與時間表，他們的新策略則驅動更大的雄心。有史以來，世界各國首次承諾（至少在紙上承諾），要達成控制碳排放的共同目標，並且在未來加緊努力。

一年後，唐納・川普（Donald Trump）甫上任美國總統即宣布美國將退出《巴黎協定》。又過了四年，拜登總統上任後美國才重返《巴黎協定》。撇開政黨輪替不談，我們必須面對一個殘酷的事實：如果我們無法及時消除溫室氣體，只有死路一條。儘管我們已經踏出重要的第一步，加入《巴黎協定》，仍然無法安身立命。正如美國氣候特使約翰・凱瑞曾說：「即使各國按照《巴黎協定》的承諾，達成全部的減碳目標，全球氣溫仍然會升高攝氏 3.7 度，那將是一場大災難。但是，我們並沒有照著《巴黎協定》的規定去做，所以我們⋯⋯正朝著升溫攝氏 4.1 到 4.5 度前進，等於是世界末日了。」[8]

《巴黎協定》的推手哥斯大黎加外交官克莉絲緹亞娜・菲格雷斯強調，這份協定本來就是設計成要當作框架，以供世界各國自行制定計畫，訂立更遠大的目標，與日俱進，才能在

《巴黎協定》
提供的是框架,
可供世界各國
自行制定計畫,
訂立更遠大的
目標,與日俱進,
盡力減少碳排放。

2050 年達成淨零排放。她還指出,各國最初的承諾只是「起點」,持續改善是條漫長的路。基於《巴黎協定》,各國政府每五年必須召開一次會議,提交減碳結果報告,並且共同檢討下一步應該怎麼做。菲格雷斯說,隨著多元的減碳做法出現,以及未來三十年減碳標準逐漸提高,「我們應該可以在 2050 年達到淨零排放。」

我們需要的政策

在設計目標與關鍵結果的時候,我們總是要把眼光放遠。在第一部,我們設定減少溫室氣體排放的量化目標。現在,在第二部,我們將探討加速轉型為淨零排放不可或缺的手段。首先,從政策與政治開始,接著再配合運動、創新以及投資。

下一套全球政策行動必須使世界加速轉型為淨零排放,同時以透明、精確的定義,說明每一個國家將如何因應挑戰。氣候危機既是史無前例的威脅,也是無與倫比的機會。隨著美國重返《巴黎協定》,我們終於建立起史上最大範圍的全球氣候行動共識。而這樣的序幕有多重要,從 2021 年 4 月的發展就可以窺知一二。拜登總統在世界地球日那幾天邀請全球四十位國家領導人,共同參加線上氣候高峰會。

在政策的世界裡,我們必須找到致勝之道。那麼政策本身呢?**政策就像任何一項目標,必須把焦點放在最重要的事物上。因此,我們過濾掉數十種可能性,找出最重要的九個面向。**

「承諾」關鍵結果(KR 7.1)要求各國堅定承諾在 2050 年前實現淨零排放,並且制定在各國內部執行的行動計畫,到 2030 年前就得達成一半的減排目標。

目標 7
攻克政治與政策場域

（我們將針對這項目標追蹤全球五大碳排放國的進展。）

KR 7.1　　　承諾

每一個國家都要履行減碳承諾，在 2050 年達成淨零排放的目標，並且在 2030 年至少減少一半碳排放。*

KR 7.1.1　　電力

為電力產業設定減碳目標，在 2025 年減少 50％，2030 年減少 80％，2035 年減少 90％，2040 年必須減少 100%。

KR 7.1.2　　交通運輸

在 2035 年前，所有新出廠的汽車、公車與卡車都必須脫碳；在 2030 年，貨輪必須脫碳；到了 2045 年，貨櫃車必須脫碳；不過，在 2040 年前，40%的航班都必須實現碳中和。

KR 7.1.3　　建築物

在 2025 年前，所有的新建住宅都必須符合淨零排放的建築標準，新的商業建築也必須在 2030 年前符合這樣的標準，並且禁止銷售不符合標準的建案。

KR 7.1.4　　工業

工業生產過程必須逐漸淘汰化石燃料，2040 年前至少必須淘汰一半，到了 2050 年得完全淘汰。

---

* 這是針對已開發國家設計的時間表。至於開發中國家，這些關鍵結果預期需要更長的時間（五至十年）才能達成。

（接續前頁）

KR 7.1.5 碳標籤

所有商品都必須標示碳排放量的碳足跡標籤。

KR 7.1.6 洩漏

管控天然氣燃除，禁止排放，強制迅速封堵甲烷洩漏。

KR 7.2 補貼

終止對化石燃料公司以及有害農作法的直接與間接補貼。

KR 7.3 碳定價

將各國溫室氣體價格設定為最低每公噸 55 美元，每年調漲 5%。

KR 7.4 全球禁令

禁止使用氫氟碳化物（HFC）作為冷媒。在醫療用途之外，禁止使用所有拋棄式塑膠產品。

KR 7.5 政府研發

用於研發的公共投資「至少」必須增加一倍；美國則需要增加五倍。

「電力」關鍵結果（KR 7.1.1）追蹤各國減少碳排放以達成淨零排放的情況。將目標不斷升級，在 2025 年前減少 50％排放，2030 年前減少 80％排放，可以呈現出強而有力的市場訊號，促使公共事業公司按照時程轉型，也能引導政府投資清潔能源的關鍵基礎設施。

「交通運輸」關鍵結果（KR 7.1.2）衡量各國對購買電動車的獎勵措施。減稅與退稅在美國、亞洲與歐洲都是受民眾歡迎的做法。儘管電動車的用車成本比燃油車還要低，但是這些「優惠」還是可以抵銷電動車比較高昂的售價。

有很多做法可以增加電動車的里程數，並且減少燃油車的里程數。在挪威，政府不只免除電動車高額的進口關稅，還讓購買電動車的消費者享有稅額抵減，而且過路費與停車費都能打折。在美國，歐巴馬政府時代曾經推行「舊車換現金」（Cash for Clunkers）方案，顯示出只要付錢就可以鼓勵民眾淘汰舊車。國家汽車里程標準是提升燃油效率的可靠工具。提高稅額抵減的上限可以更進一步鼓勵消費者購買電動車。只要有聰明的政策，再加上政府願意資助，我們就能駛向全電動車的時代。

「建築物」關鍵結果（KR 7.1.3）要求所有的新住宅在 2025 年前必須符合淨零排放的建築標準，到 2030 年前，新的商業建築也必須符合同樣的標準。這表示，使用燃油或燃氣的暖氣與廚房爐具，必須改為使用電力的設備。此外，這也等同於建立起新建與現有建築的能源效率標準。加州的綠能建築標準堪稱全球模範，[9] 自 1970 年代以來，已經為加州居民節省超過 1,000 億美元，他們每一個家戶平均年繳電費比德州的平均電費低 700 美元。[10] 這是如何辦到的？答案是他們的建築物使用隔熱材料、家電必須符合節能標準、建築設計經過改良，以及改用高效能省電燈泡。最重要的是，加州的節能標準還會隨著時間不斷提高。

「碳標籤」關鍵結果（KR 7.1.5）提議在所有的消費產品，

如食品、家具與服飾上，標示碳排放量標籤。目的是透過揭露所有產品碳足跡，讓消費者選擇低碳排放的商品。

「洩漏」關鍵結果（KR 7.1.6）要求各國通過法規管控天然氣燃除，禁止排放，強制迅速封堵甲烷洩漏。由於監管與執法單位鬆散，這些「逸散排放」主要是甲烷，已經超過 20 億公噸二氧化碳當量。[11] 甲烷雖然是「短期氣候強迫因子」（short-term climate forcer），在大氣中停留的時間遠遠少於二氧化碳，卻會在很短的時間內加劇暖化。甲烷汙染是可以預防的緊急情況，每一個國家都必須正視這個問題。

「補貼」關鍵結果（KR 7.2）終結政府對碳排放產業的資金補助，並且把資金轉移到能源效率與清潔能源的轉型。化石燃料產業每年會獲得 2,960 億美元的直接補貼，以及 5 兆 2,000 億的間接補貼，幾乎占全球國內生產毛額的 6.5％。[12]（其中，間接補貼包含補貼受到碳排放影響的狀況，例如因為空氣汙染而必須支出的健康照護費用。）[13] 此外，美國為了保護燃油、燃氣開採據點與全球運輸管線，在軍事與安全經費上的支出就高達 810 億美元。[14] 這項關鍵結果還會停止補助高碳排農業，將錢用來鼓勵再生農業以及對氣候友善的農作法。

「碳定價」關鍵結果（KR 7.3）為溫室氣體的排放定價。雖然執行狀況因國家而異，基本理念很簡單：排放溫室氣體必須付費，二氧化碳、甲烷等溫室氣體排放愈多，就得付出愈高的代價。碳定價將使化石燃料變得更昂貴、缺乏競爭力，以此降低使用意願。這也會向市場發出強而有力的訊號，督促業者加速採用更乾淨、更有效率的能源替代品。

「全球禁令」關鍵結果（KR 7.4）要求世界各國遵循 2016 年通過的《蒙特婁議定書》（Montreal Protocol）吉佳利修正案（Kigali Amendment），禁止使用氫氟碳化物。氫氟碳化物是阻礙熱能散失的冷媒，助長暖化的威力是同等重量二氧化碳的數千倍。超過 120 個國家批准了吉佳利修正案，同意淘汰氫氟碳化物，但是一直到我寫作本章為止，中國、美國與印度這世界前三大排放國，仍然沒有批准修正案。拜登總統上任後不久，就把吉佳利修正案交由參議院核准，預計這項修正案將可以順利過關。此外，美國國家環境保護局也正在制定一項法規，禁止使用會產生溫室氣體的冷媒。這項關鍵結果還提出另一項全球禁令，也就是在醫療用途之外，禁止使用拋棄式的塑膠產品，包括塑膠購物袋與免洗杯等。

「政府研發」關鍵結果（KR 7.5）為突破性技術的發現提供資金，可以進而降低採用潔淨科技的成本。全球各國政府針對能源研發的資助金額必須提高一倍，而美國政府至少必須增加五倍，達到每年 400 億美元。並且額外投資基礎與應用研究，包括早期試驗。即使獎助金額不大，也能為潔淨科技的新創企業帶來巨大的變化，進一步為國家經濟發展帶來可觀的紅利。

以《巴黎協定》為基礎

菲格雷斯是《巴黎協定》的重要推手。在各國簽署這項協定的五年後，適逢 2021 年 11 月 22 日格拉斯哥聯合國氣候會議前夕，我請她談談這次的會議。她說，與會各國將以《巴黎協定》為基礎，提交安排到 2030 年的第二組減排目標。她也希望與會的各國代表可以在全球碳價上達成共識，這將是邁向淨零排放目標的一大步。

克莉絲緹亞娜・菲格雷斯

2015 年的《巴黎協定》是第一項各國一致通過、具有法律約束力的氣候條約;一百九十五個會員國都簽署了。美國曾經短暫離開,但後來又回來了。同時,由於締約方批准速度很快,這項協定打破紀錄,在極短的時間內就生效了。

《巴黎協定》的獨特之處在於,制定一個要求各國不斷改進的過程,同時也考慮到各國的實際情況,所以每個國家的起始點都不同。《巴黎協定》也為我們的目標確立終點:2050 年前實現淨零排放;這是最難達成共識的部分。

打從一開始,我們就知道要實現淨零排放有很多不同的路徑,每一個國家的做法也不同。我們允許所謂的「國家自主貢獻」(Nationally Determined Contribution,簡稱 NDC),好讓這項協定更有彈性。《巴黎協定》不是為了懲罰排碳國,而是要每個國家自行思索自利的做法,才能構成強大的變革力量。

不管你的國家排放哪些氣體,這些排放量是不爭的事實。我們不會指責或怪罪任何國家。各國有自己的起點,但是都往相同的方向前進,追求共同的結果。只要能在 2050 年前達成全球淨零排放的目標,每一個國家都能自行決定要怎麼做。

《巴黎協定》還有一項如同棘輪的不倒退機制(ratchet mechanism),也就是我們會設下一連串的檢查點。各國簽署協定之後每五年必須一起開會，報告減排的工作成效，並且提出下一個階段的目標。由於解決方案與技術、財務考量，以及影響政策的局面都會不斷生變，這些計畫也必須具有彈性，並且隨著變動。

至於格拉斯哥聯合國氣候會議的首要任務，我希望我們之前在巴黎試圖達成的共識最終能夠落實：訂立全球的碳排放價格。因為碳定價對所有經濟體脫碳、對抗森林濫伐的計畫至為關鍵。

目前，已經有 60 個司法管轄區實施碳定價機制，但是碳價卻低得荒謬，通常是每公噸介於 2 美元到 10 美元。如果要發揮真正的影響力，碳價必須逐漸提高到每公噸 100 美元。一旦設立明確的跨界標準與量化方法，我相信全球碳價絕對能夠改變局勢。

我現在最關心的是自然，也就是我們的陸地與海洋。我們在能源、交通運輸與金融上的轉型都有很大的進步，但是修復生態系的能力仍然差強人意。我們還沒有真正納入土壤再生、以造林改善土地退化，以及保護現有的森林等任務。地球上現存的森林面積已經所剩無幾。在碳價大幅提高之前，沒有任何一種商業模式能讓我們的土地與海洋不受損害。設定碳定價正是彙整所有減碳措施的關鍵，因此我常常輾轉反側。

只要在二〇五〇年前達成全球淨零排放，每個國家都能自行決定要怎麼做。

全球三分之二以上的排放都來自五個國家地區
2010～2019年排放量占比（％）

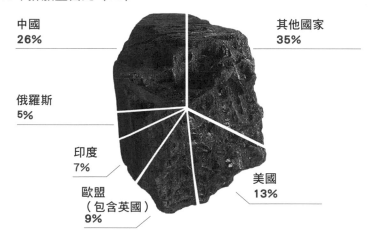

中國
26%

其他國家
35%

俄羅斯
5%

印度
7%

歐盟
（包含英國）
9%

美國
13%

2010～2019年排放量占比（％）
資料來源：聯合國《2020年排放差距報告》（UN Emission Gap Report 2020）。

我完全同意菲格雷斯的觀點；我們最好向前看。先前的國際
氣候條約已經為今日的情況奠定基礎。自格拉斯哥會議開
始，我們面臨的賭注非常、非常大。[15]

瞄準五大排放國

有五個政治體排放的溫室氣體汙染已經占全球總量將近三分
之二：中國（26％）、美國（13％）、歐盟與英國（9％）、
印度（7％），以及俄羅斯（5％）。

為了更加凸顯焦點，我們將瞄準五大排放國，分別探究他們
的情況。在中國與印度，主要的排放來源是燃煤發電；在俄
羅斯，則是源於鑽探石油、天然氣與煤礦。如果我們把逸散
排放與燃燒化石能源發電納入考量，俄羅斯的溫室氣體汙
染源有八成都來自能源產業。[16] 在美國與歐洲，交通運輸業
2018 年與 2019 年的排放量都有所上升，顯示出我們對汽油

與柴油燃料的依賴。[17] 為了在有限的時間內實現全球淨零排放，我們必須不斷衡量五大排放國的減碳進展。除了追蹤官方最新公布的目標，也要對照我們計畫中的關鍵結果。

這些大排放國目前的情況如何？哪些策略最為關鍵？在下頁圖表中，我們會列出這五大排放國已經達成的關鍵結果。（政策的後續追蹤以及其他國家的情況等，將會定期更新在我們的網站上 speedandscale.com。）如你所見，我們還有很長遠的路要走。

中國的巨大改變

中國在 2006 年超越美國，成為全世界最大的排放國，此後兩國差距不斷擴大。2019 年，中國排放到大氣中的溫室氣體超過 140 億公噸，大約是第二大排放國美國的兩倍。矛盾的是，中國在清潔能源上的投資比世界上其他國家都還要多。

關於能源與環境，中國最重要的決定是共產黨中央委員會制定的五年計畫。雖然制定計畫的過程不透明，但是這些計畫不是空洞的承諾，也不是亮眼的公關活動。如果能夠實現，應該有強大的效力。2020 年 9 月，習近平主席在聯合國大會上宣布，中國將在 2060 年前達成淨零排放的目標，這讓世人相當驚訝。[19] 對這個人口最多的國家來說，這是完全沒有前例可循的目標，卻也是朝著正確的方向邁進。只是這樣的目標仍然比聯合國政府間氣候變遷委員會設定的目標晚了十年。

中國實現淨零排放最大的阻礙，就是要為 200 多萬名礦工找到新工作。[20] 中國現在燃燒的煤占全球煤礦的一半，而且60％的電力仍然依賴燃煤發電。[21] 從樂觀的一面來看，中國領導人知道必須改變。如克莉絲緹亞娜‧菲格雷斯所言，擺脫燃煤和中國促進公眾健康的目標一致，也能引領全球朝向

前五大排放國的脫碳政策 [18]

達成或超過目標　　朝向有意義的方向前進　　不足

	中國	美國	歐盟＋英國	印度	俄羅斯
	KR 7.1「承諾」關鍵結果政策： 每一個國家都要履行減碳承諾，在 2050 年達成淨零排放的目標， 並且在 2030 年至少減少一半碳排放。*				
	2060 年前達成淨零排放。	2030 年前減排 50%。	2050 年前達成淨零排放。	無承諾。	無承諾。
	KR 7.1.1「電力」關鍵結果政策： 為電力產業設定減碳目標，在 2025 年減少 50%，2030 年減少 80%， 2035 年減少 90%，2040 年必須減少 100%。				
	中國承諾在 2030 年前嚴格管控煤的使用，並降低碳排放量高峰值。	美國的十個州、華盛頓特區與波多黎各皆已制定法規，明定在 2050 年前達成 100%的清潔能源或是淨零排放。	歐盟承諾在 2030 年前，再生能源占比至少達到 32%。	印度承諾在 2030 年前，全國至少四成的電力將來自非化石能源。	無目標。
	KR 7.1.2「交通運輸」關鍵結果政策： 利用補貼與法規，在 2035 年前加速完成汽車、公車、中小型卡車的電氣化； 重型卡車也必須在 2040 年前達標。				
政策目標	中國國務院在 2020 年 10 月發布「新能源汽車產業發展規劃（2021～2035）」，在 2025 年前電動車銷售量將達到 20%，2035 年前，電動車將成為主流（表示銷售量將超過 50%）。	美國提供高達 7,500 美元的聯邦稅額抵減；每一種電動車款在銷售達到 20 萬台之前，製造商都享有稅金抵扣優惠。加州、科羅拉多州與德拉瓦州等州還提供額外的獎勵措施。	歐盟提出，汽車廢氣的二氧化碳平均排放量，必須比 2021 年的上限減少 37.5%，2030 年前則必須減少 50%，並且在 2035 年前，有效禁止燃油車上路。	印度已經通過「加速普及電動車獎勵計畫第二階段」（FAME II），2019 年 4 月起生效，將支出 1,000 億印度盧比（14 億美元），以獎勵消費者購買電動車，以及資助設立充電設施。	俄羅斯已免除電動車進口稅（至 2021 年底）。
	KR 7.1.3「建築物」關鍵結果政策： 在 2025 年前，所有的新建住宅都必須符合淨零排放的建築標準， 新的商業建築也必須在 2030 年前符合這樣的標準，並且禁止銷售不符合標準的建案。				
	2022 年前，中國的綠色建築行動計畫要求 70%的新建築必須取得最高級別的三星認證。	聯邦政府沒有淨零耗能建築的相關法規，但是加州、科羅拉多州與麻薩諸塞州則有相關要求。	自 2021 年起，歐盟所有新建築必須符合「近零耗能」的標準。歐盟與多數成員國正在商討限制現有建築與新建築使用化石燃料設備。	沒有「近零耗能」的建築要求，也沒有限制使用化石燃料設備。	沒有「近零耗能」的建築要求，也沒有限制使用化石燃料設備。
	KR 7.1.4「工業」關鍵結果政策： 工業生產過程必須逐漸淘汰化石燃料，2050 年必須完全淘汰，2040 年前至少必須淘汰一半。				
	無政策。	無政策。	正著手將歐盟委員會的產業策略轉為強力的立法與交易工具。	無政策。	無政策。

	中國	美國	歐盟＋英國	印度	俄羅斯
	KR 7.1.5「碳標籤」關鍵結果政策： 所有商品都必須標示碳排放量的碳足跡標籤。				
	無碳標籤	無碳標籤	除了丹麥的試行計畫，其他國家皆無碳標籤。	無碳標籤。	無碳標籤。
	KR 7.1.6「洩漏」關鍵結果政策： 管控天然氣燃除，禁止排放，強制迅速封堵甲烷洩漏。				
	無相關法規。	法規正在審查中。	法規正在審查中。	無相關法規。	無相關法規。
	R 7.2「補貼」關鍵結果政策： 終止對化石燃料公司以及有害農作法的直接與間接補貼。				
	1 兆 4,320 億美元	6,490 億美元。	2,890 億美元。	2,090 億美元。	5,510 億美元。
	KR 7.3「碳定價」關鍵結果政策： 將各國溫室氣體價格設定為最低每公噸 55 美元，每年調漲 5%。				
政策目標	2021 年 7 月，中國碳排放權交易市場在上海啟動。	美國沒有全國性的碳定價。只有十二個州積極實行碳定價計畫。	歐洲的碳交易計畫著重在電力產業。至 2021 年 5 月，價格大約是每公噸 50 美元。各成員國的碳稅差異極大，從每公噸不到 1 美元至每公噸超過 100 美元不等。	無碳定價。	無碳定價。
	KR 7.4「全球禁令」關鍵結果政策： 禁止使用氫氟碳化物（HFC）作為冷媒。在醫療用途之外，禁止使用所有拋棄式塑膠產品。				
	習近平主席在 2021 年 4 月接受吉佳利修正案，氫氟碳化物的生產與使用將在 2024 年達到高峰後遞減。國家自主貢獻目標：二氟一氯甲烷（HCFC-22）在 2020 年前減少 35%，2025 年前減少 68%。	2021 年 5 月，美國國家環境保護局根據《2020 美國創新與製造法案》（American Innovation and Manufacturing Act of 2020）制定第一條逐步淘汰氫氟碳化合物的法規。此法尚待通過。	歐盟從 2015 年 1 月開始限制含氟氣體排放。歐盟委員會正在審查目前的含氟氣體法規，打算補強先前的措施。	只有提議，沒有明令禁止。	沒有明令禁止。
	KR 7.5 政府研發： 用於研發的公共投資「至少」必須增加一倍；美國則需要增加五倍。				
	79 億美元。	880 億美元	840 億美元。	1,100 億美元	幾乎沒有。

* 製表時間：2021 年 7 月。
* 資料來源：請見注解。

綠色經濟發展。菲格雷斯說：「停留在落伍的 20 世紀科技對中國的自身利益沒有幫助。」2020 年，以再生能源發電量而言，中國就占了全世界的一半，相當於其他國家前一年風力發電的總電量。

儘管中國要如何淘汰燃煤的問題仍然沒有解答，但是我們可以從 2021 年 4 月的氣候高峰會得到一些線索。習近平主席宣布，在 2025 年之前，中國將「嚴格限制」燃煤，並且在 2026 年到 2030 年間「逐漸淘汰」燃煤，從排放量的高峰值開始降低用量。雖然中國各省都有自己的能源策略，但是國家目標仍然是最重要的策略。

但是，對於中國的承諾，我們仍然存有合理的懷疑。中國近期的行動比高層的任何宣言令人矚目。**在 2020 年上半年，當其他經濟大國紛紛從化石燃料轉向再生能源時，中國官方頒給新建燃煤發電廠的許可證甚至比前兩年的總和還要多。**此外，我們還必須密切注意中國在非洲、歐亞、南亞與拉丁美洲挹注給化石燃料計畫的資金。截至 2020 年 12 月，為了實現「一帶一路」的跨洲經濟版圖，中國光是在非洲就投資七座燃煤發電廠，還有另外十三座電廠正在籌備。[22]

與此同時，有跡象顯示，中國對氣候的立場已經出現重大的轉變。某些最大膽的想法來自北京名校、座落於清朝皇家園林的清華大學。清華大學有一間氣候變化與可持續發展研究院，在 2019 年間，中國氣候學家經常聚在這裡一起做研究，透過模型來計算如何達成淨零排放。

這所研究院的院長是解振華，他也是現任中國氣候變化事務特使。高齡七十歲的他，是中國氣候議題的權威之聲。[23] 他的任務是提交清華的研究數據給國家最高領導人，也就是中國共產黨中央委員會。他曾經在哥本哈根與巴黎的氣候大會上論道，中國等開發中國家應該對失控的碳排放負起道德責任。到了 2017 年，他看見承諾淨零排放可以帶來巨大的好處，於是淨零排放成了他的信仰。他告訴《彭博環保季刊》

中國的超高壓
輸電線路讓遠離
市中心的地區
也能使用更潔淨的
電力資源。

（*Bloomberg Green*）：「一開始，這只是一項工作，然而過了一段時間之後，你看到這麼做為國家、人民與全世界帶來的好處，於是這不再只是工作，而是你奮鬥的目標、更高的使命。」

環保主義者李碩花了多年時間，想要說服解振華制定更積極的政策。他表示：「在 2019 年以前，中國不願意談論淨零排放或是碳中和的概念。解振華可以成為幫助溝通的橋梁。」

進行國際談判時，解振華採取合作策略。他告訴《彭博環保季刊》：「氣候談判者只有對手與朋友，沒有敵人。」我們應該提高警覺，中國與美國正陷入激烈競爭新興科技的情勢當中，從 5G 無線連接技術到機器人與人工智慧，雙方都互不相讓。潔淨科技也不例外。解振華承認，中國在「減緩、調應、融資與科技」方面的立場，將在格拉斯哥的會議上敲定。為了在全球推動淨零排放，這兩個最大的碳排放國必須找到合作方式。在減排與清除碳的問題上，雙方都必須著眼於共同利益，讓專業人士坐到談判桌上。

解振華認為，中國要在 2060 年達成淨零排放，將會加速國內準資本主義市場的變革。他表示：「這傳達出一個明確的訊號：我們必須加速轉型，大幅創新。」他認為，往後投資燃煤將被視為風險；市場會調整；再生能源將日益增加，最後成為主流。

中國領導人雖然致力於快速成長，卻也對氣候危機以及連帶而來的經濟威脅很敏感。儘管中國已經將可怕的空氣汙染減緩了一部分，但是在 2020 年上半年，光是北京與上海兩地，據估計就有 4 萬 9,000 人死於霧霾。[24] 同樣在這一年，前所未見的洪水使 7,000 人成為災民，造成 330 億美元的經濟損失。正如解振華所言：「氣候變遷的破壞不是發生在未來的事，而是在此地、此刻影響人們。」

美國：重新歸隊

到目前為止，美國不但是造成氣候危機的累犯，也是頭號戰犯，迄今已經排放 4,000 億公噸的碳到大氣之中。[25] 過去二十年間，美國對氣候變遷的立場一直像鐘擺一樣來回擺盪，取決於入主白宮的人。小布希總統（George W. Bush）聽懂化石燃料產業給他的暗示，支持建造更多的燃煤電廠，並拒絕簽署或是執行《京都議定書》。[26]

雖然巴拉克・歐巴馬總統（Barack Obama）成功推動平價醫療法案，還是無法在國會通過大型氣候變遷法案。儘管如此，歐巴馬了解環保經濟也是一門好生意，在景氣大幅衰退之後，投資清潔能源能夠創造就業機會。歐巴馬政府執行《美國復甦與再投資法案》（American Recovery and Reinvestment Act），挹注 900 多億美元到清潔能源行動方案，例如風力發電場、太陽能板創新，以及先進電池計畫等。此外，他也利用《潔淨空氣法案》（Clean Air Act），在 2009 年到 2016 年期間將新車與輕型卡車的燃油效率（fuel efficiency）提高 29％，並且揭示歷史性的目標：在 2025 年前，逐步使汽車的能源效率達到每加侖 54.5 英里（等於每一百公里耗油 4.32 公升）。

但是，川普總統入主白宮後，全面撤回歐巴馬總統的環保政策，導致許多進展前功盡棄。幸好，拜登總統就職不久，即翻轉川普的命令，提出關鍵的氣候計畫，承諾美國在 2035 年前會達成 100％清潔電力的目標，並且在 2050 年之前達到淨零排放的目標。拜登的氣候計畫為美國氣候領導行動提出有史以來最大膽的願景，**不只完全逆轉川普政府的政策，更是真正的躍進。**

然而，就在我寫到本章之時，鐘擺政治仍然繼續發揮作用。美國國會正在考慮一項規模小得多的基礎設施方案，可能不包括拜登計畫中的關鍵要點。很多事情都懸而未決。無法挽救氣候不在我們的選項當中，但有時卻是我們選擇的結果，而且這是我們的子孫無法承受的後果。

美國等五大排放國如果要在 2050 年前實現淨零排放，最可靠的方式就是採用我們所有的政策關鍵結果，包括實施全國碳定價。但是，美國做得最好的地方是在研發，這是美國一貫的優勢，我們需要復興這樣的能力。近二十年來，聯邦政府在能源研發上的支出甚至不及 1980 年的水準，平均每年 80 億美元（已經根據通貨膨脹調整）。[27] 這比美國人一週花在汽油上的錢還要少；[28] 其實，這也比我們每年花在洋芋片上的錢還少。[29] 為了實現所需的突破，像是更便宜、更輕的電池或是擴大綠氫的規模，美國公部門在研發上的投資必須增加五倍，達到每年 400 億美元。換句話說，我們建議美國政府分配的資金比照國家衛生研究院的經費，也就是約每年 400 億美元。[30] 有了政府經費挹注的研發計畫以及碳定價，美國就能藉此減少綠色溢價，全世界皆可受益。

歐洲：目前領先，但不夠快

將近二十年前，歐盟建立現在世界上最大的二氧化碳管制與交易制度，以利決定碳定價。到了 2019 年，在最大的幾個碳排放國當中，英國首先立法規定 2050 年前達到淨零排放目標。翌年，歐盟制定自己的 2050 年淨零排放目標，並且要求 2030 年前至少減少 55% 的排放量。[31] 雖然這些行動乍看似乎讓人敬佩，氣候運動人士認為，歐盟成員國依據《巴黎協定》建立潔淨交通運輸基礎設施以及減少排放方面的進展還不夠快。[32]

德國最重要的能源智庫博眾能源轉型論壇（Agora Energiewende）執行董事帕特里克・格雷琛（Patrick Graichen）表示，目前我們必須面對的一個問題是理解與行動之間的落差。他表示：「如果你問政治人物，最重要的目標是什麼。他們會說，淘汰燃煤。但是如果我們不能用風能與太陽能替代，就無法淘汰燃煤。這就是沒有理解癥結的問題，更別提根據適當的急迫程度來採取行動。」

德國是歐洲最大的經濟體，德國的政府與能源政策特別重要。為了回應最近德國聯邦憲法法院的裁定，政府保證會在 2045 年前實現碳中和，並且在 2030 年減少 65% 碳排放。[33] 德國也有公司正在提升綠氫燃料的產量，用於製造無汙染水泥與鋼鐵。也許最令人興奮的消息是，德國已經為建築與交通運輸燃料設定碳價。但是，**除非德國加速關閉燃煤發電廠，否則幾乎肯定無法實現 2030 年的排放目標，因為關閉燃煤發電廠的計畫已經延期到 2038 年。**[34] 展望 2021 年 9 月的大選，德國在十六年後終於換人當家，必須有更大的雄心壯志。

歐洲是全世界的氣候行動中心，這個地區具備許多有利的條件，像是強大的公眾支持、技術動力，以及重視氣候問題的國家法院。歐盟與成員國已經積極承諾因應氣候問題，必須努力建設重要的清潔能源基礎設施，同時減少對化石燃料的依賴，而且還必須以破紀錄的速度進行。

印度：成長的挑戰

印度次大陸讓我們得以預覽可能發生的氣候災難，思索應該如何行動。近年來，熱帶氣旋、海平面上升、致命的乾旱變本加厲，不但奪走不少人命，也造成糧食生產短缺。印度已經承諾人均排放量不會高於開發程度較高的國家。但是，到了 2050 年，印度的人口預計將增加近 20％，總計將有 16 億人，成為全球人口數最多的國家。除此之外，印度的貧窮率超過 60％，[35] 因此在爆炸性的成長之下，要達成淨零排放的目標將格外困難。

克莉絲緹亞娜・菲格雷斯說：「由於印度是個開發中國家，有理由根據經濟考量延後淨零排放的期限。」她指出，如果印度太快關閉目前的能源來源，將會使更多人民陷入窮困。「多年來，印度都表示將會讓各個產業逐漸達成淨零目標，同時保護生物多樣性。而他們的確陸續實現在《巴黎協定》設定的目標，而且是各個產業相繼達標。」

對印度來說，要實現淨零排放，最可靠的路徑就是讓電力產業轉型，並且將交通電氣化。為了加速轉型，邁向淨零排放的未來，印度總理納倫德拉・莫迪（Narendra Modi）**宣布一項全國性的遠大計畫，要在 2030 年前將再生能源增加到 4,500 億瓦（450GW）；[36] 這是真正具有里程碑意義的目標。儘管印度在某些領域已經取得進展，但是莫迪政府在全國能源轉型與減少燃煤的做法仍然有失衡的問題。**

長久以來，印度不斷指出他們其實已經進步很多，其他開發程度比較高的國家反而做得差強人意。正如印度環境部長普拉卡什・賈瓦德卡爾（Prakash Javadekar）在 2020 年所言：「我們做的已經超過太多。有些國家只會教訓我們，為什麼你不告訴他們，刮別人鬍子之前，先把自己的鬍子刮乾淨？有哪一個已開發國家是規規矩矩依照《巴黎協定》去做？」

印度氣候政策專家阿努米塔・羅伊・喬杜里（Anumita Roy Chowdhury）說道：「我們看到累積起來的二氧化碳排放量，印度要問：『這塊碳排放的大餅，你們打算如何劃分並且承擔責任？』」至今，美國的二氧化碳排放量占世界總量

印度宣布一項全國性的遠大計畫要在2030年前將再生能源增加到4,500億瓦。

的 25％，歐洲占 22％，中國占 13％，俄羅斯占 6％，日本占 4％，印度呢？只占 3％。[37] 如同賈瓦德卡爾與喬杜里指出，全球能源轉型必須顧及公平與公正，而且必須反映各國的碳排放比例。

同時，對印度來說，這是個千載難逢的機會，得以跨越會造成汙染的化石燃料，如天然氣。如果印度不再投資在落伍的基礎建設上，就能減少和環境汙染相關的死亡，在經濟與環境方面占據全球的領先地位。可以肯定的是，這必須花大錢。光是要滿足印度的再生能源目標，每年至少必須投資200 億美元。[38]

儘管印度面臨很多阻礙，不過如果全球要實現淨零排放，他們得做得更多。雖然印度的人均使用量不到全球平均值的一半，卻因為人口眾多，現在是全球第三大能源消費國，也是第四大排放國。印度都市每年增加的人口數量相當於洛杉磯的總人口數，數百萬、甚至上千萬人等著購買新的電器、冷氣機，以及許許多多的汽車與卡車。隨著印度對建築材料與電力的需求出現爆炸性的增長，零排放能源以及能源效率也就更加重要。由於印度幅員遼闊，不管今天採取任何氣候行動，都會影響到全球好幾代人。如果印度能擴大規模、加速脫碳，也許可以拯救世界。

俄羅斯：是否迎向挑戰？

俄羅斯是世界第五大碳排放國，光是在 2019 年就往大氣傾倒了 2 億 5,000 萬公噸的二氧化碳，而且近 20 年間，數字每年都有上升的趨勢。對悲觀主義者來說，俄羅斯就是我們永遠無法解決氣候危機的鐵證。他們的擔憂主要源於兩點，第一，俄羅斯沒有任何針對淨零排放的長期承諾；第二，儘管俄羅斯在《巴黎協定》曾經設定極其保守短期的目標，卻在不久後又壓低目標。

菲格雷斯說，在終身總統弗拉基米爾・普亭（Vladimir Putin）的領導下：「俄羅斯的專制政體不允許由下而上、透明且客觀的分析進入決策桌。」普亭不但一方面公然懷疑氣候變遷，另一方面卻又暗示氣候暖化對俄羅斯來說反而很有利。[39] 當全球逐漸暖化，一大片原本不宜人居的西伯利亞凍原，或許會變得可以耕種作物，至少也會變得比較適合鑽探石油與天然氣；而後者對於普亭核心圈內的寡頭而言，可能是一筆潛在的意外之財。菲格雷斯又說：「如果北極冰層在夏天消失，就會為國際石油運輸開闢一條新的航線，而俄羅斯就是受益者。」

令人不安的是，普亭也許可以如願。俄羅斯土地暖化的速率是世界其他地區的兩倍以上。[40] 西伯利亞的永凍土層正在解凍，釋放出凍結數千年的二氧化碳與甲烷。總計來說，北極永凍土層儲存高達 1 兆 4,000 億公噸的碳。[41] 只要逸出任何一丁點，都會影響我們的計畫。

俄羅斯的《2035 年能源策略》反而大開倒車，不但要提高石油與天然氣的產量，同時還要出口更多石油。[42] 太陽能與風能根本不在這項計畫當中。根據俄羅斯官方的預測，全國 2050 年溫室氣體的排放量將會比目前更加變本加厲。[43]

我們要如何促使這個無賴之國改變？最顯而易見的做法是利用市場的力量。一種策略是針對俄羅斯石油與天然氣的銷售徵收碳價，對他們施壓，使他們的核心出口商品不敵競爭。在沒有壓力之下，俄羅斯甚至會和發展再生能源的趨勢背道而馳。由於中國與歐洲正在努力脫碳，也許有一天將不再進口俄羅斯的化石燃料。

俄羅斯幅員遼闊，國土面積幾乎是美國或中國的兩倍大，具備開發再生能源與再生農業的巨大潛力。如果這個國家能夠迎向挑戰，也許可以成為淨零排放經濟的要角。

但是目前看來，前景黯淡無光。克里姆林宮正在積極抗拒國

際社會對氣候行動落後國家的懲罰。但是，我想大家都知
道，如果你因為犯規被罰坐在場邊，再怎麼反對也無效了。
如果俄羅斯繼續一意孤行，不惜退出淨零排放經濟，將面臨
嚴峻的未來。

菲格雷斯建議，俄羅斯的其中一條出路是跟隨阿拉伯聯合大
公國的步伐。這個石油資源豐富的波斯灣國家正在刺激經濟
多樣化，轉向再生能源。另一個石油大國沙烏地阿拉伯也是
這麼做。菲格雷斯說，俄羅斯的問題就在於「沒有計畫」。

格拉斯哥會議的引力

我們應該何去何從？由於各國承諾的目標不一，進展也各有
不同，因此很容易讓人灰心，懷疑世界各國是否能夠同心協
力，一起進行有意義的氣候行動。為了更了解要如何共同前
進，我們向美國氣候計畫的負責人求教，這個人也就是曾經
擔任國務卿的美國氣候特使約翰‧凱瑞。凱瑞提醒我，他曾
經參加 1992 年的第一次地球高峰會，而且之後幾乎每一場
重要的氣候會議都不曾缺席。

約翰・凱瑞

參加《巴黎協定》氣候會議的國家能做自己想做的事。如今,即將召開格拉斯哥會議,各國必須體認到,我們有不得不做的事。這兩種心態差異很大,而且執行起來將困難很多。

如今,我們面臨的現實是,如果不在 2020 年到 2030 年這十年間充分減少排放,就沒辦法把氣溫上升的幅度控制在(只比工業時代前高出攝氏)1.5 度的範圍之內。這是一條不歸路,往後的世世代代只能宣告放棄,並且承擔非常嚴重的後果。

2021 年初,我們向世界各國明確表示,將會努力達成升溫不超過攝氏 1.5 度的目標。在全球領袖氣候峰會上,美國承諾從現在開始到 2030 年前,將減少 50 ～ 52%的排放量。

如果沒有在 2020 年到 2030 年之間達標,就無法在 2050 年之前實現淨零排放。我們不能守株待兔,等著發現新狀況。其實,這等於是坐以待斃,極其魯莽,而且不負責任。

我們必須盡可能利用目前已經有的技術。我們在發現新技術方面做得不夠。儘管我們說氣候變遷是生存威脅,但是卻沒有正視問題,似乎不認為這會威脅到生存。我們的所作所為必然不像第二次世界大戰的同盟國。當時,同盟國知道必須掌控海權與制空權,設法突破希特勒建立的防線。

然而如今的狀況完全不同，我們的任務更加困難。即使已經有相當顯著的進展，目前的努力還不夠，需要再加把勁。

從經濟的層面來看，占全球國內生產總值 55% 的眾多國家已經承諾不超過升溫 1.5 度的門檻。我們能不能設法讓其他 45% 的國家加入？或是至少讓當中多數的國家共襄盛舉。尤其印度、巴西、中國、澳洲、南非與印尼都需要加入。

我們不能在世界各地指指點點說「你們必須做這個，你們必須做那個」，而不打算拿出一些錢來幫助他們完成目標。我們必須讓開發中國家發展，但是要聰明的發展，不要重蹈我們的覆轍。在大多數情況下，已開發國家將必須幫助開發中國家。然而，到目前為止，檯面上還看不到任何充分的計畫。

如果我們一起下定決心，群策群力，最後還是會成功。因此，我仍然懷抱希望，而且的確寄予厚望。以前，我們不確定如何登上月球，但還是上了月球。而且，我們以破紀錄的時間研發出新冠疫苗。在我這一生中，還得以看到活在嚴重貧窮環境中的人口比例從 50% 降到 10%。

這是組織的問題。我們知道必須做什麼，所以現在就得去做。近期的格拉斯哥會議就是這樣的關鍵時刻，可以讓世界各國聚在一起、解決危機。

我們知道必須做什麼，所以現在就得去做。

我的第一場氣候戰爭

說實在的，1990 年代時，我對政治議題的關心完全沒有觸及全球暖化的問題。但是到了 2000 年，我積極支持高爾競選總統。那時，氣候危機即將登上全球頭版新聞。同年 12 月，我們心碎了，迎來「「布希控高爾案」（Bush v. Gore），而最高法院以五票對四票決定佛羅里達州中止人工計票。最後，小布希以 537 票險勝。（別讓任何人說你的一票不重要！）

這個判決結果至為重要。**對抗氣候變遷之戰因此失去二十年的光陰。**如果高爾勝出，入主白宮，必然會在氣候問題釀成重大危機之前，就把解決這個問題當成最重要的事。

2006 年，《不願面對的真相》上映後經歷命中注定的那一場圓桌晚宴，我就完全投入氣候行動。有句話說：「今日加州，明日美國。」因此，我把焦點轉向長年居住的加州。

那一年，全球最傑出的幾位氣候政策領導人聯合起來，促使加州通過總量管制與排放交易的 32 號法案（Assembly Bill 32，簡稱 AB32 法案）*，形成歷史上的分水嶺。這是美國最具雄心的碳定價計畫，將對最大的碳排放者徵收費用。儘管加州企業高階主管在首府沙加緬度對州政府緊迫盯人，隸屬共和黨的加州州長阿諾・史瓦辛格最終簽署通過法案。雖然化石燃料業者透過遊說，將 AB32 法案實施範圍限縮在石油與燃煤，讓天然氣不受限制，這項法案依然成為國際模範，加拿大與中國等國都有所借鑑。加州將減少溫室氣體的排放量，降到低於 1990 年的排放量；後來，加州提早四年達成目標。除此之外，法案中還包括一項相當公平的條件：約半數的碳費收入將用來減少空氣汙染，並資助貧窮社區改

---

* 編注：正式名稱為《2006 年加州全球暖化解決方案法案》（The California Global Warming Solutions Act of 2006）。

造住房。

AB32 法案證明，化石燃料業者預測減碳會造成經濟衰退完全錯得離譜。加州就是最好的實例，既可以減少排放，也能促進經濟繁榮。[44] 其實，減少排放與發展經濟可以齊頭並進，就像加州經濟成長率反而遠遠超過美國的數字。

就我個人而言，我從 AB32 法案學到非常寶貴的經驗，主要是關於如何在政治場域致勝，例如兩黨聯合、強而有力的領導力、清晰的訊息傳遞、積極的媒體宣傳以及堅定的盟友。於是，我搖身一變，從矽谷的自由派成為大政府的改革派。其實，我已經把政府視為做大事的重要夥伴。

2009 年，我在美國參議院聽證會上作證。這一年通過的瓦克斯曼－馬基氣候法案（Waxman-Markey）將建立碳排放交易系統。我們幾乎要成功了。我們差一點就能拿到一份時間表，可以向化石燃料公司徵收排放溫室氣體的費用。2009 年 6 月，在議長裴洛西（Nancy Pelosi）的努力周旋之下，瓦克斯曼－馬基法案在民主黨控制的眾議院中以 219 票對 212 票過關。參議院的協商總是漫長又艱辛，各項法案彼此競爭，各方利益相互衝突。所以，最終我們的氣候法案不敵特殊利益團體的箝制，加上缺乏協調、領導，在參議院被擋下。[45] 一旦我們發現無法達到 60 票的門檻，就知道這項法案注定胎死腹中，連闖關的機會都沒有。

翌年，民主黨失去對國會的控制權，後來的事，你們都知道了。一直到 2021 年中為止，參議院都還沒有對任何一項重要的氣候法案進行投票。

儘管如此，加州依然努力向前。2015 年，我們終於把天然氣納入加州的二氧化碳管制與交易系統。總的來說，這項計畫將使加州的溫室氣體排放減少 15%。[46]

在公共政策的世界裡，政治算計總是一再生變。儘管如此，我發現四條規則具有一致的價值：

1. 瞄準排放數百億公噸的大排放國：為了實現淨零排放，我們必須把焦點對準前五大排放國，為最重要、產生最多汙染的產業找出解決方案。我們需要對所有主要的溫室氣體採取行動，像是二氧化碳、甲烷、一氧化二氮以及氟化氣體。

2. 了解決策如何制定、在哪裡制定：國家立法只是拼圖當中的一塊。氣候運動擁護者如果要做出改變，就得了解決策的各個層面。例如，建築法規是由市政府制定，會在公共會議上提供很多機會，讓民眾陳述意見。關於空調與烹調的能源使用效能與電氣化，勢必會對未來帶來影響。而民眾通常不想出席這些會議，但是銷售鍋爐、瓦斯爐的公司必然會出席，並且聲明自己的主張。

同樣的，在美國能源政策的擬定過程中，有一個強大的平台通常會遭到忽視，也就是各州的公共事業委員會。這些委員會的委員可能是透過選舉產生，不過更常見的是受到任命，但他們同樣都是政策的把關人，負責制定重要的再生能源比例標準，決定電網未來的目標。一般來說，每一個州會有五位委員。如果我們決定針對排放量最高的 30 個州，並且希望在這些州獲得大多數委員的支持，就只要瞄準 90 位委員，而這些人控制美國將近半數的排放量。只要向這些委員施壓，就能產生重大的影響力。

在施壓之前，重要的是，你必須了解決策的制定過程。當然，你必須讓人感受到問題迫在眉睫，但是這樣還不夠。正如氣候專家哈爾・哈維所言：「如果我們對氣候變遷的關注沒有正確瞄準目標，注意力就會消散。」是否可以透過運動來發揮影響力？發動一場大規模的公眾集會是否能達到目的？是不是能透過犀利的經濟分析或是簇擁合適的人當選上任就能改變平衡？能夠從法律的角度切入嗎？如何讓人理解氣候變遷和公平、就業與健康息息相關？

在地方上，沒有任何工具比公民參與更有力、也更容易取得。如今全國各地，民眾漸漸成為社區運動人士，要求公共運輸擺脫化石燃料。2021 年 6 月，由於馬里蘭州蒙哥馬利郡當地社群持續倡議，公立學校學區宣布在未來十年內，1,400 輛校車都將陸續改用電動車。學區的運輸主任沃特金斯（Todd Watkins）說：「我們感受到來自各方的關心與壓力。我們也聽到很多環保團體、民選領導人、董事會成員與學生團體的聲音，大家都很想知道，我們什麼時候會淘汰燃油車、改用電動車。」[47]

在亞利桑那州的鳳凰城，有一群來自南山高中（South Mountain High School）的越野跑者說服學區購買第一部電動校車。他們對當地的空汙忍無可忍，起而採取行動，找上教練與當地一個名叫火花（Chispa）的倡議團體共襄盛舉，因此促成這樣的轉變。

清潔能源轉型的細節與步調因地而異。個人決定採取行動的動機加上對決策的了解，知道決策如何制定、在哪裡制定，兩者相輔相成，就是一股強大的力量，讓我們得以邁向更好、更健康的未來。

3. 把焦點放在真實的好處：在投入氣候行動的過程中，我們必須真確的了解事實與科學。如果我們想要推動一項法案，或是支持某位候選人，我們必須以平易近人的方式來解釋技術上的問題。哈爾‧哈維說：「民眾也許不知道一度電有多少電力，但他們的確關心能源是否一般人也負擔得起、安全可靠，而且潔淨。」

除此之外，他們還關心什麼？他們關心工作與經濟，也關心自身健康與孩子的福祉。高效領導者懂得把民眾關心的議題與公共政策結合起來。高爾創立的氣候真相計畫組織（Climate Reality Project）已經培訓五萬五千名氣候行動領導者，他們會基於共同價值觀與真實的好處來闡述氣候問題。（歡迎各位共襄盛舉：www.climaterealityproject.org。）

4. 為公平而戰：公平很重要，既是道德責任，也是實際需求。從政治的層面來說，我們需要讓新的選民、新的領導人以及來自邊緣社群的新立法者團結起來。我們需要號召那些未曾積極參與政治的人，贏得他們的支持。

制定一個大膽而富有想像力的政策是一回事，要保證政策會秉持公平、公正的原則來實施則又是另一回事，而且更加困難。艾森豪政府在 1950 年代建造長達五萬英里的州際公路系統，被廣泛譽為大政府的勝利。然而，很少有人承認這是犧牲許多貧窮黑人社區得到的成果，[48] 如底特律的天堂谷（Paradise Valley）或是紐奧良的崔梅（Treme）就有數千間黑人居住的房屋遭到毀壞。在全球各地，氣候危機造成的破壞甚巨，而受害人卻是最不需要為此責任的人們。我們在進行二氧化碳淨零排放運動時，必須保護低收入社區與原住民部落的健康與生計。

模型很重要

為了確保氣候政策能夠產生我們希望看到的影響，我們不只需要良善的意圖。難道我們不應該為每一項政策對氣候的影響打分數？能源創新公司（Energy Innovation）的分析師已經建立一個動態的能源模型工具，可以即時預測排放造成的影響。這間公司的政策設計專家梅根・馬哈強與羅比・奧維斯提出令人信服的理由，說明他們的模型可以用於建立任何一項淨零計畫。

梅根‧馬哈強與羅比‧奧維斯

碳排放來自這個物質的世界。減少排放意味要改變我們使用物品的效率、能源消耗與產出。要是無法感知政策會如何影響這些因素，以及隨著時間推移而累積的成果，就無法設計出好的政策。

所以，你如何利用模型模擬出不同政策能達成的結果？中國的排放量預計會在 2030 年前達到高峰，於是該國的政策制定者就在 2012 年提出上述問題。有些嚴謹的模型能夠輸入技術方面的選擇，但是我們想用政策作為起點。我們的首席模型開發者傑夫‧黎士曼（Jeff Rissman）於是創造出這樣的模型，能源政策模擬器由此誕生。

請參見 https://energypolicy.solutions

這個模擬器把政策作為輸入項目，可以估計任何一種模擬情境會如何影響排放量、成本、工作與健康；此外也納入政策之間的交互作用，讓我們得以辨識哪些政策會互相影響，哪些最具有成本效益。我們的模擬器還會定期更新，納入各項技術成本的最新資料，如太陽能、風能與電池價格下降後的金額。

我們的模型採用開源的模式，因此所有數據都是公開透明，任何人都可以下載，並且深入研究我們的假設。這對於建立信任關係與認同非常重要，特別是在美國以外的地區。

這項研究讓各國與各州都能實際了解推動某項政策會產生的結果，也讓他們得以區分優劣。最後，這個模型要強調的是，儘管重大政策不多，也能帶來很大的變化。

政治背後的力量

政策與政治緊密相連，盤根錯節；政策要取得任何進展，都取決於政治的發展。指令與決策方式會自然產生聯繫，但兩者之間卻也有矛盾。在最理想的情況下，政治是帶來可能性的藝術；在最糟的情況下，政治則是扼殺偉大想法的地方。根據自身的經驗，我可以證明，好的政策還是要通過政治的考驗。法案可能會被委員會束之高閣；投票可能受到阻礙或遭到否決；條約也可能沒獲得批准。儘管我們為了政策費盡千辛萬苦，還是可能一再碰壁，而且不只是挫折幾年，甚至經過幾十年的努力都沒有成功。**你也許認為，關於政策，你有一個偉大的想法，但是如果政策沒能通過政治的關卡，依然只是空談。**

對有效的氣候政策來說，最大的阻礙不是構想不好，甚至也不是守舊的政治人物，而是現任者把自己的未來與溫室氣候綁在一起。從歷史上來看，美國的化石燃料利益團體成功阻撓氣候行動的機率很高。他們向兩黨的政治人物輸送政治獻金，讓進步的政策窒礙難行或者遭到忽視。他們刻意蒙蔽世人，讓人沒有發覺化石燃料的危害。最近，他們則是利用臉書與推特，在全世界的公共論述中加油添醋。

公共利益團體已經記錄埃克森美孚石油、柯氏家族（Koch family）等公司散播的假消息。[49] 俄羅斯資助的宣傳小組等不明來源，更是不斷推廣虛假不實的頭條新聞或是誤導人們的影片。有很多大公司，甚至包括《財星》（*Fortune*）全球前 500 大企業，找來一流的廣告公司為他們擦脂抹粉，否認氣候變遷的事實。2019 年，《華盛頓郵報》發現，當權者使用兩種平行的策略，來破壞氣候科學與公眾共識：「首先，他們從媒體下手，要他們多報導氣候科學的『不確定性』……第二，他們瞄準保守派，宣傳氣候變遷的說法是自由派的騙局，要是對氣候問題當真，等於是『和現實脫節』。」[50]

儘管如此，我們的努力也不是白費功夫。在 1992 年的地球高峰會之後，80％的美國人同意採取行動，不再漠視氣候變遷的危機。不管是民主黨或共和黨，大多數人都贊同這樣的觀點。然而，到了 2008 年，蓋洛普公司（Gallup）的民意調查發現，在氣候變遷的議題上，出現嚴重兩極化的意見與黨派分歧。後來在 2010 年，將近一半的美國人（48％）認為氣候變遷的威脅被誇大了。[51]

我們希望，隨著下一代長大成人，這種趨勢會出現逆轉。根據皮尤研究中心（Pew Research Center）在 2020 年的調查，18 至 39 歲的共和黨人將近三分之二同意，氣候變遷是人類活動造成的後果，而聯邦政府幾乎沒有採取任何作為來減緩問題。[52] 根據碳紅利青年保守黨（Young Conservatives for Carbon Dividends）創辦人綺拉‧歐布萊恩（Kiera O'Brien）的說法，在這個議題上，相較於老一派的共和黨人，年輕一代的共和黨人不知道領先多少光年。*

對思想開放的人來說，朝向淨零排放轉型具有一個強而有力的政治賣點，也就是能夠創造數百萬個高薪工作；[53] 根據國際能源署的統計，全世界將創造 2,500 萬個相關工作機會。除了太陽能板安裝人員與風場技術人員這兩種成長最快的工作類別，建築改造與電網升級也需要數百萬名相關工作人員加入。

最後，明智的能源政策是否能落實，取決於我們能否擊潰當權者。他們資金雄厚、人脈豐沛，而且通常相當邪惡，還坐擁龐大勢力。在政治上，我們鬥不過他們。為了獲勝，我們需要一種更強大的力量。

一股像運動一樣的力量。

---

* 譯注：碳紅利指的是針對溫室氣體的排放徵稅，並且將所得與減碳收益以紅利方式回饋給一般民眾，以降低溫室氣體的排放。

把社會運動

轉為行動

第 8 章　把社會運動轉為行動

對瑞典少女格蕾塔・通貝里來說，讓她採取行動的源頭是憤怒。她對氣候危機了解愈多，就愈生氣。全球只要升溫一點點，風暴、洪水與野火就會為我們造成更大的打擊。以目前的情況繼續演變下去，到了 2030 年，會再有一億兩千萬人被推入極度貧窮的深淵。有些大城市到本世紀末可能完全被淹沒，例如通貝里的家鄉斯德哥爾摩。

當然，除了通貝里，很多學生都知道氣候危機的嚴峻考驗，也了解其中的意涵。她也不是唯一一個對氣候問題焦慮不已的年輕人。但是，她並沒有氣餒，反而選擇反抗現狀。她在十五歲那年開始逃課；到了 2018 年，她常駐在瑞典議會大樓前，拿著一個白色牌子，上面有大大的黑色粗體字寫著：「SKOLSTREJK FÖR KLIMATET」（為氣候罷課）。起初，只有她一個人出來抗議，但後來另一個青少年加入，之後又多了一個，不久就成為一場社會運動。這一切都來自一個躲避人群、討厭出名的少女。

2019 年 1 月，通貝里受邀到瑞士達沃斯（Davos）的世界經濟論壇發言。她告訴與會的大公司執行長以及世界領導人：「我常聽到大人說，我們必須給下一代希望。但是我不想要你們的希望，[1] 我希望你們恐慌。我希望你們和我一樣恐懼，而且每一天都這樣恐懼。我希望你們採取行動。我希望你們表現得像是自家失火。因為現在正是如此。」

在社群媒體的報導下，通貝里的話語激勵成千上萬名年輕

人。無論他們身在何處，也同樣站出來，為氣候罷課。2019年9月20日，全世界有400萬人參與有史以來規模最大的一場氣候示威行動。[2] 通貝里再次對一屋子的成年人說話，但這次是在聯合國。她說：「你們用空話偷走我的夢想與童年。雖然我是幸運兒，但有很多人正在受苦，已經瀕臨死亡。整個生態系統正在崩潰，我們就處在大滅絕的起點，而你們開口閉口都是金錢與經濟永遠增長的童話故事。你們怎麼敢！」[3]

格蕾塔・通貝里的氣候罷課行動，起初規模很小不久後就抓住全球領導人的目光。

之後，通貝里在英國國會發表演說，不久後英國就通過一項
法律，要在 2050 年之前清除碳足跡，[4] 英國是第一個這麼做
的大國。這位少女和更多世界領導人對話，包括教宗，她看
到自己起頭的運動正在創造真正的改變。於是，她也變了，
從憤怒轉變為謹慎的樂觀。回到學校後，她告訴同學：「我
們不能繼續活得像是沒有明天，因為明天仍會到來。」[5]

由於通貝里是「全球最重大議題最令人信服的發聲者」，因而獲選 2019 年《時代》雜誌年度風雲人物。她的組織「週五為未來而戰」（Fridays for the Future）已經擴散到全世界的每個角落。許多世界級領導者將她的話銘記在心。法國總統艾曼紐・馬克宏（Emmanuel Macron）告訴《時代》記者：「如果你是個領導人，面對每週都有年輕人進行示威行動，吶喊同樣的口號，你就不能繼續保持中立。他們幫助我改變。」只要有壓力，領導人就會回應，而壓力是來自運動，運動是由成千上萬人一起推動。

但是，有時運動是從一個人開始。

一場運動如何掀起滔天巨浪？

如果有一個問題對人們很重要，真的事關重大時，人們就會開始行動。有人提出法案，另一些人則提出相反的意見，想要阻止法案。

接下來會出現對話、辯論，也會引來媒體的注意。最後，這個問題成為催化劑，把選民帶到投票所。如果某個問題的重要性上升到最高，那就具有政治界所說的「高度顯著性」（high saliency）。儘管我們已經有重大進展，氣候危機仍然不是全球最重要、最顯著的議題。總體來說，氣候危機還沒有把人們帶到投票所，也還不是民眾做選擇的依據。

運動會推升顯著性，然而如果要成功，必須發揮兩種力量。第一種是「人民的力量」，也就是由廣大支持者形成的基礎，再加上少數運動領導者與參與者。第二種是「政治的力量」，[6] 要爭取公部門的盟友為法案喉舌、捍衛立場。運動的目標可能是政治重組、重新設定公眾的情緒、簇擁其他領導人上台等。不管在哪一種情況下，運動可以讓政策制定者手握政治勇氣當作盾牌。

政治重組不常出現，但是會改變遊戲規則。在美國，羅斯福總統（Franklin Roosevelt）的新政大抵植根於他和勞工運動的關係；勞工運動支持他在 1932 年首度競選美國總統。在經濟大蕭條最嚴重的時候，人們大聲疾呼，要求政府建立社會安全網與工作保障。1935 年羅斯福敦促國會通過《全國勞資關係法》（National Labor Relations Act），為集體談判訂立指導方針。[7] 勞工運動突然有了政治力量，驅動政治重組。

催生新政的運動會利用兩種類型的人民力量，一種是大量的選民與較不積極的支持者，另一種則是為數較少但非常積極的支持者，會以抗議、罷工、訴訟來吸引更多人注意。根據哈佛大學一項研究顯示，在 1900 至 2006 年間，**能得到至少 3.5% 人口積極、持續參與的政治運動，就能成功**。[8] 在今天的美國，這樣的比例代表支持人數甚至不到一千兩百萬人。

在最佳的情況下，運動會帶來全新的覺察，並且催生出明確的行動與持久的改變。印度爭取獨立的非暴力革命就是一個傳奇的例子，另一個例子則是 1950 年代和 1960 年代的美國民權運動。運動對政策與文化的影響至關重要。

當我們推廣氣候問題的重要性，讓它獲得顯著性並且成為政治議題時，我們也必須堅守公平原則。氣候危機對貧窮社群的健康為害極大，不只擴大經濟差距，也加劇種族不平等。如果不解決這些不公平的問題，氣候危機就無法解除。

我們這項運動的 OKR 依賴三股重要力量的牽引：選民、政府代表與企業。

選民在乎嗎？

我們的「**選民**」關鍵結果（**KR 8.1**）衡量的是氣候議題對選民的重要性。儘管最近已經有進展，在全球大排放國的投

目標 8
把社會運動轉為行動

KR 8.1	**選民**
	在 2025 年前,在全球前 20 大排放國,氣候危機要變成數一數二的投票議題。
KR 8.2	**政府**
	大多數政府官員,不管是民選或是指派的人員,都要支持朝向淨零排放努力。
KR 8.3	**企業**
	所有《財星》全球前 500 大企業立即承諾在 2040 年前實現淨零排放。
KR 8.3.1	**透明**
	所有全球前 500 大企業秉持透明的原則,在 2022 年前公布企業的排放報告。
KR 8.3.2	**營運**
	所有全球前 500 大企業在 2030 年前實現公司營運(電力、車輛與建築)的淨零排放。
KR 8.4	**教育平等**
	在 2040 年前,全球實現小學與中學教育的普及。
KR 8.5	**健康平等**
	在 2040 年,消除種族與社經群體和溫室氣體相關死亡率的差距。
KR 8.6	**經濟平等**
	全球清潔能源轉型會創造 6,500 萬個新工作機會,這些機會將公平分配,且增加速度必須超過化石燃料行業相關工作機會減少的速度。

票與民意調查中，氣候危機仍然不是前兩大議題，重要性經常落在移民、稅收與衛生保健之後。為了推動我們需要的氣候運動，必須讓民眾感受到這個問題已經迫在眉睫。

我們來看看前五大排放國最重要的議題是哪些。在 2020 年美國總統大選前，根據蓋洛普民意調查結果，只有 3％的選民將氣候危機列為國家面臨的首要問題。[9] 絕大多數美國選民心目中最重要的議題依序為新冠肺炎、經濟、領導不力與種族關係。即使在疫情爆發之前，氣候與環境也很少被列為選民心中最重要的前十大議題。

在歐洲，公眾情緒變化得更快。根據 2018 年歐洲趨勢調查（Eurobarometer survey），也就是在通貝里發動為氣候罷課的運動之前，歐盟 28 個成員國的選民把氣候與環境議題排在第七位，在移民、恐怖主義、經濟、公共財政、失業以及歐盟的世界影響力之後。[10] 2019 年秋天，通貝里在國際間出名後，氣候與環境的議題隨即躍升為第二位，僅次於移民問題。[11]

對中國、印度與俄羅斯的人民來說，氣候變遷的重要性仍然模糊不清。在中國，人們最關心的是空氣汙染的問題。自 2000 年，城市公民運動日益茁壯，透過地方政治與司法系統施壓，要求改善空氣品質。[12] 2013 年，中國國務院批准《大氣汙染防治行動計畫》，對空汙宣戰。在接下來的五年內，中國大城市的霧霾減少 39％。[13] 根據 2017 年發布的《2017 年中國公眾氣候變化與氣候傳播認知狀況調研報告》，超過九成的受訪者支持落實巴黎協定。[15]

印度政府尚未對整個經濟範圍內的淨零排放做出承諾，但是表示將會讓各產業逐漸達成淨零目標。印度選民在 2019 年最關心的問題是，政府對農民的照顧不足、鄉村貧困、失業與水資源危機。[16] 不管人民是否認為這些問題和氣候有關，氣候衝擊已經讓這些問題變得更加嚴重。儘管印度年輕人在各地發起抗議活動，氣候變遷尚未成為最顯著的議題。

在俄羅斯，公眾對氣候危機本來漠不關心，現在終於漸漸關注這個議題。在 2019 年的民意調查中，僅 10％的人民認為氣候是重大議題。即使那一年西伯利亞出現末日野火，上千萬公頃的森林地失控燃燒，數十人喪生，在選民的心目中，氣候危機的議題只排第十五名，遠遠落後於貪腐、高物價與貧窮問題。

俄羅斯的環保人士常遭受普亭公開批評，可能面臨監禁或是更嚴重的風險。2019 年舉辦的一日氣候罷工行動，在莫斯科與其他十幾個俄羅斯城市，共有 700 名左右的和平抗議者共襄盛舉。然而，大抵而言，俄羅斯的草根氣候運動的廣度與影響都很有限。

把票投給重視氣候問題的人

運動必須以明確的結果為目標。人民的力量是運動人士從民眾身上激發出來，而政治力量則是集中在當選以及被指派的官員身上。我們的「**政府**」關鍵結果（**KR 8.2**）追蹤全世界各層級政治領導人的立場。為了推動積極的政策措施，我們需要大多數的官員大力支持氣候行動。

很多人對社會運動的影響力抱持懷疑態度。我也曾經感到疑惑，為什麼這麼多運動都失敗了？儘管幾十年來社運人士不斷敲響警鐘，我們又怎麼會落到對氣候絕望的地步？事實是，如果社會運動組織得很好，也許可以對政策產生很大的影響。但是，問題來了，一項社會運動要如何才能成功？

催化辯論與行動：日出運動的影響

瓦希尼・普拉卡什（Varshini Prakash）對氣候行動的熱情可以追溯到 2004 年，當時她還是小學六年級的學生，那年她祖母位於印度清奈的家，遭到南亞大海嘯襲擊。由於電話線路中斷，他們只能焦急的在家中看電視新聞，並為紅十字會收集罐頭食品；而且，他們的家遠在麻薩諸塞州的一座寧靜小鎮阿克頓（Acton）。幸好她祖母沒事，他們鬆了一口氣，但這次危機讓她永生難忘。她渴望更了解自然災害與災害的起源，因而注意到世界各地和暖化相關的災難事件愈來愈多。她深感不安，於是她開始從小事開始做起，例如資源回收。[17]

普拉卡什進入麻薩諸塞大學阿默斯特分校就讀時，氣候問題讓她憤怒又沮喪。她加入一個學生運動對校方施壓，要求校方從化石燃料產業撤資，之後她也在氣候行動集體上發言。她告訴《山岳雜誌》（Sierra）：「我真是想不到我會這樣愛上組織工作。」

2015 年 12 月，洪災再度侵襲印度，這次是普拉卡什父親的出生地遭到淹沒。她在電腦螢幕上瀏覽一張張災難照片，認出她曾經和祖父母一起散步或開車經過的街道，而現在的街道水深及胸，許多婦女與兒童奮力涉水尋找庇護所。雖然她的祖父母當時不在城裡，逃過一劫，當地卻有數百人死亡，數千人無家可歸。普拉卡什告訴《山岳雜誌》：「當時我就像是遭到當頭棒喝，氣候危機就在眼前。我們沒有時間可以浪費了。」[18]

在幾週內，普拉卡什就和一位朋友發起日出運動（Sunrise Movement），後來還召集到十幾位年輕的運動家。他們規劃了由青年領導、分權管理、草根運動的活動藍圖，以阻止氣候變遷、促進經濟正義為目標。在 2018 年美國期中選舉結束後不久，他們的關鍵時刻來了。由於民主黨取得眾議院的控制權，他們希望利用這個機會爭取支持，以推動氣候行動。他們在議員辦公室外紮營，進行一連串的靜坐示威。

那時，日出運動已經知道如何引起關注。這個新成立的組織善用事實與令人信服的敘述打動人心。歷年最年輕的新科眾議員雅莉珊卓・歐佳修—寇蒂茲（Alexandria Ocasio-Cortez）和其他三名新科議員來到靜坐示威現場，傾聽年輕人的心聲；這四位議員後來得到「四人幫」稱號。

普拉卡什在接受《山岳雜誌》採訪時回憶說：「除了遞交請願書，提出關於碳濃度或是升溫幅度的數據，我們也分享自己的故事，告訴他們氣候危機讓我們失去的事物，以及我們害怕失去的事物。我們也講述對未來的希望。

在靜坐行動後，普拉卡什和其他日出運動的成員，在全美國各地舉行更高調的抗議活動，推動氣候政策成為民主黨最重要的施政議程。他們激發民眾對綠色新政（Green New Deal）的熱情，這是歐佳修—寇蒂茲在 2019 年的提案。[19] 同時，日出運動也對候選人施壓，要他們拒絕來自化石燃料產業的政治獻金。他們最大的勝利是，幫助氣候戰士艾德・馬基（Ed Markey）保住他的麻薩諸塞州參議員席次。有些民主黨人可能不同意日出運動種種惹人注目的做法，但是他們的確成功吸引每一個人的注意。

在 2020 年總統初選中，日出運動獲得參議員伯尼・桑德斯（Bernie Sanders）的支持。隨著這項運動獲得更多年輕人的響應，卻也加劇熱烈支持綠色新政的少數民主黨人以及黨內多數保守派的衝突。福斯新聞趁機操作，企圖利用這個議題

2018年，
日出運動在
國會走廊紮營，
宣傳氣候行動。

讓民主黨分裂。

對普拉卡什與其他日出運動領導人來說，他們最不希望在辯論台上看到的就是，桑德斯因為支持氣候法規而遭受中間派民主黨人攻擊。此時，最重要的就是，阻止民主黨高層發表不同意見並削弱氣候行動。

日出運動的共同發起人及政治主任伊凡・韋伯（Evan Weber）負責打電話，聯絡上幾位正、副總統候選人，如賀錦麗（Kamala Harris）、彼得・布塔朱吉（Pete Buttigieg）與拜登。韋伯回憶道：「我們告訴他們：『嘿，我們知道你們有自己的計畫，[20] 但是攻擊綠色新政不會有什麼幫助吧。』」

韋伯說服了他們。雖然其他民主黨人沒有為綠色新政背書，但還是有相同的共識，要支持 100％的潔淨電力。[21]

2020 年 3 月，拜登獲得提名後，韋伯敦促競選團隊以綠色新政作為「有用的框架」來促進經濟、爭取環境正義，以及因應氣候危機。同年 8 月，民主黨在全國代表大會上討論政見時，並未納入綠色新政的要點，因為拜登需要在大選時贏得賓夕法尼亞州的支持，無法禁止水力壓裂做法，而這卻會釋放大量甲烷。同樣的，拜登也不打算管制酪農業的排放量，因為他也需要威斯康辛州的支持。儘管如此，拜登的重建美好未來方案（Build Back Better plan）還是納入日出運動的幾項提案，包括將 40％的基礎設施基金分配給貧窮社區。

那年秋季，日出運動與拜登的競選團隊一直保持暢通的溝通管道。**最後，雙方的互諒互讓促成明智的政治手段。11 月，大選結果出爐，拜登在賓夕法尼亞州與威斯康辛州的得票率各勝出 1.2％以及 0.7％。** 結果，2020 年拜登當選，2021年的白宮準備領導強而有力的氣候行動。

對日出運動而言，政治是不斷維持平衡的行動。正如 CNN 指出，日出運動正努力「保持一腳在權力大廳內，另一腳在街上和社運人士為伍」。[22] 日出運動應該深以為傲。這項社會運動的年輕領導人已經了解到,社會運動必須雙向發展,不但要從草根出發,也得瞄準「草尖」,和決策者直接聯繫。在政治上,這不是新鮮事。重要的環保組織山岳協會(Sierra Club)在一百多年前,就很了解如何運用這樣的模式來推行運動。

脫碳組織超越煤炭教我們的教訓

2005 年,卡崔娜颶風(Hurricane Katrina)從墨西哥灣登陸,淹沒紐奧良地區。颶風剛走,山岳協會就準備召開第一次氣候行動會議。[23] 這個協會是由自然學家約翰・繆爾(John Muir)在 1892 年創立,以保護森林與荒野等地為宗旨,向來採取防禦式的策略。但是現在,這個組織將反守為攻,積極採取行動對付碳排放。全美共有五千名氣候運動人士聚集在組織所在地舊金山,幫忙制定會議議程。高爾也來到這裡演講並且播放投影片,後來這些資料也演變成紀錄片《不願面對的真相》。

山岳協會時任執行董事卡爾・波普(Carl Pope)回憶說:「我們發現要做的事情不一樣了。」[24] 在那次會議之後,他們有了一個新的頭號目標,就是阻止一百五十座火力發電廠的興建。波普估計,如果不阻止,這些發電廠每年會排放 7 億 5,000 萬公噸的碳到大氣中。這是一筆天文數字,會讓我們沒辦法馴服地球暖化的怪獸。山岳協會不惜利用任何必要的法律手段與公眾壓力,阻止那些發電廠的興建。

超越煤炭(Beyond Coal)的運動領導人是布魯斯・尼勒斯與瑪麗・安妮・希特(Mary Anne Hitt),他們發起脫碳運動的目的不是改變國家政策,而是要做更加困難的事:實地走訪、召集數百個社區,組織抗議活動,希望法院能執行興建禁制令。

布魯斯・尼勒斯

1990 年，我是威斯康辛大學（University of Wisconsin）地理與環境科學系的學生。我上的第一堂關於氣候變遷的課程，至今還記得一清二楚。我一次又一次走向地球物理大樓準備上課，也愈來愈擔心逐漸攀升的二氧化碳濃度。而我總會路過堆積如山的煤炭，那些煤炭會被送進老舊的鍋爐，供應校園所需的電力。這樣脫節的現實讓我震驚。我的畢業論文寫的就是敦促校方逐步淘汰燃煤發電。我後來了解到，要促成轉變，還需要極大的努力。

在網際網路泡沫的低迷時期，我在舊金山當了一年臨時工，之後回到威斯康辛大學麥迪遜分校上法學院。我在這裡研究美國歷史上許多偉大的社會抗爭，也明白律師在促成社會變革、推動社會運動當中扮演的角色。我學習法定權利相關知識以及如何執行合約，因此得以對付我那愛管閒事的房東。

我從法學院畢業後，就在柯林頓政府的美國司法部環境和自然資源局服務了四年，並且獲益良多。不久，我主動請纓，幫司法部落實柯林頓的環境正義與兒童健康行政命令。我調查並起訴第一批違反聯邦法規使用含鉛油漆的業者，使兒童避免鉛中毒。當司法部長珍妮特・雷諾（Janet Reno）、住房與城市發展部部長安德魯・郭謨（Andrew Cuomo）以及環保局長凱蘿・布朗納（Carol Browner）一起在記者會上現身，宣布我促成的三項和解協議時，

我內心激動不已。我了解這就是政府運作的道理，這對我日後的
工作一直很有幫助。

有了這樣的經驗，我加入山岳協會，在大芝加哥地區推動淨化空
氣運動；芝加哥以及附近郊區的 900 萬居民呼吸汙濁的空氣。我
從這項運動了解草根組織的力量，也知道如何組織運動才能對抗
強大的利益集團。

最初，我一頭鑽進數據與監管問題，了解問題的來龍去脈。儘管
1970 年美國就通過《空氣清潔法案》（Clean Air Act），承諾給
所有國民潔淨的空氣，我卻發現監管機構執法不力。依照法規，
醫院不能在住宅區焚燒醫療廢棄物，但焚化爐就設在醫院後面。
我聽一些居民抱怨，多年來他們一直抱怨這種不法行為，但是醫
院高層與膽怯的監管者都當耳邊風。

在幾位不屈不撓的志願者幫助下，我們鎖定伊利諾州埃文斯頓
（Evanston）一間行徑最囂張的醫院。支持的民眾愈來愈多，我
們把案件送進市議會，持續堅持立場，直到官方終於重視這個議
題，要求醫院關閉不斷排放戴奧辛的焚化爐。然而，院方使出種
種卑鄙的手段，甚至威脅要關閉醫院。有一天深夜，我目睹兩百

超越煤炭
運動人士
為限制興建
煤電廠而
實地走訪。

多位居民在議會歡呼，因為他們終於勒令院方關閉焚化爐。這個故事最妙的是，我們的運動吸引當時的伊利諾州州長羅德・布拉戈耶維奇（Rod Blagojevich）的注意力，他甚至在我們的一次集會上現身，宣布將支持立法關閉伊利諾州的十座醫療廢棄物焚化爐。這就是人民的力量！

另一場公民領導的鬥爭則是困難重重，因為這次的目標是國家的煤炭中心。當小布希總統推翻要管制二氧化碳的承諾之後，煤炭業巨頭皮博迪能源集團（Peabody Energy）就決定興建火力發電廠拓展市場，發展這個骯髒的事業。其中一座工廠的預定地就在肯塔基州穆倫堡郡（Muhlenberg），根據他們的如意算盤，這座巨大的發電廠興建完成後，發電總量將達 16 億瓦（1,600 MW）。他們真是錯得離譜。

在山岳協會地方分會的領導下，再加上糕餅義賣活動的資助，當地的運動人士阻撓設廠計畫的每一個環節。最令人驚訝的是，他們找來專家與律師作證並提出證據，說明為什麼州政府不應該讓皮博迪集團施工。經歷過長達六十三天破紀錄的行政聽證會後，山岳協會獲得勝利。

結果，皮博迪集團提出的三座火力發電廠興建案只是冰山一角，他們的野心是在全國各地設立兩百多座火力發電廠。由於白宮有一位高官是他們的內應，皮博迪認為這是個大好機會，可以藉此獲得批准，讓美國再燒五十年的煤。由於肯塔基運動人士給我啟發，我和一個小團體發動抗爭，反對皮博迪在伊利諾州興建的十七座新廠。鄰近各州的運動人士很快就伸出援手、比較雙方的策略，並且建立一個由志願者與工作人員組成的中西部網絡，「決心不讓任何一座火力發電廠建成」。我們開始打勝仗，而且斬獲愈來愈多。這項運動還向南擴展到德州，並且在三年之內促成超越煤炭運動，由數十個地方組織發動與合作，並且在全國共同協調活動進展，完成大多數專家口中的「不可能任務」。

我親眼看到那些未曾見過面的人們心手相連，為共同的使命奮鬥。他們透過網路與視訊會議彼此聯絡，團結合作，讓住家社區免於遭到煤炭的汙染。我們的運動人士在佛羅里達州成功阻止一座火力發電廠設立時，在全國各地對抗燃煤廠興建的志工也都欣喜若狂，一起歡慶。

超越煤炭運動發揮領導作用,成功阻止將近兩百座火力發電廠的
興建,成就相當驚人。其實,持平來說,這場運動幸運搭上順風
車,因為新的清潔能源政策推動對風力發電的大規模投資,再加
上以水力壓裂技術開採頁岩天然氣的蓬勃發展。愈來愈多火力發
電廠遭到聲討,風能與天然氣成為主要的替代品,對氣候來說,
可說是有好有壞。

2008 年,歐巴馬當選,山岳協會突然多了一個重要盟友,也就是
美國環保局。有了超越煤炭的成功作為基礎,布魯斯·尼勒斯打鐵
趁熱,設想發起第二階段的運動,他要讓美國「現有」的火力發電
廠全部關門。[25] 這些火力發電廠相當於五百多個汙染源,每年排放
20 億公噸的二氧化碳到大氣中。超越煤炭的目標是以太陽能與風
能取而代之。這個雄心壯志需要強大的政治力量與巨額的資金。

此時,有一位具有影響力的大人物拔刀相助,他正是在美國
九一一恐怖攻擊事件後當選紐約市長的邁克·彭博(Michael

2007年,加州州長阿諾·史瓦辛格與紐約市長彭博攜手創立由大城市市長帶頭因應氣候危機的國際領導聯盟。

Bloomberg）。彭博被譽為氣候戰士，他為紐約制定的策略計畫包括一百多項有關潔淨空氣與生活品質的提案，其中最令人注目的是交通擁堵費（congestion pricing），以減少車流量、汙染與排放。2007 年，他和加州州長阿諾•史瓦辛格攜手合作，創立 C40 城市氣候領導聯盟（C40 Cities Climate Leadership Group），讓來自全球各大城市的數十位市長，從倫敦到熱內盧，齊聚一堂，共商對策。

現在，這位身價高達數百億的市長想知道，挹注資金是否能讓超越煤炭運動發揮更大的影響力。彭博與波普及尼勒斯討論之後，決定投入 5,000 萬美元，目標是在 2020 年前讓全美三分之一的火力發電廠關門。這個目標不算宏大，但至少很實際，也可行，因此彭博贊同這麼做。他說：「我喜歡打能贏的戰爭。」

布魯斯・尼勒斯

於是，我們的問題在於如何把投資轉化為結果。邁克・彭博說：「很好，我給你們 5,000 萬美元，還會從別人那裡募集 5,000 萬美元，你們再籌 4,700 萬美元。」最後，我們達成募資目標的 95%，籌到 1 億 4,300 萬美元。我們的組織因而從十五個州擴展到四十五個州。有了資金，我們的數據與分析方法也能夠更上層樓。

我們提出數十件訴訟案件，迫使最老舊的火力發電廠除役。不管是由上而下的領導或是從下而上的草根運動，我們都取得勝利。我們除掉納瓦霍保留區（Navajo reservation）的一座發電廠，以再生能源取而代之。

我們也起訴我的母校威斯康辛大學麥迪遜分校，要求校方關閉我在學生時期每天都會經過的煤鍋爐，這讓我百感交集。最後，我們也贏了。

在川普執政期間，我們關閉的火力發電廠比在歐巴馬時代關閉的還要多。原本美國有五百三十座火力發電廠，我們關掉三百一十三座。當然，我們必須關閉全部，一座都不能留。2005年，52%的美國電力來自火力發電，到了 2020 年，比例已經下降到 17%。

潔淨電力讓一切目標變得有可能達成。現在，我們的重點是住家、辦公室與商店的建築法規。我們希望所有的建築都不再使用石油與天然氣，就得透過新的建築法規來履行，不再使用以天然氣運作的設備。這一點也不難。只要到家得寶（Home Depot）就可以找到下列四種以電力驅動的家電：熱水器、暖爐、洗衣乾衣機、爐灶等。都是電器。

如果我們能在 2030 年前達成目標，讓全球 75％的電力實現淨零排放，電力產業就有可能完全消除碳排放。

潔淨電力讓一切目標變得有可能達成。

企業轉型運動

社會運動的成員不只是公民與消費者。為了產生最大的影響力，也必須爭取企業與股東的參與。最近，企業遭受的壓力愈來愈大，民眾要求他們對減碳做出更強而有力的承諾。全球大企業承擔重責大任，必須減少排放以及增加淨零排放解決方案。根據《衛報》一份經常被引用的報告，光是全球前百大企業的溫室氣體排放量就占全球的 71％。[26] 雖然我們知道驅動市場最大的力量在於消費，而非生產，大企業所做的決定仍然可以帶來改變。

至今，企業永續運動已經蘊釀一段時間。沃爾瑪為零售業的能源效率建立新標準，美國有十二個州的沃爾瑪商場的電力都來自太陽能。2016 年，在歐巴馬執政的最後一年，沃爾瑪等一百五十四間公司都簽署《美國氣候承諾企業行動聲明》（American Business Act on Climate），承諾遵守《巴黎協定》。[27]

科技產業在營運與數據資料庫上已經率先擴大使用再生能源。連續四年來，Google 的全球用電量 100％皆來自再生能源。[28] 蘋果公司（Apple）自 2020 年 4 月起，企業營運已經達成碳中和，並且致力在 2030 年前將所有產品的碳足跡歸零。[29]

在 2021 年，蘋果執行長提姆・庫克（Tim Cook）宣布，蘋果將在 2030 年前實現碳中和。他說：「我們只有一個地球，不能再等了，我們希望在池塘中激起漣漪，促成更大的轉變。」

這種現象的美妙之處在於漣漪效應。**如果企業做出有利於氣候的承諾，供應商往往會跟著做**，改變的步調因此加快。為了製造對環境零影響的產品，蘋果公司正努力敦促供應商承諾實施減碳計畫。我們看到企業的積極改變，不只做到「碳中和」，更承諾會達成「淨零排放」。[30] 企業承諾會在一年內不只抵銷掉已經排放的二氧化碳，還要抵銷所有殘餘的溫室氣體排放。[31]

我們的「**企業**」關鍵結果（**KR 8.3**）追蹤全球商業界在 2040 年前實現淨零排放的承諾。我們的關鍵結果是讓《財星》全球前五百大企業 100％都做出相同的承諾。我們要怎麼做？在商業界，來自業界領袖的壓力最有成效。亞馬遜創辦人傑夫・貝佐斯就設立一項新標準。我第一次跟他見面是在 1996 年，五年後，他送我一份令人難忘的禮物，那是一根木槳，而且還刻了一句話：「如果你要在溪中逆流而上，多一根備用的槳總是不會出錯。」最近，我們談到氣候危機，我拿出他送我的木槳。他發出眾所皆知的尖銳大笑，說道：「約翰，看來我們需要很多根備用槳！」

我一直很欽佩貝佐斯。他有一雙慧眼，能洞視非凡的機會，制定行動方案，不屈不撓、毫釐不差的執行。〔在決定使用「亞馬遜」作為公司名稱前，其中一個備案就是「不屈不撓」（Relentless.com）〕。一旦他決心執行一項新計畫，就會以最快的速度、大規模的進行。

對他而言，氣候危機就是一個非凡的機會。亞馬遜向來專注在顧客身上。現在，這間公司的任務將擴大到氣候行動，這是意識到情況緊急後所做的決定。

亞馬遜建立一支永續發展專家團隊，成員來自競爭對手、學術界與自家公司。[32] 他們在 2016 年舉行的一次營運會議上傳播淨零目標的種子，當團隊成員從五十人增加到兩百人，就有能力去量化整個企業各部門、從送貨卡車到倉儲系統的碳排放量。有了研究結果，亞馬遜便設立一個大膽的目標。2019 年 9 月，貝佐斯提出一項計畫，宣布亞馬遜將在 2040 年前達到淨零排放。[33] 他的承諾在公司龐大的網絡與連結產生漣漪效應，讓地球變得更好。亞馬遜不會因為自家公司脫碳就心滿意足，而是會積極拉其他人一起做。

傑夫・貝佐斯（Jeff Bezos）

亞馬遜是氣候行動的理想榜樣，因為人們知道這樣的挑戰對我們來說有多艱巨，而且我們不只是一點一點調整。儘管數據中心是用電大戶，但是使用電力的設備改用永續能源並不困難。我們已經在 2019 年承諾，在 2030 年前，我們的營運將 100％使用再生能源。

目前，我們有望在 2025 年達成目標，比原訂計畫提前五年，因此我們的進展相當順利。

不過，對亞馬遜來說，淨零排放很困難，因為我們必須把包裹運送到全球各地。我們一年要運送 100 億件物品，非常依賴航空運輸與貨車，這是規模龐大的實體基礎設施。

要讓所有運輸車隊電氣化會很困難，但我們已經找到一個好的起點。我們投資一家叫作雷維恩（Rivian）的電動車新創公司，並且買進十萬輛電動貨車。第一批交貨的一萬輛貨車將在 2022 年底前投入營運。這項計畫正在進行當中。

但是，貝佐斯要做的不只是這樣。為了擴大亞馬遜 2040 年的承諾，他共同發起一個名叫氣候承諾（Climate Pledge）的企業運

動，[34] 呼籲所有簽署參與這項運動的公司跟隨亞馬遜的腳步，在 2040 年前達成淨零排放，提早十年實現《巴黎協定》訂立的目標。社會運動帶來的影響極其深遠。

高露潔－棕欖公司（Colgate-Palmolive）簽署時，保證會在 2025 年前使用可以完全回收的牙膏軟管，並且堅持減少使用塑膠與水的嚴格目標。[35] 百事公司（PepsiCo）簽署時，則宣布一份全面採用清潔能源的解決方案清單，像是純品康納（Tropicana）柳橙汁工廠將利用風力發電，而多力多滋（Doritos）則會投入貨車電氣化。[36] 此外，百事公司的供應商來自六十個國家，總計有 700 萬英畝的農田，都必須依照要求在 2030 年前採用再生農業生產。

貝佐斯的願景是讓整個供應鏈與價值鏈，都變成氣候行動運動的一部分。目前，亞馬遜與供應商正面臨這個巨大的挑戰，貝佐斯也向我們強調這項任務的困難與急迫性。

傑夫・貝佐斯

這個任務令人生畏、艱巨萬分，但是它本來就應該這麼困難。如果你一開始認為這件事很容易，反而會在碰到挫折時放棄。但是，我們可以大聲疾呼，而且要充滿熱情的呼籲，如果亞馬遜做得到，任何人都辦得到。毫無疑問，這是一大挑戰，但我們知道，我們做得到。更重要的是，我們知道我們必須這麼做。

我們現在就得採取行動，我相信有一股集體的力量讓我們現在就行動。我們來到轉折點，《財星》五百大企業已經開始認真面對氣候危機，各國政府也在努力解決這個問題。所有的主事者第一次願意把這件事視為當務之急。

透過氣候承諾運動，我們看到很多組織承諾在 2040 年前達成營運淨零排放的目標。由於各界都有相同的共識，大公司應該支持這樣的做法。

現在，已經有一百多間公司簽署參與這項運動，總計年度營收達 1 兆 4,000 億美元，全球共有超過 500 萬名員工。要實現淨零排放，不可能單打獨鬥，只有和其他大公司同心協力才能成功，因為我們都是彼此供應鏈的一部分，必須讓所有的供應鏈一起行動。我們彼此相依相存、無可分割。

要實現目標，不可能單打獨鬥。

亞馬遜全球永續發展業務總監卡拉‧赫斯特（Kara Hurst）指出，為了落實企業領導，氣候承諾要求簽署公司定期報告溫室氣體排放情況。她說：「我們沒有規定每一間公司應該做到什麼地步，只是指引他們應該朝向目標努力去做。這不是為了報告而做的報告，而是分享經驗的機制，讓大家了解未來還有什麼不同的做法。」透過衡量、追蹤與分享進度，簽署氣候承諾的公司也為其他打算採行相同做法的公司鋪好了路。

對企業氣候運動者來說，改變的動力已經累積得愈來愈強。2019 年 8 月，美國商業界的指導委員會「商業圓桌會議」（Business Roundtable）發表一份聲明，重新定義「企業的使命」。[37] 商業圓桌會議是由美國企業巨頭領導者於 1972 年創立，自此之後企業的核心使命就是要以創造資金最大報酬率為唯一依歸，永遠不變，因此組織章程訂為「企業存在的目的主要是為了服務股東」。所以儘管永續發展是好事，但卻從未被視為企業管理的原則。

然而，時代已經改變。隨著愈來愈多執行長擴展自身任務，商業圓桌會議也做出相同的回應，在新的聲明中強調，企業必須重視顧客服務；要建立多元化、包容與相互尊重的工作團隊；以及採用永續發展的措施保護環境。在嚴峻的氣候考驗之下，圓桌會議此時提出新的方針，再適切不過。

沃爾瑪如何領導組織？

在商業圓桌會議制定新的路線時，擔任主席的是沃爾瑪的執行長董明倫（Doug McMillon），他向來不遺餘力的支持顧客與員工。董明倫是從頭開始學習經營事業，他十幾歲就在沃爾瑪打工，擔任卸貨作業員。後來，他取得正職從基層做起，不斷晉升，成為沃爾瑪旗下倉儲式會員商店山姆會員商店（Sam's Club）的執行長，後來升任國際營運部門執行長，並且在 2014 年成為整個沃爾瑪集團的執行長。在和董明倫交談的過程中，我深深體會到領導力對於推行運動有多重要，只有領導人下定決心打破現狀，才會有真正的行動。董明倫坦誠的討論沃爾瑪如何擁抱永續發展，以及這麼做的原因，並且設定在 2040 年前達成淨零排放的目標。

我們發現
自己可以
做得更多。

董明倫

山姆・華頓（Sam Walton）在 1962 年創立沃爾瑪。[38] 他就像所有優秀的企業家一樣，打從一開始就真正以顧客與員工為中心。他說，如果我們好好服務顧客、照顧員工，投資人也將會得到很好的報酬。

到了 1990 年代與 21 世紀初期，公司成長快速，規模壯大，也進軍雜貨產業。於是，我們逐漸在不少議題上面臨很多社會批評與壓力。但是，我們沒能在一開始就好好因應問題。我們沒有真正了解問題。

當時的執行長李・史考特（Lee Scott）做了一個重要決定。他沒有為公司找藉口，用我們認知的事實來回應外界，而是引導我們虛心聆聽批評、從中得到教訓。我們聽取多位思想領袖的意見，例如保護國際基金會創辦人彼得・塞利格曼（Peter Seligmann）、環保鬥士保羅・霍肯（Paul Hawken）、艾瑞斯修女（Sr. Barbara Aires）、能源專家埃默里・羅文斯（Amory Lovins）以及藍天永續顧問公司創辦人吉卜・艾里森（Jib Ellison）。於是，我們的心態開始轉變，發現自己可以做得更多，這將對公司的業務大有幫助。

接著，2005 年卡崔娜颶風來襲。堤防潰決，紐奧良一片汪洋，死傷不斷，當地居民爬到屋頂等待救援，而聯邦政府的反應慢半拍。

我們在班頓維爾（Bentonville）的領導團隊在電視上看到一幕幕令人心碎的悲劇，在那個漫長的週末進行電話會議，想辦法幫助員工與顧客。

眼見需要幫助的災民孤立無援，史考特告訴團隊要竭盡所能幫助他們。他說，之後再來計算成本，如果這一季達不到業績目標，那就算了。

結果，我們總共送出1,500輛卡車的物資，也從全國各地調派員工過來幫忙，包括店經理與市場經理，他們當中很多人都在那裡忙了好幾個禮拜。每天晚上，因為沒有更安全的住所可以棲身，他們只好睡在店裡或倉庫裡。此外，我們也派員工引導救援直升機，因為直升機會利用沃爾瑪的停車場起降。有一位警官甚至就在我們店裡為顧客做CPR，沃爾瑪員工英勇救人的故事更是不勝枚舉。

全國民眾都看到我們正在做的事，這讓我們感到自豪。沃爾瑪得以在這一刻發光發熱，是因為在卡崔娜颶風來到之前，我們已經踏上學習之旅。史考特把握這個時機，問道：「沃爾瑪要怎麼做才能讓人每天都有這種感覺？」在史考特的領導下，我們迅速行動，制定有關於社會與環境永續經營的遠大目標。我們的目標是達成零廢棄，轉向再生能源，銷售永續產品。

我們正走在成為系統思考者的路徑上，試圖重新設計整體業務，使所有利害關係人受益，強化社區力量，讓地球愈變愈好。

沃爾瑪全新的永續經營目標從總部帶頭，延伸到世界各地六千多個設施、賣場與會員商店，影響全球一百六十萬名以上的員工。由於沃爾瑪的供應商包括服飾、食品、農產品與工業材料等各產業的大廠，這些新目標也會影響供應商，因此更形重要。

董明倫

根據最初的計算，我們的碳足跡有8%到10%來自公司資產，也就是我們的卡車、賣場，以及我們擁有的其他東西。其他90%到

92％則來自供應鏈。因此，如果我們如果不正視問題，積極促使供應鏈減碳，就不可能達到目標。

因此，我們不只讓大供應商、大品牌加入減碳計畫，最終也推動全世界的工廠加入計畫。我們銷售的商品約有三分之二是在美國本土製造、種植或是組裝而成，剩下三分之一則來自中國、印度、墨西哥、加拿大，以及世界各地的零件或材料。我們開發一項計畫，邀請所有供應商為共同的目標努力，並且組成永續價值網絡（Sustainable Value Networks）。

於是，供應商也開始思考和他們有關的問題，例如如何減少運輸車隊的碳足跡？如何從產品中去除我們不需要的化學成分？如何改良包裝？我們請供應商一起思考如何解決這些問題，並且制定政策。我們也向大學、非政府組織以及其他思想領袖請益。基本上，我們創建一個比企業更大的群體，幫助我們利用科學制定明智的政策，然後採取行動。

我們發現供應商與我們志同道合。因此，我們沒有強迫任何人做任何事。反之，我們敞開大門，提供教育經驗。他們都是自願前來學習。

接近 2020 年底時，我們制定下一組目標。這個結果源於兩種情勢的發展。第一種是我們已經成熟，在再生能源、消除廢棄物、銷售綠色商品方面多有進展，也在環境與社會永續方面盡了最大的努力。因此，我們可以準備進行下一個階段的目標。

另一種發展則是，世界目前的情況並不樂觀。我們必須抱持更強烈的危機感，設定更高的目標。我們在 2019 年立下決心，要在 2040 年之前達到營運淨零排放的目標，而且完全不採用碳抵銷的手段。

同時，我們不只需要減緩危害、達到碳中和，而且要想辦法讓碳清除量超過碳排放量。有些專家估定，大自然可以解決多達三分之一的氣候變遷問題。因此，我們不但要努力實現再生能源、消除廢棄物等，也要保護至少 5,000 萬英畝的陸地與 100 萬平方英里的海洋。我們要轉型成為一家可再生的公司。

我 們 的 永 續 發 展 目 標

氣候

在 2040 年前達到**淨零排放**的目標。

在 2035 年前 **100% 採用再生能源**。

和供應商合作,在 2030 年前避免 **10 億公噸溫室氣體**從全球價值鏈排放出去。

自然

和沃爾瑪基金會合作,在 2030 年之前保護、管理或修復至少 **5,000 萬英畝的陸地與 100 萬平方英里的海洋**。

在 2025 年之前至少讓 **20 種商品**來自永續性材料。

零廢棄

在 2025 年之前讓我們在美國與加拿大的營運單位實現**零廢棄**。

在 2025 年之前,自有品牌包裝必須使用 **100% 可回收、可重複使用,或是可以用工業堆肥分解**的材料。

員工

在 2026 年之前,使**盡責招聘**(responsible recruitment)成為標準做法,以提升**員工尊嚴**。

沃爾瑪趨向
淨零的動力
來自多重層面,
號召更多
利害關係人
一起努力。

沃爾瑪是氣候行動運動的領導者，這一點毫無爭議。這間公司一直在想辦法變得更節能、更有利於永續發展，讓世人更加警覺氣候問題已經迫在眉睫。沃爾瑪的氣候領導地位源於創辦人山姆・華頓的初心，他要幫消費者省錢，讓人過得更好。例如，提高運輸車隊的能源效率，避免 8 萬公噸的碳排放。此外，省下來的成本也可以讓利回饋給顧客。

沃爾瑪只有一項核心信念，那就是可以支持員工、服務社群、保護地球的投資，絕對可以為顧客與股東帶來最大的利益。他們也發現，隨著時間進展，多方利害關係人一起努力就是最佳策略，而且也許也是唯一能夠使企業獲得最大價值的方法。

不加入企業永續運動的風險

亞馬遜與沃爾瑪已經成為氣候行動的模範生，那麼其他人呢？很多公司認為採取氣候行動會帶來風險。像是如果不能達到減排目標，可能會產生不良後果，例如股東起訴公司，或是公司市值下降。不過，在所有敲響警鐘的人當中，也包括全球規模最大的資產管理集團貝萊德（BlackRock），集團管理的資產高達 8 兆 7,000 億美元。[39] **貝萊德表示，建構具備氣候意識的投資組合已經不是一種選擇，而是勢在必行的投資。**

貝萊德執行長賴瑞・芬克（Larry Fink）在 2021 年寫給企業 CEO 的公開信中宣布，投信業已經處在「轉型的風口浪尖」。[40] 他指出，愈來愈多投資人的投資組合向永續發展傾斜，他也說：「我們看到的結構性轉變將會進一步加速。」他警告，如果企業沒有為過渡到淨零經濟做準備，業務與價值都將大受影響。他提醒投資人與企業領導人這項艱鉅的挑戰，要他們抓住這個雙重機會。一旦成功，不只能為股東帶來長期報酬，也能打造更光明、更繁榮的未來。

賴瑞・芬克

五年前，我開始在公開信中提倡企業永續發展運動。在 2020 年的公開信後，我得到的半數以上是正面回應；40%則是相當負面的回饋，其中一半來自環保人士，他們認為我們做得還不夠。我承認，投信業並不完美，我們對社會中弱勢群體的關懷不夠，也沒能解決他們的問題。

另一半的批評來自極右派。有些傾向保守派的報紙甚至在諷刺漫畫中把我畫成一個擁抱大樹的人。的確，我自認是環保主義者，但是寫下那封公開信的我是個資本主義者，是客戶的委託人。

我確實相信，針對影響客戶資產的重要議題，貝萊德應該有發言權。多年來，我在給企業執行長的公開信中，愈來愈強調公司必須承擔責任，解決氣候危機。那些信已經發揮影響力。商業圓桌會議決議擴大對企業角色的定義，納入所有利害關係人，我相信或多或少也是回應我在 2018 年寫的那封公開信，我在信中強調了企業的使命。

在我發表 2020 年公開信的前一年，我目睹大堡礁的珊瑚白化，看到南美洲的野火以及波札那共和國的乾旱。這不只是氣候災難，也是商業浩劫。不管我走到哪裡，都有人在談論永續發展的問題。我看得愈來愈清楚，氣候風險就是投資風險。

人們對氣候變遷的意識迅速提高。我相信，金融業已經走到必須徹底重塑的邊緣。氣候風險的證據迫使投資人重新評估自己的核心假設，如果一間公司拒絕改變，他們會好好考慮是否投資這家公司。

我們肩負的信託義務，是要確保我們代表客戶所投資的公司，能夠因應管理氣候風險，並且抓住成長的機會。只有做到這兩點，這些公司才能創造長期的財務報酬，為我們的客戶實現長期投資的目標。

2020 年，我們看到懷抱氣候意識進行投資的資金飛快成長。這種資本流動在 2021 年繼續加速。因此，我在寫下 2021 年公開信時，更加充滿希望。資本主義可以改變氣候變遷的曲線嗎？答案是肯定的；我相信是如此。

不過，我們要做的事還有很多。

我們愈了解風險與機會，所有行業就能愈快實現結構性的轉變。嬌生公司（Johnson & Johnson）今天的本益比高於大多數的同業，其中一個原因就是執行長艾力克斯・戈斯基（Alex Gorsky）致力於減少嬌生的碳足跡。

我們告訴加州公務員退休基金（California Public Employees' Retirement System）的管理人，如果某一項投資基金的永續發展得分高於標準普爾 500 指數（S&P 500 Index），投資報酬也會更好。如果標準普爾 500 指數當中有任何一間扯後腿，我們也會讓退休基金自行選擇不要買入這支指數型基金。

由於特斯拉（Tesla）等公司崛起，我們已經可以看到股市出現的變化。潔淨技術公司的本益比在 26 ～ 36 之間，而生產碳氫化合物的公司，本益比則在 6 ～ 10 之間。

投資時最大的危險是，公開交易的化石燃料公司會出售碳氫化合物資產給私人公司，藉由這種業務剝離來「漂綠」。如果能源公司把他們的碳氫化合物資產賣給私人股權公司，無異於換湯不換藥。其實，這種做法會把問題變得更加嚴重，因為高汙染資產已經被轉移到比較不公開、不透明的市場。

氣候風險就是投資風險。

貝萊德等大型機構投資者為了提高氣候意識，正採取軟硬兼施的做法。由於愈來愈多投資人堅持永續發展，反應遲鈍的公司資金成本將會變得更高。加入永續發展運動的公司則是比較有優勢，能夠給股東更高的報酬，而股東報酬是衡量執行長優劣的重要指標。

美國最大的石油公司埃克森美孚就是一個戲劇性的例子，說明風險意識的提高已經促成轉變。2007 年全球油價漲到頂峰，這間公司的市值高達 5,000 億美元，於是躋身全世界最有價值、最賺錢的公司。但是當油價下跌，需求疲弱，這間公司的市值也跟著下滑。2020 年底，埃克森美孚的市值已經跌到 1,750 億美元。過去十年，總報酬率已經減少 20％，[41] 而同一期間，標準普爾 500 指數的報酬率卻高達 277％。也難怪手中握有埃克森美孚持股的投資人都很不高興；有些人甚至成為行動派投資人，設法進入董事會，迫使公司轉型改以再生能源為長期策略目標。有一則新聞還出現這樣的標題：「綠色鯊魚正在圍攻埃克森美孚。」

2020 年 12 月 7 日，行動派投資人發起「重振埃克森運動」（Reenergize Exxon），[42] 其中一項行動就是發表一封公開信，而信中內容震驚世人：「在石油與天然氣的歷史上，沒有一間公司比埃克森美孚更有影響力。然而，這個行業與這間公司所處的世界顯然已經出現變化。」正如那些行動派投資人指出，目前埃克森美孚董事會中沒有人具備再生能源的背景。而埃克森美孚則公布公司有史以來第一份碳排放概況作為回應，並且細述他們如何努力減少公司對氣候的負面影響。

然而，行動派投資人不以為然，他們要求埃克森美孚徹底改革，擺脫化石燃料。他們指出，歐洲的石油與天然氣公司已經朝向多元能源發展，努力開發各種再生能源，例如生物燃料、氫氣與離岸風場。2021 年 5 月，一間名為「一號引擎」（Engine No. 1）的小型避險基金公司，[43] 一舉攻破這頭石油巨獸，拿下三席董事席次。在非營利性投資人網絡喜瑞士

（Ceres）工作的安德魯・羅根（Andrew Logan）說：「對埃克森美孚與石化產業而言，這是一個里程碑般的時刻。」[44]同一天，行動派投資人也透過投票要求石油巨頭雪佛龍的董事會減少溫室氣體排放。幾乎同時，荷蘭法院裁定，世界上最大的民營石油公司皇家荷蘭殼牌石油，必須以 2019 年的排放量為標準，在 2030 年之前至少減少 45％的排放量。牛津大學經濟學家凱特・羅沃斯（Kate Raworth）指出：「這是社會朝向無化石燃料未來的轉折點。」[45]

連最強大的石油公司都不得不適應，顯然，這個產業中沒有一間公司可以置身事外。高爾等氣候領導者老早就預言會有這一天，他引用聯合國政府間氣候變遷專門委員會的數據指出，化石燃料公司還有 28 兆美元的碳資產尚待開採，而其中 75％以上、價值 22 兆美元的資產也許會永遠留在地底

這個產業中沒有一間公司可以置身事外。

下。高爾說:「化石燃料公司已經開始壓低化石燃料儲藏量的價值。**因為這些儲量屬於有毒的次級資產,永遠不會重見天日。對他們來說,簡直是徹頭徹尾的災難。**」

化石燃料公司的領導者必須接受新的現實,努力加速轉型至清潔能源。光是推動淨零經濟還不夠,我們必須淘汰老舊的石化產業。

朝向環境正義的方向前進

光是努力讓這個世界更適合居住還不夠,我們必須創造一個更公平的世界。危機的英文「crisis」源於希臘字根「krisis」,意思是「選擇」。如果要解決眼前的氣候危機,我們面臨許許多多的選擇,以糾正社會與經濟的不平等、健康的差異與性別的不平等。如果我們不能達成淨零排放的目標,這些問題必然會變得更嚴重。但是,我們也可以從樂觀的角度來看,目前碳排放危機既是一個緊急的問題,也是一個非凡的機會,得以讓我們解決好幾個世代以來種種嚴重的不平等問題。更直截了當的說,要加速實現淨零排放,取決於我們對公平與正義的承諾。做不到公平、正義,休想達成淨零排放的目標。

這場戰鬥的領導者之一是瑪格・布朗(Margot Brown),也是在環境保衛基金會負責環境正義與公平倡議的領導者。2005 年 8 月,她在杜蘭大學(Tulane University)埋首於博士論文研究時,警報來了。就在卡崔娜颶風來襲的前兩天,她把研究資料塞進行李箱,匆匆離開紐奧良。她從遠方見到紐奧良被洪水淹沒。

瑪格・布朗

五年前，環境運動已然風起雲湧，卻很少人關心環境正義運動。環境運動聚焦於保護自然生態系統與野生動植物，而環境正義運動的目標則是保護弱勢群體，使他們免於受到環境的危害。根據我們的了解，這兩件事都得做，而且必須同時進行，因為自然環境與弱勢群體都是更大的生態系的一部分。

經常有人問我，應該如何處理這種緊張關係，才能讓長久以來經常遭到忽視的公平問題獲得解決。我使用的是系統方法（system approach），這表示在尋求以自然為中心的解決方案與環境正義時，把人類的健康與福祉也納入評估的關鍵。

藉由擴大環境保護計畫，讓有色人種與低收入人民受到保護，確保這些人不再是第一個遭受氣候變遷傷害、卻最後才獲得救助的人。

2005 年，在卡崔娜颶風登陸的前幾天，我撤離紐奧良。我從遠方看著這場氣候危機重創弱勢群體，有色人種社區滿目瘡痍，成為全世界注目的焦點。

七個月後，為了論文答辯，我回到紐奧良。這座城市很多地區就像死城，各個社區依然殘破、失修。

然而上城區的全食超市看起來和颶風來襲前幾天沒有什麼兩樣。為什麼？因為這間超市位在地勢較高的社區，那裡的居民也有經濟資源，得以在災後迅速重建。

然而，就在幾英里外的下九區（Lower Ninth Ward），即使卡崔娜風災已經是十六年前的事，許多空屋前門仍釘著褪色的黃色通知單。這些屋主因為沒有資源重建而沒有回來，或者根本無法回來。

這個低收入的黑人社區是被一條工業運河淹沒，這條運河興建於 1950 年代，目的是為了縮短商業運輸距離。然而，運河興建後，不只自然屏障消失，居民也飽受有毒工業廢氣的汙染，社區最終因為缺乏自然保護而遭到摧毀。

在美國與全球各地，弱勢群體因為環境與社經因素陷入貧苦。我們必須關心這些群體的福祉，同時也得了解到，他們面對的問題也會影響到每一個人的健康與安全。

這些因素是讓卡崔娜釀成悲劇的原因，我們必須從中記取教訓。

在紐奧良，許多勞工失去他們引以為傲的房子，這些人可能是飯店清潔人員、工友、大樓警衛，或是我在教會的朋友。他們還失去了社區、原先的生活，以及許許多多的親朋好友。

他們正是最後獲得救助的人。

影響教育品質與設施數量最大的因素莫過於居住地。人們的收入、健康以及預期壽命，也和居住地息息相關。

每當有人問我環境不公會帶來什麼影響，我總是直截了當的回答，會帶來死亡。環境不公不只是讓人失去房子、社區遭到破壞、生活方式受到影響，整個文化都會出現改變。2005 年，我們在卡崔娜風災目睹一切，到了新冠肺炎大流行時，我們卻再度看到弱勢群體受到重創。

如果要轉型，促進公平正義，需要採取全面的做法。我們需要經濟、薪資、受教權與經濟機會都能出現好的轉變，就必須從每一個層面下手，才能解決這個難題。

這些影響會帶來死亡。

在瑪格等專家的引導下，我們將環境正義的核心因素加以歸類，以便衡量、追蹤人們的教育差距、健康差距與經濟差距。

縮小教育差距

氣候變遷的影響不分性別。然而，由於不平等的問題根深蒂固，婦女與女孩特別容易受到最嚴重的影響。不過，她們也是緩解氣候問題的可貴盟友。目前，最重要的一場戰鬥是為女性受教權的平等而戰，特別是在非洲、南亞與拉丁美洲的開發中國家。根據推動反轉暖化計畫（Project Drawdown）的組織，教育是「打破世襲貧窮最有力的槓桿，同時也能透過遏制人口增長來減少排放。」女孩多讀一年中學，未來收入就能增加 15 ～ 25％。[46] 接受良好教育的女性比較晚婚，生育的子女較少，子女也比較健康。[47] 她們的農地生產力比較高，家人的營養也比較好。更重要的是，她們更有能力抵禦氣候變遷帶來的影響。馬拉拉基金會（Malala Fund）研究氣候衝擊和女孩教育之間的關連。這個基金會是由有史以來最年輕的諾貝爾和平獎得主馬拉拉・優薩福扎伊（Malala Yousafzai）創立。2021 年，在中低收入國家，至少有四百萬名女孩因為氣候相關災害而不能完成教育，例如乾旱、食物與水資源短缺、流離失所等。預估到了 2025 年，這個數字將多達一千兩百五十萬人。[48]

總計已經有一億三千萬名女孩的受教權遭到剝奪，背後的原因不勝枚舉，例如家庭窮困、根深柢固的文化偏見、受教場地或通學路徑不安全等。[49] 在關於這個問題的權威著作《女子教育的成功之道：世界最佳投資的證據》（*What Works in Girls' Education: Evidence for the World's Best Investment*）中，作者舉出幾個很有希望的解決之道，包括讓學費變得一般家庭也負擔得起；提供家庭津貼，即使家庭臨時出現變故或經濟困頓，父母也能讓女兒繼續上學；在通學合理距離內，要有讓女孩能夠就讀的好學校。此外，衛生單位也必須協助她們克服健康問題造成的阻礙，例如配發驅蟲藥，防治腸道寄生蟲感染。

很多人致力於讓女孩上學，成效頗佳。教育女童（Educate Girls）的經驗顯示，強而有力的領導與足夠的資金，可以吸引成千上萬名志工付諸行動，最後讓數百萬女孩有機會上學。這個組織的創辦人薩菲娜‧胡賽因（Safeena Husain）和我們分享她的經驗如下。

碳排放危機既是一個緊急的問題，也是一個非凡的機會。

薩菲娜・胡賽因

我在德里長大，曾經上學也曾經失學，但最後終於成為家族中第一個留學生，畢業於倫敦經濟學院（London School of Economics）。

多年後，我回到印度時深切的體認到，我能夠有這麼多的機會是因為我能接受教育。但是，我也知道，在印度仍有數百萬女孩的權利與機會慘遭剝奪。儘管印度在小學教育普及上已經取得相當大的進展，目前仍有超過四百萬名失學女童。

我在 2007 年創立教育女童組織，希望為印度偏鄉與邊緣化社群帶來積極的心態轉變。村子裡有很多人加入我們的組織，擔任志工，我們稱他們為巴利卡團隊（Team Balika）。在印地語中，「巴利卡」的意思是「女孩」。這些志工很熱心，大多是村裡教育程度最高的年輕人。他們挨家挨戶的找出沒有去上學的女孩。這就像是在進行人口普查，最後他們會把資料輸入我們的手機應用程式。

我們利用這樣的數據，標記每一個村莊的地理位置，很快就能找出失學女童最多的村莊，將這些村莊列為首要目標。一旦我們知道這些女孩在哪裡，就會設法讓她們上學。我們從動員社區開始，像是參與村莊與社區會議，以及針對父母與家庭進行個別輔導。

這個過程可能需要幾週到幾個月。

一旦我們把那些女孩帶回學校,就和學校合作,讓學校留住她們,儘可能讓她們保持全勤。我們也設法解決安全與衛生問題形成的阻礙,因為如果沒有潔淨的飲用水或獨立隔間的廁所,女孩可能會再度失學。

但是,如果孩子在學校沒有學到東西,我們的努力也就沒有意義,因此我們也啟動補救學習計畫。我們的學生有很多都是家中第一代能夠上學的孩子,而父母又都是文盲,不能在課業上協助他們。因此,我們規劃要縮小這種教育差距。

我們有一個大膽的計畫,也就是在 2024 年前讓一百五十萬名失學女童能夠上學;這將大幅縮小教育的性別差距。我們先從五十所學校開始,增加到五百所,然後涵蓋整個地區,每十八個月規模增加一倍。

在南亞,阻礙女孩上學最大的原因在於人們的心態、傳統與社會歧視。這是在協調過程中最難克服的關卡。儘管我們請了志工幫忙,關鍵卻還是在於要在當地長期努力,大約需要六到八年的時間。然而,如果你努力去做,還是能創造新的常態。

這不是只做一次的運動,只要把每一個孩子都送去上學,一切就大功告成。我們的挑戰在於,能否長久耕耘。我們會在一個地區待上六到八年,培養出十群學生,等於是讓一整個世代的女孩都能去上學。等到她們長大成人,生兒育女,她們的孩子就能從不同的起跑點出發。

如此一來,我們就能打破女孩被剝奪受教權的循環。數據顯示,一旦打破這個循環,這種循環就會消失,因為如果母親受過教育,孩子接受教育的可能性將高達兩倍以上。這就是我們的目標。

把女孩和氣候變遷議題連結起來很重要。不只是因為女孩掌控未來減碳的關鍵,受過教育的婦女生養的孩子少,孩子也比較健康。除此之外,也是因為貧窮與脆弱的婦女與女孩,總是為氣候變遷付出最高的代價。

對我來說,教育就是這一切的核心。

我們的「**教育平等**」**關鍵結果（KR 8.4）**要求中小學教育普及，確保全世界所有女孩與男孩都能夠在學校學習，直到十八歲。[50] 這應該是一項基本人權。實現這項關鍵結果的方法依地而異，必須根據是城市或農村、已開發國家或開發中國家來調整。我們必須除去女孩與學校教育之間的阻礙，提供專屬當地的解決之道。

這是一項艱巨的挑戰。但是正如馬拉拉・優薩福扎伊所言：「要在十五年內讓幾百萬名女孩有機會上學也許看似不可能，但這是有可能達成的目標。[51] 這個世界如果要為每一個女孩與男孩提供免費、安全、高品質的中學教育，缺少的不是資金、也不是辦法。」有一個強大的氣候誘因能促使眾人達成目的。根據反轉暖化計畫，「**當自願生育的健康照護資源能夠結合平等的教育普及」，每一年全世界就能減少將近 30 億公噸的二氧化碳排放量**。[52] 這個計算結果很明確，因此我們必須保證全球的女孩都能獲得良好的教育。

縮小健康差距

要實現潔淨經濟、打造淨零排放的世界，我們有很多方法可以採用。然而，並非所有的方法都能達到公平、公正的轉型。我們的計畫就是要抓住這個時機，縮小種族對人們社會經濟地位的影響，尤其是在健康與財富上的差異。

有很多紀錄顯示，有色人種社區在氣候危機之下承受過多的傷害，讓我們深入研究和溫室氣體排放有關的健康問題。其中最危險的一類汙染物會深入人體肺部，通稱「浮懸微粒」或「PM 2.5」，也就是直徑不超過 2.5 微米的固態或液態粒狀物。這些微粒主要來自汽油或柴油引擎驅動的車輛，或是火力發電廠，全世界過早死亡的人當中有五分之一都是被這種微粒奪走性命。[53] 2019 年，光是在印度，有毒空氣就造成一百六十多萬人死亡，[54] 在美國，每一年更是導致三十五萬人過早死亡。黑人與西班牙裔社區受到的影響特別嚴重。黑人社區居民環境中接觸到的 PM 2.5 濃度,比起全美國人接觸到的濃度平均值還要多 50％以上。[55]

氣候汙染造成的死亡率在不同種族與經濟的群體之間差距很大,而我們的**「健康平等」關鍵結果(KR 8.5)**就是要致力於縮小這樣的差距。為了評量轉型到淨零的成果,關鍵在於我們必須衡量健康結果。要達成這項關鍵結果,我們必須關閉火力發電廠,使汽車與卡車電氣化,將家用爐具與空調改用電力驅動,才能因應挑戰。

無可否認,這項關鍵結果涉及的範圍很大,降低死亡率的挑戰也不好對付。儘管如此,我們還是得下定決心,努力達成目標。我們必須追求廣度,讓全世界各個角落的人都能有公平的健康結果;此外,我們也得注重深度,只要死亡率差異超過 0％就是失敗。在我感到憤世嫉俗時,我的信心會被動搖,懷疑自己能否達成目標。但是在樂觀光明的日子裡,我則覺得,現在辯論能做什麼或是不能做什麼也沒用,只想著要為美好的未來奮鬥比較令人興奮,而且這麼做也很值得。這就是運動的工作現況與前景。

擴大機會

朝向淨零排放的世界邁進有很多潛在的好處,其中之一是創造出來的工作機會最能吸引政治世界的注意,而且理由很充分。能源轉型帶來的經濟機會估計價值 26 兆美元。[56] 在 2030 年之前,隨著都市中心的改造、再生能源規模擴大、電網儲存能力大增,以及整個經濟產業升級,**我們將創造六千五百萬個新的工作機會,帶來難以計數的財富。**[57]

我們的**「經濟平等」關鍵結果(KR 8.6)**呼籲經濟平等轉型,衡量標準是高薪潔淨經濟工作的分配。重要的是,這筆清潔能源經濟的意外之財，應該讓資源不足的人們同享。弱勢社群必須優先加入培訓計畫，也得有機會得到潔淨經濟的新工作。我們不能放棄任何人，包括曾在煤礦、石油公司或天然氣公司工作的人。特別是高薪工作必須廣泛分配，不能排除任何人。

正如氣候正義聯盟（Climate Justice Alliance）所言：「轉型無可避免，但正義不是。」我們提出這項關鍵結果，是要確立以正義轉型為目標，讓所有的人都能公平取得新的機會。可以肯定，這只是開始。真正的經濟正義需要正視財富不平等問題。這問題由來已久、根深柢固，使弱勢社群受折磨，已開發國家與開發中國家也因此差距愈來愈大，猶如兩個世界。

有鑑於本章關鍵結果的規模廣泛、目標宏大，有些讀者也許會覺得不可思議，或者嗤之以鼻。然而，或許和其他催化劑相比，運動更需要大膽、富有想像力又不受約束的思考。畢竟運動的定義就是要顛覆現況。最重要的是，運動能快速引起政策變革，而且將持續帶來影響。運動能為我們帶來全新、以前無法想像的未來。

運動的傳聲筒

我是在 1960 年代長大成人。那個運動盛行的年代，在各地締造出一個又一個歷史里程碑，像是華府大遊行（March on Washington），或是阿拉巴馬州瑟爾瑪市（Selma）艾德蒙佩特斯橋 (Edmund Pettus Bridge) 的血腥星期天（Bloody Sunday）。那時，我是休士頓萊斯大學（Rice University）校園廣播電台的新聞主任，親眼目睹校園運動的能量，以及抗議越戰的運動。在那個時代，抗議活動的成敗取決於親身參與的現場活動，以及媒體的關注程度。

然而，世界已經改變。有了推特與 YouTube 這樣的平台，社會運動不再只需要現場集會。要求改革的呼聲能透過網路傳遍全世界，倡議者與支持者也能夠以前所未有的方式、召集無數人參與運動。

在社群媒體蓬勃發展之前，社會運動的傳聲筒誕生於 1984年。當時，世界上的思想領袖在一場國際會議上分享他們熱衷的事業，討論主題分別為科技（Technology）、娛樂（Entertainment）與設計（Design），簡寫為 TED。在 1990年，經過一段時間的磨合，TED 成為每年都會舉行的會議，並且討論主題逐漸擴展到所有創新與知識領域。2006 年，第一批六場 TED 演講上傳到網路上。後來的發展，大家都知道了。

長久以來，永續發展一直是這個前瞻組織的核心思想。2006年，高爾發布即將上映的《不願面對的真相》的預告片後，觀眾當中有很多人「從那一刻起改變自己的人生目標」，這讓 TED 總裁克里斯・安德森（Chris Anderson）相當震懾。

在 TED 社群主要成員的敦促下，領導階層提出一個大膽的做法來因應人類史上最大的全球挑戰。他們打造一個名為「倒數計時」（Countdown）的平台，支持並且加速實施氣候危機的解決方案。這個做法匯集很多團體，放大他們的最佳想法，並且試圖把這些想法轉為行動。克里斯・安德森發起的平台和琳賽・雷文（Lindsay Levin）領導的未來管理人組織（Future Stewards）共同推動計畫，為這場關鍵對話帶來多樣化的想法與聲音。

2020 年 10 月，第一場「倒數計時」活動在 YouTube 進行全球直播。一千七百萬名觀眾在螢幕前，傾聽眾多領導者與知名人士的發言，講者包括聯合國最高氣候官員菲格雷斯，以及教宗方濟各。**在接下來的幾個月，隨著人們將錄製的演講分享到世界各地，觀眾總數達到六千七百萬人。**[58]（各位可以在下列網址觀看全部影片：https://countdown.ted.com。）

在隨後的幾週，從蘇丹到薩爾瓦多到印尼，共有六百多個地方團體自行舉行當地的 TED 倒數計時活動，在「主要舞台」的演講中穿插講者和當地領導人與社區的對話。TED 未曾發揮這麼大的影響力、和個人息息相關，而且讓每一個人都能參與。這項計畫開始在各地開花結果。

哲學家羅曼・柯茲納里奇（Roman Krznaric）以〈如何成為一個好祖先〉為題，講述我們今天做的決定會如何影響往後的幾代人。[59] 六個月後，巴基斯坦最高法院裁決反對一間水泥工廠的擴建計畫，因為這會對環境帶來負面衝擊。法官引用柯茲納里奇的 TED 演講，[60] 並提供演講影片連結，此外還引用其他兩場有關環保水泥的倒數計時演講。

如各位所見，「倒數計時」計畫影響深遠。地方領導者與專家可以接觸到世界各地的觀眾，不受限於距離。經驗與解決方案可以收集起來，傳向世界的各個角落。當大膽的構想受到資金充裕、具備良好說故事技巧的社會運動支持，就像「倒數計時」運動一樣，我們將能夠更快推動變革，讓更多人、在更多地方、深入更多層面參與行動。雷文說，有了傳播想法的力量：「人們覺得成敗操之在己，感覺未來在自己的掌控之中。」

我靜下來思索社會運動的力量，對我們事業的未來感到一種新的樂觀想法，決心要加倍努力。美國國家青年桂冠詩人艾曼達・戈爾曼（Amanda Gorman）所寫的詩作〈地球升起〉（Earthrise）最能體現這種感覺：[61]

沒時間排練了。就是
現在
現在
現在，
因為逆轉傷害、
保護未來是所有人的責任，
這一點應該完全沒有爭議。
因此，地球，蒼白的小藍點，
我們不會讓你失望。

創
新
！

第9章　**創新！**

1957 年 10 月 4 日，蘇聯將人類第一顆人造衛星史普尼克
（Sputnik）送入地球軌道，此時美國開始警戒，害怕在太
空競賽中落於人後。於是，艾森豪總統成立高等研究計畫
署（Advanced Research Projects Agency， 簡 稱 ARPA ），
要為美國國防的未來策劃創新。[1]國會提供給這個單位的
經費高達 5 億 2,000 萬美元，相當於今天的 50 億美元。後
來，太空研究轉移給國家航空暨太空總署（NASA），高等
研究計畫署的科學家與工程師就轉向研究電子器材的微型
化，並且尋找可以取代電話線路的通訊方法，以防發生核
戰導致電話線路中斷）。最後他們建造出試驗性的阿帕網
（ARPANET），1960 年代的阿帕網就是網際網路的前身。[2]
政府支持的研究會激發創新，因而帶來巨大、甚至有時讓人
意想不到的回報，高等研究計畫署就是最著名的例子，但絕
非唯一的例子。

後來，高等研究計畫署轉移到國防部，改名為國防高等研
究計畫署（Defense Advanced Research Projects Agency，簡稱

DARPA），並且依然協助太空計畫。如果沒有國防高等研究計畫署在電晶體發展上的突破，就沒有阿波羅登月計畫。國防高等研究計畫署也為全球定位系統奠定基礎。[3] 最初這項技術是為軍事應用而開發，後來成為智慧型手機與汽車衛星導航的基礎。

在之後幾十年，聯邦政府資助的研究與發展持續不斷的推動新產業。今天的科技領袖都知道傳奇人物道格拉斯‧恩格爾巴特（Douglas Engelbart），他是高等研究計畫署資助的研究人員，發明第一個電腦用的圖形介面，以及用來瀏覽的小型裝置：滑鼠。如果沒有納稅人對創新的支持，我們就永遠不會有麥金塔電腦，也沒有微軟 Windows 系統。這些早期的突破啟動了全球的科技產業，目前約占全球國內生產毛額（GDP）的 15%。[4]

2007 年，美國為了能源獨立，建立一個隸屬能源部的單位，也就是能源先進研究計畫署，以促進清潔能源解決方案的發展。[5] 但是，小布希政府拒絕資助這項計畫。2008 年，美國花在能源研發的總支出（經通膨調整）甚至比 1980 年代還少；[6] 在那個年代，雷根上任後就把卡特總統在白宮屋頂裝設的太陽能板拆掉了。

接著，金融海嘯侵襲華爾街，景氣大衰退，歐巴馬入主白宮。2009 年，歐巴馬在 2 月簽署《美國復甦與再投資法》（American Recovery and Reinvestment Act），投資 250 億美元在能源開發、節能計畫與貸款擔保上，其中一小部分，約 4 億美元，則是撥給能源先進研究計畫署。[7]

幾乎在一夜之間，能源部的電子信箱就被各界寄來的能源計畫提案塞爆。然而，沒有人開啟這些郵件，更別提啟動計畫。這時，杜克大學教授艾瑞克‧托恩（Eric Toone）接到一通電話。那時，他還不知道自己能在國家能源研發中扮演什麼角色。

艾瑞克・托恩

很少人知道我來自加拿大。我在多倫多大學（University of Toronto）取得有機化學博士學位。1990 年，我開始在杜克大學任教，現在已經覺得自己像是在北卡羅萊納長大。

我在杜克大學時，工學院院長克莉絲蒂娜・強生（Kristina Johnson）被歐巴馬總統指派為能源部副部長。克莉絲蒂娜打電話給我，說道：「你能來華盛頓幫忙幾個月嗎？」

我同意了，就此踏進朱棣文的奇妙世界。朱棣文是美國第十二任能源部長，曾榮獲諾貝爾物理學獎。他請柏克萊國家實驗室（Berkeley National Labs）的阿倫・馬揚達（Arun Majumdar）擔任能源先進研究計畫署主任。

於是，我們開始打開那些郵件來看。我喜歡聽人述說天馬行空的構想，以及艱難遠大的計畫。這就像是臉部特寫樂團（Talking Heads）唱的那首歌詞：「我怎麼會在這裡？」

我們總計收到三千七百份申請書，好不容易才看完。我們的目標是從每一百份申請書中挑選出最好的一份，因此我們最後挑出三十七份，涵蓋再生能源、建築能源效率、生物工程等領域。

申請書上的構想包含液態金屬電網規模電池、用於 LED 照明的低成本晶體，以及能吸收陽光吐出碳氫化合物生質燃料的細菌。當然，還有各種形式的二氧化碳捕集，像是利用巨大的機器，甚至是用微小的人工酵素。

史丹佛大學有兩位研究人員創立一間名為「量子願景」的固態鋰金屬電池技術公司，目標是為電動車製造更廉價的電池。他們的構想似乎很有成功的希望，所以我們提供 100 萬美元資助他們研發。

一開始，我們以為最重要的是幫助研究者，盡快把創新的構想推向市場。我們透過技術授權協議的追蹤來評估結果。然而，我們很快就知道最重要的其實是這些創新能否擴大規模，在整個能源產業界發揮影響力。

規模是最難理解的概念。以埃克森美孚為例，他們開闢一個油田時，要雇用的是能在那裡待上三十年的人。那些人大半輩子都在同一個鑽井平台上工作，然而，那個油田生產的石油只能供應全球一週的用量。試想看看，當你畢生的心血只換來一週的石油，你會是什麼感受。

能源技術帶來的是實際的質量，表示這種技術不像 Google 或臉書，而且這種技術能力要花費幾十年才能建立起來。這需要極大的投資與努力，我們僅有的些微預算無法辦得到。在能源先進研究計畫署工作四年後，我回到杜克大學，領導新的創新與創業計畫。

規模是最難理解的概念。

為能源創新喉舌、呼籲國會多多支持的人，不只是艾瑞克一個。2010 年，微軟公司創辦人比爾‧蓋茲（Bill Gates）以氣候與能源為題在 TED 演講，[8] 讓很多人驚訝，畢竟他未曾講過這樣的題目。比爾退休之後，就積極投入慈善事業，致力於公共衛生，幫助全世界最貧窮的 20 億人口。他發現，降低能源價格是讓人們脫離貧窮最有力的因素。但是，我們該怎麼做才能讓能源價格更低廉，同時減少二氧化碳的排放？比爾的結論是，只有在研發方面投入巨資，才能達成目標。

2015 年，比爾深入研究氣候危機之後，提出一項「突破性能源發展計畫」，[9] 等於是私部門的能源先進研究計畫署，主要針對潔淨技術進行早期投資。目標是投資在最關鍵、最複雜，但是還沒有形成規模的技術。雖然這項計畫有風險，但是當比爾邀請我加入董事會時，我欣然同意。我們一致認為，如果要達成淨零排放，就需要更多創新。

於是，突破能源風險投資基金（Breakthrough Energy Ventures，簡稱 BEV）誕生了。比爾召集一群對解決氣候危機向來很有興趣的全球領導人共襄盛舉。今天我們的投資者包括傑夫‧貝佐斯、富達投資的艾比‧強生（Abigail Johnson）、邁克‧彭博、維珍集團的理查‧布蘭森（Richard Branson）、慈善家約翰‧阿諾德（John Arnold）、昇陽共同創辦人維諾德‧柯斯拉（Vinod Khosla）、中國阿里巴巴集團董事長馬雲、印度信實集團（Reliance Industries）董事長穆克什‧安巴尼（Mukesh Ambani）、日本軟銀社長孫正義等。到目前為止，我們承諾投入 20 億美元，是能源先進研究計畫署最高年度預算的四倍多。對氣候技術創新的議題，比爾的影響力比任何人都要來得大。

突破能源風險投資基金的執行董事羅迪‧吉德羅（Rodi Guidero）和我們的董事會合作，招募艾瑞克‧托恩與卡麥可‧羅伯茲（Carmichael Roberts）來擔任技術與業務領導人。艾瑞克建立技術團隊，讓突破能源風險投資基金基本上能夠以科學為導向；而卡麥可則籌組投資團隊，讓突破能源風險投資基金能夠聯合學界、企業界與創投夥伴。打從一開始，我們的目標就是讓眾多投資者加入，大幅增加創新氣候科技的資金。我們的第一個基金已經為兩百多個合作夥伴提供資金。

突破能源風險投資基金如何選擇投資對象呢？我們的團隊著眼於高排放產業，審查新創公司的科學與技術基礎。我們設立的標準很高。如果一間公司要打入我們的決選名單，必須顯示出他們有足夠的潛力，每年至少可以減少 5 億公噸的溫室氣體，或是降低全球每年排放量的 1%。

不管是在突破能源風險投資基金，或是在凱鵬華盈，我們的潔淨技術投資策略都是以一套公開、積極的目標作為引導。雖然我們歡迎任何一項有意思的案子，但不會坐等提案上門。**我們搜尋所有在科學上可能達到的目標。** 只要我們發現能夠產生重大影響的機會，特別是在還沒有看到突破技術的高難度領域，我們就會積極探詢。我們造訪實驗室與大學、贊助挑戰計畫，瘋狂建立聯繫網絡。我們也不辭千辛萬苦，找尋能夠把構想從基礎科學發展為商業成功甚至全球規模的非凡企業家。

在這些努力當中，成本幾乎是無一例外的關鍵。所以，本章的「創新」關鍵結果，才會為加速邁向淨零的新技術設定價格目標。我們把這些關鍵結果視為領導指標，用來衡量我們是否已經步上正軌。

我們的**「電池」關鍵結果（KR 9.1）**致力於擴大電池生產規模，同時把每度電的成本從 139 美元降到 80 美元。要讓所有的新汽車轉型為電動車，所以每年六千萬輛電動車將需要 1,000 億度電的電池。[10] 我們今天生產的電池只能滿足小部分需求，此外還需要 1,000 億度電、甚至更多的電力儲存系統。這個世界將需要大量的電池，但是很難大規模發展。

第 9 章
創新！

KR 9.1	電池
	在 2035 年前，每年生產 1,000 億度電，每度電的成本低於 80 美元。
KR 9.2	電力
	在 2030 年前，零排放基載電力每度電 0.02 美元，用電高峰每度電 0.08 美元。
KR 9.3	綠氫
	在 2030 年前，由零排放來源製造的氫氣成本降至每公斤 2 美元，到 2040 年則降到每公斤 1 美元。
KR 9.4	碳清除
	在 2030 年前，以工程技術進行碳移除的成本降到每公噸 100 美元，到 2040 年則降到每公噸 50 美元。
KR 9.5	碳中和燃料
	在 2035 年之前，合成燃料的成本降到每加侖 2.5 美元，每加侖汽油則為 3.5 美元。

如果要把產量提高幾個等級，必須在材料與製造方面有所創新。

我們的「**電力**」**關鍵結果（KR 9.2**）著眼於輸送能源到電網的成本。為了取代煤與天然氣，零排放的來源必須穩定且可靠。清潔能源可能來自太陽、風或是水，也可能來自地球或原子。我們的挑戰是在正常時期提供穩定的電力，在冬季暴風雪或夏季熱浪來襲的用電巔峰增加電力供應。任何新技術如果要有競爭力，就必須在成本上擊敗化石燃料。

「**氫能**」**關鍵結果（KR 9.3**）是加速廣泛採用零排放綠氫的進展。要實現這個目標，需要大量的清潔能源，以及採用更有效的方式把水轉換為氫燃料。低成本的綠氫可能讓鋼鐵、水泥與化工等高耗能產業脫碳。

「**碳清除**」**關鍵結果（KR 9.4**）是設法降低碳捕集與碳封存的成本，但這些技術還無法大規模的運用。此外，我們也需要找到可以儲存二氧化碳的地方，這真的很難。擴大碳清除的規模是我們在 2050 年前達成淨零排放的基石。正如比爾‧蓋茲所說，我們現在還無法把碳捕集成本壓低到 1 公噸 100 美元以下，他表示：「如果有人說他們可以把價格壓低到 1 公噸 50 美元，那真的很了不起。如果能降到 25 美元，就是解決氣候變遷問題最大的貢獻。」

「**碳中和燃料**」**關鍵結果（KR 9.5**）可以為永遠無法完全電氣化的產業提供脫碳之道，例如航空業與海運業。儘管飛機與貨輪無法用電池或氫能來驅動，但是可以使用碳中和燃料。問題是，我們要如何找到價格有競爭力而且能直接替代化石燃料的碳中和燃料。

要實現這五項關鍵結果，我們還有很長一段路要走。

描繪新的創新領域

想要解決一個新問題時，參考過去的模式再合理不過。正如比爾·蓋茲有一天對我說：「你和我都成長於一個神奇的技術世界。」像我們這些從微晶片與軟體開始發展的人，往往會懷念摩爾定律和我們在過去半個世紀裡目睹的指數成長，不只是微晶片，光纖與硬碟儲存的成長也相當驚人。我們覺得科技發展勢如破竹、銳不可擋。比爾和我這兩個個人電腦產業的老校友，現在正面臨一個完全不同的挑戰。我們發現，再也不能用同樣的方式定義進步。

技術提升率依然是創新的核心。正如比爾指出，在潔淨技術領域，技術提升實在非常困難。比爾讀過每一本探討氣候問題的書，包括捷克裔加拿大反主流政策分析家瓦茲拉夫·史密爾寫的十四本書（我們曾在第 3 章介紹過這位專家），接著他發展出一套精妙、多面向的方法，來實現關鍵性的突破並因應這個重大挑戰。

比爾・蓋茲

你不能只看能源不看文明。如果我們現在不面對這個問題，久而久之，傷害只會愈來愈嚴重。到下一個世紀之交，地球上將有一大片地區不適合居住。人類這種物種將瀕臨滅絕。

正如史密爾告訴我們，在實體經濟之中要促成改變很難。例如，要取代世界上每一座水泥廠、每一座鋼鐵廠，需要幾十年的時間。雖然人們目前對電動車趨之若鶩，然而汽車產業很大，購買電動乘用車的人只占所有汽車購買者的 4%，其他 96% 的人還沒加入。

但是，我們必須從開發中國家的角度來看。碳排問題由來已久，在熱帶地區生活的那些人不是始作俑者，更沒有科學力量來推動創新。然而，如果我們不緊急採取行動，痛苦、營養不良以及被迫大規模遷徙等厄運，大多都還是會落在他們頭上。因此，我們必須扛起責任，採取行動。

如果沒有激進的創新，開發中國家就無法在實體基礎設施、電力、交通與農業達到世界需要的改變。由於經濟困難，加上還有更緊急的問題需要解決，像是住房與營養，我清楚的了解到，我們必須採取行動。我對變革的速度感到不耐煩，我希望看到更高的改善率。

因為任何淨排放都會導致淨氣溫上升，而我們的目標是淨零，必須使所有產業達到零排放。這就是為什麼綠色溢價如此重要，它可以顯示出任何一個產業要轉型，必須額外支出多少成本。所以，如果我們打電話給印度，告訴他們：「嘿，你們改為生產環保水泥。」印度會說：「什麼？環保水泥比一般水泥貴兩倍。」如果改為要求生產環保鋼鐵嗎？他們會說沒那麼快，畢竟這樣成本將增加 50%。

因此，如果你想讓印度、奈及利亞等中等收入國家加入環保的行列，所有產業綠色溢價的總金額必須減少 90% 以上。削減綠色溢價也是我們衡量進展的一項指標，我們也用它評估可以達到什麼樣的改善率。

我們必須把焦點放在最需要降低綠色溢價的領域，例如永續的航空燃料、潔淨氫能、直接從空氣中捕集二氧化碳、能源儲存，以及下一代的核能。

這場戰役的輸贏取決於開發中國家。為了實現 2050 年淨零排放目標，印度各領域的綠色溢價都必須壓得很低。因此，我們得優先考慮什麼樣的進步能壓低綠色溢價。

全球創新能力有一半掌握在美國手裡。我們有責任利用這種力量來減少綠色溢價，讓印度等國家願意接受這些解決方案。

這場戰役的輸贏取決於開發中國家。

2016 年，突破能源風險投資基金描繪初步的「技術任務」，也就是能幫助我們達成淨零排放的創新。每一項任務都針對一條科學途徑，其中的突破性技術有利於減少溫室氣體排放。

我們無法事先安排或是支配突破性技術；也無可預知新構想。**然而，即使我們不能預測哪一種創新將會開花結果，也可以透過資助基礎科學與運用科學來播種。**每一種技術探索都涉及化學、物理學、生物學、材料科學或工程學。一旦我們學到新東西，就能往實驗室之外發展，擴大規模，推向全球。

正如比爾所言，我們現在才開始把這些重要但昂貴的技術推向市場。然而問題是，必須降低成本，才能規模化；但是要規模化，就得降低成本與價格。

我們的計畫以幾項任務為優先。目標是要凸顯前方的阻礙與機會，從打造更好的電池到發展碳中和燃料。我們呼籲的創新則比較不依賴社會的新選擇。

突破能源風險投資
基金為我們繪製
氣候挑戰圖，
以找出最有希望的
研究發展計畫。

 突破能源聯盟

技術探索

電力
- 次世代核分裂
- 增強型地熱系統（EGS）
- 超低成本風力發電
- 超低成本太陽能發電
- 核融合
- 超低成本電力儲存系統
- 超低成本熱能儲存系統
- 超低成本傳輸系統
- 超低成本海洋能源
- 次世代超彈性電網整合
- 快速降溫、低溫室氣體排放發電廠
- 溫室氣體排放量低、可靠、分散式的電源解決方案
- 二氧化碳捕集
- 二氧化碳碳封存與使用

運輸
- 和汽油效能相等的電動車電池
- 輕質材料與結構
- 溫室氣體排放量低的液體燃料生產：非生質燃料
- 溫室氣體排放量低的氣體燃料生產：氫、甲烷
- 高能量密度的氣體燃料儲存系統
- 高效能熱引擎
- 高效能、低成本的電化學引擎
- 溫室氣體排放量低的液體燃料生產：生質燃料
- 交通運輸系統效能解決方案
- 消除差旅需求的科技解決方案
- 基於技術整合的都市計畫與設計
- 溫室氣體排放量低的空中運輸
- 溫室氣體排放量低的水路貨物運輸

農業
- 減少排放甲烷與一氧化二氮
- 以零溫室氣體排放生產氨氣
- 減少反芻動物的甲烷排放量
- 開發低成本、低溫室氣體排放的新蛋白質來源
- 減少食物運輸鏈中的腐敗與損失
- 減少溫室氣體、儲存二氧化碳的土壤管理方案
- 堆肥
- 減少森林砍伐

製造業
- 低溫室氣體排放的化學製品
- 低溫室氣體排放的鋼鐵製品
- 低溫室氣體排放或負排放的水泥
- 廢熱的捕集／轉化
- 低溫室氣體排放的工業熱製程
- 低溫室氣體排放的紙張生產
- 超高效能的資訊科技／數據中心
- 工業甲烷逸散
- 能源密集型產品與材料的超耐用性
- 能源密集型產品與材料的變革性回收解決方案
- 提高生物質的二氧化碳吸收率
- 從環境中提取二氧化碳

建築
- 高效能、無氫氟烴的冷卻與冷藏
- 高效能空調與熱水加熱系統
- 建築物整合式電力與熱能儲存系統
- 高效能建築物外殼：窗戶與隔熱
- 高效能照明
- 高效能家電與插座負載
- 次世代建築管理
- 基於技術整合的高效能建築與社區設計

電池的突破

幾十年來，科學家與工程師一直努力不懈，想要在能源儲存上取得進展。1800 年，義大利物理學家亞歷山卓·伏打（Alessandro Volta）製造出第一個電池，往後的競爭就轉為打造出更好的電池。[11] 伏打的第一個電池是將一組紙杯裝入充滿電的液體中，再用線路連接起來，儘管電容量不高，卻足以引起拿破崙的注意，甚至自願擔任助手。到了近代，電池已經從笨重、昂貴的鉛酸電池，進化為效能比較高的鎳氫電池，以及用於電腦、手機與電動車的鋰離子電池。近二十年來，「電池能量密度」，也就是電池平均單位體積或質量所釋放的電能，已經增加為三倍。但是這樣還不夠。[12]

2008 年，有位名叫傑迪普·辛恩（Jagdeep Singh）的工程師設法徹底改善電動車的電池。他在新德里出生，十多歲時移民美國，後來在史丹佛大學與柏克萊研究所完成學業，並且進入惠普公司（Hewlett-Packard）工作，最後共同創立自己的第一間公司。不過，後來他賣掉這間公司，又創立其他三間公司，其中兩間公司也賣掉，另一間公司則是順利上市。這時，他終於買到他的夢想汽車，特斯拉 Roadster。

傑迪普 · 辛恩

我每天開特斯拉去上班。然後想著，應該有更好的車用電池吧。這台 2008 年車款的電池組能提供相當於 8 加侖（約 30 公升）汽油的動力，成本卻占了車價 10 萬美元的一大部分，實在太離譜。

顯然，要讓更多人體驗電動車，唯一的方法就是大幅降低電池的費用，同時大大提升電池的能量密度或是續航里程。

我透過一位同學的介紹，認識了史丹佛大學教授弗利茲 · 普林茲（Fritz Prinz）以及在他的博士後研究員提姆 · 何穆斯（Tim Holme）。雖然普林茲是機械工程系的系主任，實際上卻是個材料科學家。我們最初的想法是利用量子點（quantum dot）打造更好的電池。我們認為量子點的奈米粒子能夠產生更高的電容率，因而提高超級電容器的電量儲存能力。

不過，量子點實在非常難以掌握。只是，我們已經將公司取名為量子願景電池公司（QuantumScape）。大約半年後，我們得出結論，認為電池商業化需要的時間要比預期更長。

所以，我們決定，如果要讓電池出現顛覆式的創新，最好的方法就是用鋰金屬作為電池的陽極，在陽極與陰極之間使用固態的電解質，而不使用一般鋰離子電池的液態電解質。但是這麼做風險很高，是一大賭注。而這卻是我們做過最好的決定。

辛恩與普林茲從能源先進研究計畫署取得 150 萬美元的經費時，他們的電池已經開發到一半。[13] 雖然他們決定把研究經費留在史丹佛，能源先進研究計畫署的認可使投資人對他們的公司更有信心。凱鵬華盈和我的朋友維諾德・柯斯拉因此成為量子願景最早的支持者。

這間公司的創辦人說，他們計畫要把固態鋰電池的能量密度提高一倍，這點讓我們印象深刻。他們的工程團隊用客製化的陶瓷隔離膜取代傳統液態電解質，這就是量子願景的祕密配方。他們的電池電容量更高、體積更小、價格還更便宜。而且，由於陶瓷的耐火特性，電池也比較安全。只是，在實驗室做出東西是一回事，商業化與擴大規模又是另一回事。

傑迪普・辛恩

如果量子願景是我成立的第一間新創公司，大概不會成功。因為目標太大，也太難了。幸好我已經有創辦四間公司的經驗，已經準備好面臨這個巨大的挑戰。

離開前一間公司之後，我就在想接下來要做什麼。但是我想不出比推出更好的電池更重要的事。因此，我們建立一支以任務為導向的團隊。矽谷工程師向來流動率很高，但是如果交派比賺錢更重要、也更值得關心的任務，才能留住他們。

我們的研究引起一些汽車大廠的注意。德國福斯汽車很早就和我們簽約，押寶在我們的固態電池。福斯汽車在 2015 年發生廢氣排放醜聞後，就決心往電動車發展。在接下來六年內，這間公司在我們的電池投資 3 億多美元，是我們最大的股東，也是很棒的合作夥伴。

產業界對這種創新的需求幾乎是無窮無盡。每一年，汽車銷售的數量接近一億輛。如果我們可以製造出更好的電池組，再把價格降到 5,000 美元，比現今的電池組要更便宜得多，汽車電池市場將高達 5,000 億美元規模。我們希望在時機成熟時，能滿足 20% 以上的市場需求。

2018 年，量子願景和福斯汽車成立一間合資公司，以進行大規模生產。[14] 這是一間小型新創公司的願望，結合一個汽車大廠的雄心與力量。2020 年，福斯汽車承諾將再挹注 2 億美元資金。[15] 五個月後，量子願景透過特殊目的收購公司（Special Purpose Acquisition Company，簡稱 SPAC）的形式上市。我們看到量子願景從一個電池研究計畫演變成市值超過 110 億美元的公司。

為了在開發中國家實現汽車電氣化，我們需要能量密度更大又更便宜的電池。量子願景正在建立一條生產線，以製造足夠的固態電池，以便在真正的汽車上進行測試。如果這間公司能夠達成價格與能量密度的目標，並且贏得市場競爭，就能在印度、非洲等地消除電動車的綠色溢價，因為這些地區的燃油車價格還不到美國的一半。

除了提高能量密度，我們還需要擴增人力、擴建工廠、大量製造材料，需求量將遠遠超過今天的水準。因此，我們的**「電池」關鍵結果（KR 9.1）**涉及電池的價格與容量。為了將每一輛新車電氣化，每一年必須生產能夠提供 100 億度電電能的電池，大約是今日電池電能的 20 倍。[16]

這個工程的規模宏大，一旦完成，特斯拉在內華達州製造電池的超級工廠（Gigafactory）將成為世界上占地面積最大的建築，[17] 約莫等同於一百座足球場，還要雇用將近一萬名員工，每年生產 3,500 萬度電的電池。[18] 伊隆・馬斯克承認，如果要供應全球電動車的需求，至少還需要一百座相同大小的工廠。[19] 馬斯克認為，如果中國、美國與歐洲的領先企業可以共同「加速奔向永續能源」，就能實現這個目標。[20]

即使大家都齊心協力，電池工業仍然將面臨一些難纏的問題，例如原料稀少、採礦方法的取捨等。鋰礦的開採相當安全，不至於供不應求。但是鋰金屬陽極材料占 20 % 的鈷就比較有問題。世界上供應的鈷 60 % 都來自動蕩不安的剛果民主共和國，[21] 這個國家的礦場是出了名的危險，甚至還會雇用童工。

如今，世界對於電池動力的需求有增無減，我們需要加強審查供應鏈，確保原料的開採過程合乎標準。現在已經出現新的陰極化學材料，可以將需要的鈷減半。隨著電池技術的發展，也許有一天完全不必使用鈷，就能夠解決這個難題。但是，有鑑於鋰電池壽命有限，通常為十到十五年，[22] 我們只有承擔起未來將產生大量廢棄物的風險。幸好，回收電池比丟棄電池更符合經濟效益。

2017 年，特斯拉的共同創辦人傑佛瑞・布萊恩・史特勞貝爾（J. B. Straubel，全名 Jeffrey Brian Straubel）成立一間名為紅木材料（Redwood Materials）的廢電池回收新創公司。他的目標是要透過封閉式的供應鏈，減少鎳、銅與鈷的開採。長遠來看，透過回收電動車與電網的廢電池，規模龐大的電池產業幾乎不需要額外開採金屬也能營運。

由於全世界都需要更便宜、更環保的能源儲存方法，在電池的製造與回收方面，我們需要更多突破。這些領域容得下很多贏家。

長時間能源儲存方案

2021 年情人節，暴風雪侵襲德州，部分地區甚至降到攝氏零下 18 度的低溫，全德州的居民無不拚命把暖氣溫度調高。六成的德州家庭使用電力來供應暖氣，這個比例幾乎是全美國平均值的兩倍。[23] 由於德州大多數住宅都是在 1989 年國家能源法規實施前建造，屋內寒氣逼人，隔熱保溫效能不佳。[24] 在暴風雪期間，電力需求激增。異常的酷寒凍結了天然氣的基礎設施、風電機組的扇葉也因為結冰而無法運作，電力來源就此中斷。數百萬戶家庭被迫在極低溫的黑夜中度過，很多家庭更是無水可用。最終，超過一百五十人因而死亡。[25]

德州電力設施癱瘓暴露出電網在應對極端天氣時有多脆弱，而極端天氣卻是愈來愈常見。這場災難也凸顯我們亟需強大的能源儲存技術，以及更可靠的電力系統；特別是在暴風雨（雪）來襲、需求激增的時候。正如我們在德州看到的狀況，這些設備攸關生死。

我們如何讓太陽能與風能等容易受到影響的能源變得更可靠？如何在緊要關頭依賴這些零排放的解決方案？**答案在於，我們要發明可以把能源長久儲存起來的新方法。**

直到最近，電網的儲存容量才終於擴大規模，在 2015 年達到 1 吉瓦，截至 2021 年，則達到 10 吉瓦，[26] 另外 10 吉瓦的儲存設備仍在興建或是計畫中。然而，要不是電動車興起，壓低電池價格，電網的能源儲存規模恐怕難以擴大。

能源儲存技術取決於充電與放電的週期。手機、筆記型電腦、汽車與家用電器等，都屬於短時間的能源儲存，常常需要充電。所以，電網會在能源生產過剩期間捕獲、儲存電力，在需求高峰期分配使用。對這些週期較短的能源儲存系統來說，最受歡迎又具有成本效益的選擇是鋰離子電池。

用來興建能源儲存站的水泥用量足以鋪設 200 英里的州際高速公路。

至於面對長時間的能源儲存需求，電網則必須使用更經濟的方式，一口氣將能源儲存數週或數月。如果使用電池儲存，則會過於昂貴。長時間能源儲存必須使用最有效率的替代方案，例如抽水蓄能電站，就是利用以水的位能儲存電力。位於維吉尼亞州阿帕拉契山區溫泉鎮（Warm Springs）的巴斯郡抽水蓄能電站至今已經有三十年的歷史。這個蓄能電站被稱為「全世界最大的電池」，為十三個州、七十五萬戶家庭提供可靠的電力。[27] 在夜間，當用電需求量低時，這個蓄能電站會從一座核能電廠獲得廉價的電力，將水從低勢較低的水庫抽到較高的水庫。等到用電需求量大時，水就從地勢較高的水庫流下來，轉動水力渦輪機發電。這種技術啟動供電的速度比傳統的天然氣尖峰負載發電廠還要快。

儘管抽水蓄能電站很適合用來長時間儲存能源，但是建造成本很高，而且無法設置在平地上。有一間名為能量庫（Energy Vault）的瑞士新創公司想出一個替代方案，同樣透過重力儲存能源。[28] 他們利用提起、放下、堆疊重達 35 公噸的合成磚塊來儲存、輸出電力。還有一間馬爾他公司（Malta）則是將電力轉化為熱能，儲存在大型儲藏槽的高溫熔鹽當中。高見能源公司（Highview Power）與海卓斯特公司（Hydrostor）將多餘的能源拿來儲存經過加壓的空氣，當空氣解壓時就能用來產生電力。布魯姆能源（Bloom Energy）則是利用綠氫生產或儲存能源，再用來為燃料電池提供動力。[29] 最後，形式能源（Form Energy）等公司則是利用新的化學反應來發展能源儲存系統。

次世代核分裂

核能是我們今日電力組合不可或缺的一部分，很可能在未來仍是如此。核電的缺點眾所周知，一旦核電廠發生事故，可能帶來毀滅性的後果。在全球 36 個國家的核電廠，所有反應爐累積運作的一萬八千五百年當中，發生過三起重大事故，分別是 1979 年的美國三哩島（Three Mile Island）事故、1986 年的烏克蘭車諾比（Chernobyl）核災，以及 2011 年的日本福島核電廠事故。[30] 這些災難提醒我們核電廠的風險，也凸顯出我們需要更安全的反應爐設計。

我們是否能透過科技的突破取得更安全、便宜的核電？答案是肯定的，但是政府必須願意投入更多經費，改善現有的核分裂技術才行。

現今大多數的核子反應爐，都是利用一般用水來冷卻。為了防止放射性物質外洩，核子反應爐都有主動啟動的安全系統，可以自動關閉反應爐。然而，正如福島核電廠事故所顯示，這些系統並非萬無一失。當日本太平洋近海發生規模 9.0 的大地震，福島核電廠的六個核子反應爐已經按照設計自動關閉。[31] 不料伴隨地震而來的海嘯高達 14 公尺，沖毀 5.7 公尺高的海堤，低地一片汪洋，也讓核子反應爐的備用柴油發電機無法運作。當循環水泵停擺，便造成反應爐爐心熔毀和氫氣爆炸。從發生事故至今已逾十年，用來冷卻反應爐的水仍然帶有輻射。日本政府正在計畫將這些水排放到海中，但環保團體擔心此舉將危害附近的人口以及當地的漁業。[32]

雖然福島發電廠採用的反應爐另外加上安全裝置，就可以防止爐心熔毀，但是僅有少數反應爐具備這樣的裝置。[33] 目前，研究人員已經研發出新型、先進的反應爐，也就是業界所說的第四代反應爐。總計已經有超過五十間實驗室或新創公司正在往這個方向發展，以顧及核能發電的四個重要層面：安全、永續、效率與成本。[34]

核能有很大的包袱。安全與保障是合理的擔憂，而且在核電廠選址時，貧窮居民只有概括承受的份。一旦發生問題，為了安全起見，政府當然會更加嚴格監督，發電成本無可避免也會升高。儘管有這麼多的阻礙，擁護核能的理由不難理解。畢竟，如果要實現淨零，少了核能，任務將變得無比艱鉅。正如比爾・蓋茲所言：「核能是唯一不排碳的能源，幾乎在地球上任何一個地方，不論日日夜夜、春夏秋冬，都能夠可靠的提供電力，而且還可以大規模的供電。」

比爾相信，核能對我們必須發展的巨大電網來說不可或缺，因此他成為新創公司泰拉能源（TerraPower）的早期投資者。[35] 這間公司使用鈉來冷卻反應爐，長期目標是要為一百萬戶家庭提供零排放、全天候的基本負載電力。然而，由於美國核電廠興建成本失控，泰拉能源至今尚未破土動工。不過，當泰拉能源與中國國營核能公司接洽，希望在北京以南建造一座實驗性的核反應爐，計畫再次因為中美之間的緊張情勢而中斷。2021 年 2 月，比爾在電視節目《60 分鐘》（*60*

minutes）中表示，說服人們接受核反應爐和建造核反應爐一樣困難。[36] 為了讓核能協助我們的電網脫碳，就需要公、私部門一起積極支持、投資。

2021 年 6 月，泰拉能源宣布將興建第一座核能示範發電廠，座落於懷俄明州即將退役的火力發電廠原址。[37] 我請比爾評估泰拉能源的未來。

比爾・蓋茲

泰拉能源有可能為未來的巨大電網貢獻良多。這項目標很難達成，有四大挑戰需要克服：核電廠的安全性、禁止可作為核武器原料的材料擴散、核廢料的處理以及成本。

泰拉能源在 2018 年幾乎要撐不下去。如果他們先進的反應爐示範沒能募資成功，我可能已經放棄了。這座示範發電廠的興建成本半數是由美國政府負擔，另外一半則由我負責募集。

五年後，我們可能對這個世界說：「嘿，你們瞧，從安全與經濟層面來看，第四代核能發電廠確實應該納為解決方案的一部分。」現在，我真的非常興奮，因為我們有機會建造一座示範發電廠，證明這項技術可行。

第四代核能發電廠確實應該納為解決方案的一部分。

核融合的登月任務

長久以來，科學家一直夢想打造出能真正發揮作用的核融合反應爐。這和傳統的核分裂反應爐不同；核分裂是透過分裂原子來產生能量，而核融合則是透過結合原子來釋放能量。太陽與星星的能量也是來自核融合反應。要把獨立原子的原子核擠壓在一起，需要極高的溫度與壓力。[38] 核融合反應產生的能量，必須大於運作耗費的能量才有實用價值。第一個展示核融合能持續產生大量淨能量的科學家，將會非常有機會獲得諾貝爾獎。

這實在有如登月任務般艱鉅，很多科學家都競相投入研究，想要打造出能夠產出足夠熱能用來進行核融合反應的反應爐。在這場良性競爭當中，源於麻省理工學院核融合科學實驗室的聯邦核融合系統公司（Commonwealth Fusion Systems）正在研發超導磁體，以創造出高熱的離子氣體，也就是「電漿」（plasma）。[39] **一旦成功，他們也就創造出一個生產大於消耗能量的系統，等同於取得能源聖杯。**

核融合反應爐以氫作為燃料，而氫是宇宙中最豐富的元素。理論上，從 1 加侖海水過濾出來的氫，可以產生相當於 300 加侖汽油的能量。[40] 但是，這項技術尚待驗證。儘管所有材料與步驟已經經過研究與測試，我們仍然在等待可以運作的模型。

有人會說，太陽能與風能都很便宜，我們何必投資這麼多錢來研究像核融合這種冒險的新技術？但我認為，**投資很重要，如此一來，我們才能斷定是否能夠藉由這項技術大規模產生電力**。貝爾實驗室在 1950 年代展示太陽能電池時，技術層面看來很棒，但就經濟層面而言，卻是不切實際。[41] 那時，要用太陽為一間房子供電，將花費 150 萬美元。但是，這就是創新的本質，起初總會看似不可能，就連最後證明能改變世界的創新也一樣，最剛開始看起來都沒機會。

碳中和燃料

到了 2040 年，可能有五億輛電動車在路上行駛，每年行駛總哩程數達 10 兆英里。如果那時的電網已經實現碳中和，這些車輛將是百分之百的零排放。但是，在全世界的汽油與柴油淘汰之前，傳統燃油車也許哩程數仍然高達 10 兆英里。這些車輛將繼續排放二氧化碳到大氣中。儘管撇開燃油汽車與卡車，我幾乎可以確定，長途運輸貨輪與飛機仍然將繼續燃燒液體燃料好一陣子。

為了減少交通運輸工具的排放，我們可以使用來自植物、農作物、海藻、植物油、油脂或脂肪的生質燃料。透過工業流程，這些生物質可以被轉化為乙醇、柴油與航空燃料。當這些燃料燃燒時，排放的氣體將被生物質所吸收的大氣二氧化碳量抵銷。然而，這樣做依然無法完全抵銷掉所有溫室氣體。根據製造過程與製造所需的化石燃料能源多寡，減少的排放量約為 30 ～ 80% 不等。[42]

身為好幾間生質燃料公司的投資人，我可以告訴你，生質燃料要大規模生產很難，而成本則是燃料能否被採用的決定性因素。如果原油價格低廉，任何一種替代燃料都很難和它競爭。

然而，這當中還有一個複雜因素不容忽視，也就是對生物質的需求。在一個完美的世界中，所有的生質燃料都來自廢棄物，如廢棄的甘蔗、玉米芯或是廢食用油。但是，隨著需求增加，生質燃料將必須和糧食作物或森林競爭。[43] 一旦生質燃料產業的規模擴大，就必須注意土地的使用問題。

正如世界資源研究所的提摩西・塞勤傑所言：「既然我們活在一個需要更多糧食與森林的世界，甚至為了生產糧食砍伐森林，為什麼有人會直覺認為耕地的最佳用途是生產燃料？」

這種困境在巴西尤其明顯。巴西的太陽充滿能量,當地人正在掙扎,是否要把甘蔗轉為他用。畢竟一英畝太陽能光電板產生的能量,和 100 英畝甘蔗田產生的生質能一樣多。

在朝向淨零排放前進的路上,我們需要 100% 零排放、不會和土地或糧食競爭的合成燃料。一種有希望的做法是利用太陽能或風能,將水中的氫與空氣中擷取的二氧化碳結合。由於這些燃料排放的二氧化碳,少於生產這些燃料所捕集的二氧化碳,因此可以實現碳中和。

如果這聽起來似乎不可置信,原因在於碳中和燃料成本昂貴,在經濟上仍不可行。除非,製造零排放燃料的電力來源價格很低,或是化石燃料的價格包含碳價已經大幅提高。好消息是什麼?好消息是這兩種發展都有可能。合成燃料也許不久就會迎來成功的時機,前提是,背後必須有資金支持。

能源效率的突破

儘管過去五十年來,我們的能源效率已經大有進步,但還有巨大的發展空間。**在美國,化石燃料產生的能源有超過三分之二都浪費掉了,部分原因出在生產方式,部分原因在於使用方式。**[44]

所有形式的能源都會消耗資源,就連太陽能與風能也不例外。為了取得更好的能源效率,我們需要用更輕的材料來製造會移動的東西,及更有效能的馬達來驅動機械、熱泵、水泵與風扇。我們需要更智慧、更節能的建築,不管是照明或冷暖氣空調都使用更少的能源,或者完全不用能源。供應鏈必須重新確立方向,以盡量減少包裝與材料,並且改為使用永續、可回收的材料。這些進展加起來,可以從根本上減少我們在這個完善世界的碳足跡。

舉例來說，BMW 電動掀背車 i3 是用碳纖維製造，因此這款車型的電池組比較小，續航里程卻增加了。[45] 儘管這種超輕、超堅固的材料每一磅的成本比鋼材還高，由於電池組減少、製造手續簡化，材料成本的差距就被抵銷了。由於車體輕、耗費的能源也比較少，即使只是把鋼換成鋁，節能效果也很顯著。福特暢銷貨卡 F150 車體改用鋁之後，車身重量就減少了大約 318 公斤，燃油效率也提高了 30％，一台堅固耐用、一般尺寸的貨車在高速公路上，燃燒每一加侖的汽油可以多跑 26 英里。[46]

全世界有一半以上的電力是供給馬達使用，用來驅動汽車、電器、空調系統、工業機械等。即使馬達本身的效能很好，還是可能因為控制不良，浪費一半消耗的能源。有一種創新改良是重量比較輕的馬達，也就是所謂的切換式磁阻馬達（switched reluctance motor）。這種馬達可以控制速度的範圍很廣，而且也能正反向轉換運行。特斯拉 Model 3 與 Model Y 的切換式磁阻馬達使續航力提升，同時降低了成本。新創公司騰恩泰德（Turntide）就開發出革命性的智慧電動馬達，有效提高照明、空調、通風等系統的用電效率。

利用發光二極體（Light-Emitting Diode，簡稱 LED）製造的燈泡顯示出，大幅改變眾多消費者的習慣，既減少排放又能省錢。截至 2018 年，LED 燈已經占美國照明產業的 30％，估計節省 150 億美元的能源費用與 5％ 的建築用電。[47] 當創新可以輕易採用，只要插上去、轉上去或放進去，使用率就會飆升。

在能源效率的領域中，看似微不足道的東西也能帶來很大的影響。蘋果公司不斷的改良產品，盡可能減少使用能源，提升回收率，降低從生產到出貨每一個階段的成本。最新的 iPhone 已經不附充電器，因此省下塑膠、鋅與材料，而且包裝也變得更小、更輕。[48] 出貨時，一個棧板上裝載的手機數量就因此增加 70％。此外，蘋果公司也持續利用新的微處理器與軟體來提高產品的能源效率,不但使電池壽命增長,也縮小碳足跡。

用工程手段來解決氣候問題

為了方便討論,讓我們假設我們減排的速度不夠快,無法達到淨零排放的目標。如此一來,我們可能被迫必須做出高風險的選擇。屆時我們只能活在一個暖化失控的世界,被無盡的痛苦折磨,這真是噩夢般的情景。

或者……我們或許可以試著改變自然。

人類在有歷史紀錄之前就有了氣候適應措施。全世界最古老的海堤是七千年前石器時代的村落所建,就位在今天以色列北部海岸。[49] 不過,利用地球工程改變自然又是另一回事,這不是為了適應氣候變化,而是大規模的操縱大自然。

有一項引發激烈辯論的計畫,是向大氣層發射大量二氧化硫顆粒,讓太陽光偏移。如果成功,就能使地球降溫,減緩甚至阻止極地冰帽的融化。這種做法有實證案例嗎?在 1815 年的印尼,坦博拉山(Mount Tambora)火山爆發,規模大到前所未見,打破歷史紀錄,就連 1,600 英里以外的地方都聽得到火山噴發的響聲。[50] 富含二氧化硫的極熱火山灰向上噴射超過 70 英里,進入高層大氣,擴散到 800 英里以外的地方。[51] 火山微粒在空中蔓延數年,阻擋大量的太陽輻射。

這場災難的影響非常驚人。除了夕陽異常猩紅,1816 年也成為「沒有夏天的一年」,還是北半球四百多年來第二冷的一年。[52] 紐約州奧爾巴尼(Albany)甚至下起六月雪。坦博拉火山噴發的二氧化硫造成酸雨,讓農作物欠收,餓死、病死的人多達數萬人,和死於火山爆發的人數相當。[53]

兩百年後,實驗物理學家大衛・濟思(David Keith)在哈佛大學進行太陽能地球工程研究計畫（Solar Geoengineering Research Program）。[54] 這項任務需要過人的膽識和勇氣，濟思就飽受死亡威脅。但是他不退縮，他認為地球工程研究很重要，哪怕只是避免意外的結果也有價值，因為這方面的研究可以降低極端選擇的潛在風險。

有比二氧化硫顆粒更安全的方法嗎？也許可以使用碳酸鈣顆粒？沒有人知道。普立茲獎得主伊麗莎白・寇伯特（Elizabeth Kolbert）在《在大滅絕來臨前：人類能否逆轉自然浩劫？》（*Under a White Sky: the Nature of the Future*）書中指出，濟思等科學家的地球工程可能會帶來令人不安的影響。如果我們把碳酸鈣噴射到大氣中，天空可能會變成灰白色。我們將看見一種新的雲層，不只一整天都在，還會每一天都出現。[55]

高爾認為，如果地球工程超越碳清除，將是不道德的錯誤選擇，因為我們還不知道它會帶來什麼樣的影響。而且，我們還沒試過更安全、可靠的做法。高爾會說，與其說地球工程是登月計畫般的解決方案，不如說是和大自然的浮士德式交易。

儘管如此，有些頂尖的全球專家認為，就算地球工程風險很高，還是值得一試。地球工程不是要替代減少排放，而是要在其他方法都失敗的情況之下背水一戰。《在大滅絕來臨前》書中，地球科學家史拉格（Daniel Schrag）與麥克法連（Allison Macfarlane）的對話有很意思。史拉格說，地球工程也許是有必要的，**「因為現實世界給我們一手爛牌。」**[56]

麥克法連回應說：「不過，這是我們自己發的牌。」

城市的建造與重建

地球上最強大的社會趨勢就是都市化，而我們的氣候正在承受這股趨勢帶來的重大衝擊。2000 年，全世界有三百七十一個城市的居民超過一百萬人。[57] 今天，這樣的城市則有五百四十個。到了 2030 年，人口規模突破百萬的城市將有七百個。目前，中國在兩年內澆灌的水泥要比美國在 20 世紀整整一百年的用量還要多。[58]（同時，中國野心勃勃的宣布，要在 2050 年之前發展出五十個近零排放的低碳城市試點。）[59]

世界各地的城市規劃未來的路徑時，有三個選擇將決定城市發展的排放軌跡：

1. 如何設計與建造建築？

2. 人們如何移動？

3. 能保留多少綠地？

我們聽到的答案大抵如下：用鋼筋和混凝土建造；利用汽車移動；我們的綠化面積遠遠不足。**為了實現淨零排放的世界，我們需要一套新的答案。**

如何設計與建造建築？

在建造一個新的城市時，都市規劃者可以在一開始就做出零排放的選擇。關鍵的第一步是在計畫的所有層面追求最大效率。我們可以在印度看到一個有望實現的未來城市計畫；印度人口預計在 2010 年至 2030 年間會倍增，達到六億之多。

目前，正在建設的帕拉瓦城（Palava City）在孟買的內陸郊區，預計將有兩百萬人在這裡居住。[60]

印度最大的房地產開發商羅達集團（Lodha Group）與洛磯山研究所（Rocky Mountain Institute）合作，可望在帕拉瓦城實現淨零目標。[61] 這個城市裡的樓房屋頂都將裝設太陽能板，為建築與車輛提供電力。窗戶與樓面設計注重通風，以減少冷暖氣的空調需求。在「深度節能」的原則下，帕拉瓦的建築耗能與全國標準相比，足足少了 60%。

商店、工作場所與公寓都很近，步行就走得到。公園與樹木會幫忙吸收二氧化碳。雨水都收集起來使用，廢水也將回收再利用。和現有的基礎設施相比，帕拉瓦設計的節能效率要多出三分之二。

這些可以提高效率的方法都很實際，不需要奇特、未經驗證的技術。這些解決方案，我們在幾十年前就知道了，創新的地方在於把各種方案整合成單一、連貫的計畫。但是，為了進一步減少城市的碳足跡，我們在效率、製造方法與材料方面必須要有更多的突破，例如低碳水泥與鋼材。

人們如何移動？

我們建造的城市與社區必須設計安全的自行車道，提供充足的公共運輸，並且減少汽車的使用。丹麥首都哥本哈根是全世界首屈一指的自行車通勤城市，並且因此可以減少排放。[62] 這個城市有 237 英里長的寬闊自行車專用道。為了讓人安全騎乘自行車，大多數的自行車道都是高架車道，且有路邊石作為緩衝，分隔汽機車車流。到了 2019 年，哥本哈根有超過 60% 的通勤者與通學生，每天騎乘自行車往返，比 2012 年的比例（36%）增加很多。[63]

調查顯示，人們不喜歡在都市裡騎自行車是因為自行車道缺乏保護。[64] **光是在路面上劃線、標示自行車道與汽車道還不夠**。在新冠病毒大流行期間，美國許多城市都為自行車道增加護欄。由於騎乘自行車變得更安全，更多人以自行車代步。

西班牙的巴塞隆納以無車區聞名。[65] 這座城市的設計富有想像力，因而促進旅遊業與當地經濟的發展。巴塞隆納的「超級街區」（Superblock）設計已然成世界各國模仿的典範。2020 年，市長艾達・柯勞（Ada Colau）宣布將斥資 4,500 萬美元拓展超級街區，增加二十一個步行廣場與 16 公畝的公園綠地。如柯勞所言：「我們要為現在與未來的新城市思考，設法減少汙染、增加移動性與全新的公共空間。」

巴塞隆納的淨零排放運動還取得另一個勝利：禁止 2000 年前購買的汽油車與 2006 年前購買的柴油車上路。在錄影機的監視下，違規者可罰款 500 歐元。這座城市在優秀的公共交通輸系統上加倍投資，計畫在 2024 年前減少十二萬五千輛汽車上路。[66]

哥本哈根、巴塞隆納、麥德林、巴黎、奧斯陸都是因應都市排放挑戰的好榜樣。他們既不仰賴全國性的法規，也不需要採取極端的技術手段，並且證明聰明以及富有創造力的設計也能有長足的進展。

能保留多少綠地？

新加坡規定建築物周圍必須有大量的樹木、灌木與草地，使這座炎熱的城市得以降溫。這個國家是都市綠地覆蓋率的發源地，而這項指標是追蹤都市範圍內，所有綠色植被覆蓋面積與都市面積的百分比。[67] 高樓大廈可以透過空中花園、公共花盆與公共地面花園來符合綠化的要求。[68] 地面綠化可使地表的最高溫度下降攝氏 2 ～ 9 度，[69] 屋頂花園與外牆綠圍的降溫效果更好，可以讓地表溫度下降達攝氏 17 度。這些綠化空間的植物也是建築的隔熱材料。

近二十年來，紐約市運用下列三項核心城市原則：設計、移動性與提高綠地覆蓋率。2006 年，這座城市在廢棄的高架貨運鐵道鋪設第一條綠色步道與公園，[70] 隨後發展出豐富的象徵意義：一個廢墟現在正在吸收二氧化碳，為淨零排放的未來努力。

五年後，紐約在彭博市長的領導下展開一項為期六年的計畫，把著名的時代廣場變成行人徒步區，禁止車輛通行。紐約市政府也在整座城市的範圍內，設置長達 400 英里、設有護欄的自行車道。[71] 接下來，下一任市長白思豪（Bill de Blasio）更禁止汽車進入第十四街，[72] 而這是一條東西向的幹道。在一年之內，隨著跨城公車速度增加，乘客數也增加 17％。在 2005 年到 2016 年間，即使紐約人口增加，二氧化碳的排放量卻減少 15％，每年減少的二氧化碳碳總計有 1,000 萬公噸。[73] 如果紐約在 2050 年之前減少 80％的排放，等於已經踏出重要的第一步。[74] 紐約現在是城市綠化運動的典範。正如法蘭克‧辛納屈（Frank Sinatra）唱的〈紐約，紐約〉：「如果我能在這裡成功，在任何一個地方也能成功。」[75]

擴大研發的規模

為了加速轉型到淨零排放，我們不但要開發下一代突破性技術，也得擴大現有技術的規模。同時，我們還必須盡可能避免會讓地球升溫的種種做法，以免問題過於複雜或是拖慢轉型步伐。例如，我們不能因為燃氣發電的二氧化碳的碳排放只有燃煤的一半，就認為天然氣已經夠乾淨了。只要會排放溫室氣體，再少我們也不能接受。

每當我想到創新，就會想起蘋果第一任科學長艾倫·凱（Alan Kay）的名言：「預測未來的最佳方式就是創造未來。」我想補充的是，預測未來的次佳方式就是投資。這讓我回到原點，也就是這趟氣候之旅的起點：為了擁有清潔能源的未來，我決定在這方面投資。

紐約市把廢棄高架鐵道改變成高架綠色步道，象徵著轉型到清潔能源。

投資！

第 10 章　**投資！**

2006 年，我們凱鵬華盈的綠色團隊踏上潔淨科技的投資之旅。起初，我們投入 3 億 5,000 萬美元。過了六年，成績差強人意，於是，我們開始遭到狙擊。《連線》雜誌（*Wired*）刊出一篇文章「潔淨科技的熱潮為何退燒？」，作者在文章中提到我在 TED 慷慨激昂的講述氣候危機問題，並且列舉我們在太陽能、電動車與生質柴油的投資就像打水漂。雜誌中甚至附上插畫，描繪被大火吞噬的一桶生質柴油，好讓讀者清楚了解文章的立場。這篇文章更以下列句子作結：「換句話說，或許杜爾的確有理由再次落淚。」[1]

不過，這篇的殺傷力顯然遠遠不及幾年後在《財星》雜誌出現的文章。那篇文章標題甚至宣稱凱鵬華盈帝國已然「崩解」，還感嘆道這間公司「曾經是矽谷創投巨鱷」，不料走進了一個「不太妙的再生能源投資領域」。[2]

我不否認，這篇文章教我氣血攻心。不過，**如果你是新創企業的投資人，起起伏伏本來就是家常便飯。**創投家很容

易遭到謬論與懷疑圍攻。前方的道路不只很難走，而且險象
環生。大多數的新創公司都會失敗。至於伊隆・馬斯克、琳
恩・朱瑞奇與伊森・布朗這樣的創辦人，都是擁有過人的毅
力才能走出波折，闖出一片天。

多年來，我發現偉大的新創事業具有幾項特點，那就是卓越
的技術、傑出的團隊、合理的融資，以及精準的聚焦，也就
是懂得瞄準既有的大型市場，或是快速增長的新市場。最
後，一間公司要能出類拔萃，不但需要堅持、耐心，也要有
迫不及待的衝勁。新創企業很少具備這樣的特質，特別是在
剛創立的時候，而贏家都曾經接受時間的淬煉。

對於投資風險／報酬的動態關係，我會假設投入的資金是 X
元，即使全部賠掉，損失就是 X 元，反之，如果賺錢，報
酬可能多達 1000X，或是更多。

**創投家在創業者身上下注。這些創業者資源很少，完成的
事情卻多到我們無法想像，而且執行的速度也是快得令人
覺得不可思議。**我們通常認為網路、生物科技或是潔淨科
技的創業家，全都是在時代尖端的新創公司，但是這並非全

創新的各個階段：從發想到擴大規模

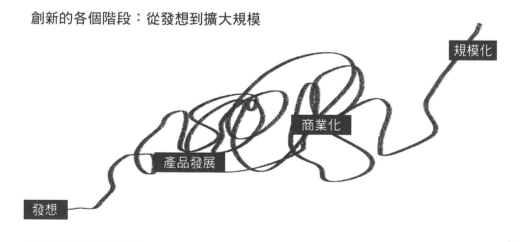

貌。不是有創新構想的人都會自行創業，有些人是在公司內部孵化新業務的領導人，也就是所謂企業內部的開拓者。他們有些人熱中於社會行動與政策，也有些人是非營利的氣候倡議者，但是同樣秉持熱情與使命，全力阻止氣候暖化。

賈伯斯向這樣的人致敬：「格格不入的人、反叛者、愛惹麻煩的人……對事情有不同看法的人……他們推動人類進步，雖然有人認為他們是瘋子，在我們眼中，他們卻是天才，因為瘋狂到自以為可以改變世界的人，正是改變世界的人。」[3]

要顛覆一個巨大的傳統市場，比方說要顛覆能源市場，可說是一項艱鉅的任務。以潔淨科技的投資而言，全壘打牆又高又遠，是很難突破的關卡，加上強風猛吹，然而，我們要擊出的全壘打不只是為股東創造報酬，儘管這是這個世界運轉的道理；潔淨科技的全壘打是是要讓我們更接近氣候目標。如此一來，地球上的每一個人都是贏家，不管支持這項技術的是凱鵬華盈，或是突破性能源風險投資公司。

2021 年 6 月 30 日，超越肉類的市值已經達到 98 億美元。

恕我直言，《財星》雜誌要宣告凱鵬華盈在潔淨科技上的投資全軍覆沒恐怕為時過早。在《財星》為我們發出那則訃聞一週後，超越肉類首次公開募股，股價狂漲，公司市值從 15 億美元飆升到 38 億美元，[4] 證明這是一個很有潛力的新市場。在接下來的幾個月內，這間公司的股價翻漲四倍。此外，凱鵬華盈投資的恩費斯能源公司是太陽能設備製造、銷售商，不但獲利穩定，市值也已經漲到 200 億美元。我們也很早就投資美國首屈一指的電動巴士製造廠普泰拉公司，以及史丹佛大學出身的量子願景電池公司，這間公司可望在電池領域締造里程碑般的突破。

當我們討論氣候相關投資時，必須面對一個冷酷、無情的現實是，我們不只要在速度與規模上取得巨大突破，而且得在緊迫的時間內募集到前所未有的高額資金。創新基金向來是美國資本主義的一大榮耀，但是如果要實現目標，我們投入的資金還差得遠呢。我們需要更多突破與創業者，正如維諾德・柯斯拉曾經比喻道：「要多射門，才能提高命中率。」有五種不同類別的資金可以彌補不足，也就是政府研發與資金獎勵，再加上創業投資、慈善投資與專案融資。雖然創業投資是創業家獲得資金的起點，但是一間新創公司需要的條件不只如此。更多的資金來自成長基金與專案融資，例如向銀行、保險公司、公部門等申請的貸款。

根據我們的計算，**要達成全球淨零排放的目標，每年至少要 1 兆 7,000 億美元，而且往後我們還得努力個二十年或者更久。**這就是我們的評估。這項計畫包括五項關鍵結果，每一項都涉及上述五類資金。

「政府資金獎勵」關鍵結果（KR 10.1）包括政府可以用來加快改變步調的計畫：貸款擔保、稅額抵減、零排放技術補助等。全球各國政府對清潔能源的補貼與資助，必須從每年 1,280 億美元增加到 6,000 億美元。顯然，要達成這樣的關鍵結果需要很多資金，而這些經費必須透過政治角力去爭取，如果政府取消對化石燃料的補貼，就能全額補助這個關鍵結果所需的經費。[5]

「政府研發」關鍵結果（KR 10.2）追蹤公部門對發明淨零未來的資金補助。在美國，聯邦政府提供給能源的基礎與應用研究經費必須提高為五倍。換句話說，我們建議美國政府提供的研發補助金額，應該相當於分配給國家衛生研究院的資金，每年大約是 400 億美元。[6]其他國家的目標則是把目前的資金提高到三倍。

「創業投資」關鍵結果（KR 10.3）是要讓資金增加為四倍，來資助新公司的建立，以及尋找可以快速擴展的創新解決方案。這些資金來自機構投資人（大學校務基金、退休撫卹基金、政府），以及高資產淨值的投資人（持有金融資產價值超過 100 萬美元）。投資私人公司的資金可能少至 25 萬美元，也可能多達 2 億 5,000 萬美元。

第 10 章
投資！

KR 10.1   政府資金獎勵

全球各國政府對清潔能源的補貼與資助，從每年 1,280 億美元增加到 6,000 億美元。

KR 10.2   政府研發

美國公部門的能源研發資金，從每年 78 億美元增加到 400 億美元；其他國家應致力於把目前的資金提高到三倍。

KR 10.3   創業投資

對私人公司的資金投資從每年 136 億美元增加為 500 億美元。

KR 10.4   專案融資

將零排放專案的融資從每年 3,000 億美元增加到 1 兆美元。

KR 10.5   慈善投資

慈善投資的資金從每年 100 億美元增加到 300 億美元。

「專案融資」關鍵結果（KR 10.4）是最大的資金來源，用於資助成熟技術。公營與民營銀行都必須放貸更多資金，以加強再生能源的部署、能源儲存，以及減碳計畫。

「慈善投資」關鍵結果（KR 10.5）為通常不會直接產生財務報酬的氣候計畫提供資金，例如氣候正義，或是土地、森林與海洋的保護。這方面的資金應該增加三倍。在這些領域努力的非營利組織需要基金會更多的支持。全球慈善基金會約有 1 兆 5,000 億資金，[7] 而光是在美國就有 8,900 億美元。

翻轉政府的獎勵措施

世界各國的政府會用各種方式來補貼、保護化石燃料業者，例如優惠稅率、減稅與投資軍備事業。同時，石油、煤與天然氣公司卻無視汙染造成的破壞。根據統計，我們每年直接貼補這個產業的金額總計為 4,470 億美元。[8] 我們要求取消對化石燃料的優惠稅收待遇，並且將省下來的巨資用於加速能源轉型，使用零排放的替代能源。

稅法會讓受到青睞的產業更加具有明顯的優勢。**化石燃料從低價獲益，因為這個產業為了利益，從開採到消費的每一個環節，皆肆無忌憚的破壞環境與所有人的健康**，卻從來沒有受到任何懲罰。瓦茲拉夫‧史密爾直言：「沒有任何一種化石燃料承擔起二氧化碳促進全球暖化的最終成本。」[9] 如果把所有成本納入考量，從氣候變遷到空汙造成的死亡與疾病，化石燃料產業每年應該承擔的金額將超過 3 兆美元。[10]

我們的政府擁有各種工具來加快採用潔淨科技，像是為特定計畫提供經費；必須連本帶利償還的直接貸款；私人貸款擔保（由政府承擔借款人違約的所有風險）；透過補助降低購買價格；以及稅收減免。

多年來，氣候行動反對者的出氣筒，一直都是美國能源部放款計畫辦公室。他們的首要目標是索林德拉公司（Solyndra）。這是一間太陽板新創公司，在歐巴馬執政早期就從能源部獲得 5 億 3,500 萬美元的貸款擔保。兩年後，在廉價的中國太陽能板衝擊下，索林德拉破產了。（我要在此鄭重聲明，凱鵬華盈未曾投資索林德拉，但是我們投資了其他七間太陽能光伏系統新創公司。其中四間公司差不多在同一時間倒閉。）

然而，攻擊索林德拉投資案是典型以偏概全的偏頗做法。的確，這間公司倒閉了，政府損失 5 億美元。但是，這則頭條新聞沒說清楚的是，為了讓美國在潔淨科技方面保有國際競爭力，索林德拉的貸款擔保只是大策略當中的一小部分。總體的目標是加速太陽能與風能技術的發展，並且在發展過程中創造清潔能源的就業機會。毫無疑問，這項策略相當成功。從 2010 年到 2019 年，美國太陽能產業的就業機會增加了 167％，從九萬三千個增加到將近二十五萬個。[11]

其實，能源部放款計畫辦公室已經為納稅人帶來很高的報酬。如果各位的投資組合當中有多間新創企業，不管那間公司是透過貸款或補助募集資金，投資人都要有心理準備，預想其中幾間公司可能會倒閉。能源部放款計畫辦公室自成立以來，已經貸出或擔保超過 350 億美元的資金。[12] 貸款的違約率不到 3％，以目前與未來的獲利來看，完全足以彌補損失。

正如歐巴馬執政時，能源部放款計畫辦公室執行主任強納森・西爾弗解釋道：「聯邦放款計畫所要扮演的角色是，支持可能非常重要、同時具備商業可行性的解決方案；這些方案因為新創企業固有的財務風險而未能擴大規模。」如果有政府擔保作為後盾，私人投資者與貸方提供融資時就會比較放心。他又說，最理想的情況是，聯邦政府的支持能使一間公司開發出全新、有用的東西，並且擴大市場規模，最後自立更生。

正如西爾佛所言，聯邦政府的潔淨科技貸款設計，不是為了將獲利最大化。因為政府為了吸引申請者，把貸款利率壓得很低，只求達到收支平衡。西爾佛指出，如果這些貸款案是由商業銀行辦理，並且以一般利率放貸，而申請的新創企業違約率只有 3％，這些再生能源計畫一旦達到一定的規模，就能帶來「巨大的獲利」。

舉例來說，還在發展早期的特斯拉汽車陷入虧損的泥淖。他們的 Roadster 需要大量資金，卻又不幸碰上金融風暴，幸虧有賴能源部在 2010 年批准的一筆 4 億 6,500 萬美元貸款，特斯拉才轉危為安。[13] 這筆貸款可以說是特斯拉的救命錢。**2013 年，馬斯克宣布特斯拉將提前十年還清貸款，這完全是皆大歡喜的局面**。所以，我們不要忘了：沒有貸款，就沒有特斯拉。

在 2010 年的聯邦會計年度，歐巴馬政府在潔淨科技研發上支出 4 億美元，並且以 700 億美元進行貸款擔保。這筆數字也許聽起來令人印象深刻，但是中國政府從 2012 年到 2020 年，平均每年都編列 770 億美元的預算，用來支持國營與國家贊助的公司製造太陽能板、電動車以及其他潔淨科技解決方案。[14] 這是一項了不起的就業計畫，每一個省分突然都有了當地的太陽能板製造公司。而且如果有公司搖搖欲墜，政府通常會出手相救。

簡而言之，這是太陽能板變得如此便宜、擴展如此之快的原因；這是中國給這個世界的禮物。也難怪凱鵬華盈投資的五間太陽板公司，都在之後的價格戰中慘遭輾壓。這正是因為我們對潔淨科技的投資向來不夠多。結果，中國目前在太陽能板市場的全球市占率達到 70％。[15]

創投的力量

想出一個絕妙的構想和大規模執行計畫完全是兩回事，因為
光是發現這個世界需要什麼東西還不夠。如果一間新創企業
要成功，就必須擁有全世界都願意採用的東西。接下來的幾
個關鍵步驟，例如建立團隊、銷售、製造與產品支援，每一
個環節都需要錢。所以，這就是創投公司登場的時候了。創
投公司提供資金給新創企業，換取他們的一些股票，讓創業
者得以從實驗室發展到市場。這就是凱鵬華盈等創投公司扮
演的角色：尋找、資助，並且加速創業者的成功。

潔淨科技發展的第一個十年：從繁榮到衰退

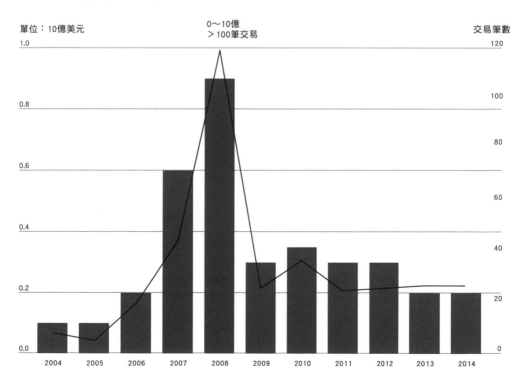

資料來源：麻省理工學院能源研究計畫（MIT Energy Initiative）。

過去五年來，全球的創投公司在潔淨科技上總計投入超過
520 億美元。[16] 募資的第一輪，也就是所謂的「種子輪」，
通常風險最大，因為新創立的公司很可能倒閉，讓投資者血
本無歸。為了減少風險，凱鵬華盈在潔淨科技上的投資方法
是以科學作為基礎。正如我在前文提及，我們已經找出少數
幾個急需解決的「氣候大挑戰」。

2006 年，高爾的紀錄片《不願面對的真相》敲響警鐘、為
我帶來震撼之後不久，我們的團隊就開始面對這些挑戰，研
究機會並且和創業者見面。我們研究過三千多間公司的提
案，包括太陽能板公司、生質燃料公司、鋼鐵公司與水泥
公司，因此在創投業掀起研究氣候解決方案的浪潮。早在
2001 年，創投業在氣候科技上的投資案僅有不到八十件，
投入的資金低於 4 億美元。[17] 七年後，氣候科技方面的投資
案已經有四百件，投資金額將近 70 億美元。[18]

但是，這波資本激增的時機不太理想。由於 2008 年爆發金
融海嘯，很多潔淨科技產業的新創公司才剛萌芽就慘遭滅
頂。石油與天然氣價格下滑、信用緊縮，而且在中國政府大
肆補貼潔淨科技產業之下，美國公司不敵競爭。有些技術一
直無法走出實驗室，進入商業市場，還有一些根本就不可
行。

2009 年，清潔能源的投資急遽減少，早期投資受到的打擊
特別大。同時，數十億資金流向軟體與生物科技等產業。到
了 2012 年，也就是《連線》雜誌為凱鵬華盈發表訃聞那一
年，我們在潔淨科技上的投資幾乎全軍覆沒。看來我們已經
賠光光了。

然而，讓人意想不到的是，我們竟然奇蹟般的從瓦礫中爬出
來。普泰拉電動巴士公司存活下來；充電據點公司也度過危
機，甚至成為美國電動車充電樁龍頭老大（已經在十一萬兩
千個地點設立充電樁，未來還會在更多地方設置），還在紐
約證券交易所上市。凱鵬華盈投資的幾間公司則是被更大的

公司收購，像是生產智慧空調溫度控制器的新創公司 Nest，就在 2014 年以 32 億美元被 Google 收購。

為公用事業公司整合用戶能耗數據的 Opower 則在兩年後被甲骨文（Oracle）納入旗下。由於我們感覺到機會愈來愈多，我們的潔淨科技投資團隊甚至拆分出一個新的基金，也就是 G2 創業夥伴（G2 Venture Partners）。

我們的潔淨科技投資組合得以敗部復活，最主要的因素是超越肉類在 2019 年 5 月首次公開募股。凱鵬華盈在許多輪投資中都有提供資金給這間公司，總計投入 1,000 萬美元。而現在，這間公司的股票已經在納斯達克上市。2021 年 1 月，超越肉類與公司創辦人伊森・布朗已經籌集 2 億 4,000 萬美元資金，得以為全植物成分的肉類替代品擴展市場。凱鵬華盈持有的股票市值也增長到 14 億美元，是我們最初投資金額的 140 倍。在創業投資的領域中，只要有兩、三次成功，有時甚至只要成功一次，就能彌補所有的虧損。

自 2006 年以來，凱鵬華盈在六十六間潔淨科技新創公司的投資，總計已經達到 10 億美元。截至 2021 年，我們的股票市值增為三倍，達到 32 億美元，對潔淨科技產業的投資金額也來到新高。我們在這個產業的投資歷程就像雲霄飛車，也學到幾項寶貴的教訓：

努力找出關鍵風險因子，然後果斷去除

創辦人與投資者必須面對技術風險（技術失敗）、市場風險（無法在市場競爭中脫穎而出）、消費者風險（消費者不買單），以及監管風險（無法獲得當局批准）。問題在於，最主要的風險到底是什麼？可以用早期募集的資金來消除這些風險嗎？如果不成，那就幾乎不可能募集到後期所需的資金。

總是要籌錢

我們給創辦人的訊息很簡單：不只要很會募集資金，更要成

為這方面的佼佼者。要在各輪投資中招募到投資人，特別是可以開出高額支票的人。此外，要尋求企業合作夥伴，他們可能是不可多得的貴人。

成本為王；要注重績效

如果要在電力、鋼鐵或燃料的商品市場上競爭，單位成本應該是首要考量。即使產品有環保標章，如果品質不夠好，消費者就不會願意支付更多錢。他們希望買到更好的產品，至少不會輸給現有的產品。特斯拉、超越肉類與 Nest 就是最好的範例。

和客戶打好關係

在經濟大幅衰退的時期，表現最佳的公司一直都會和旗下產品的終端顧客保持良好關係。

現有品牌將奮力搏鬥

有些公司會調適環境，有些則會衰亡，但幾乎所有的公司都會露出尖牙利爪掙扎抵抗。畢竟，他們的業務都建立在碳汙染上，公司卻只顧牟利，用不著收拾這個爛攤子。

在汲取這些教訓的過程中，麥特・羅傑斯學得很快，而且也經歷重重考驗。他還不到四十歲，但已經有三段傲人的職業生涯，他是早期 iPhone 發展時的軟體工程師、後來和合夥人共同創立 Nest，現在則是創業投資業者。2017 年，他創立了因塞特創投公司，主要投資以任務為導向、不怕挑戰現有公司的潔淨科技新創公司。

麥特・羅傑斯（Matt Rogers）

我在 2009 年離開蘋果時才二十六歲，並且正在思考人類面臨的巨大挑戰，而氣候就是最重要的一項挑戰。那時，我們在憤怒鳥這樣的遊戲應用程式投入相當多腦力、氣力、資金與人才。我在想，如果我們把這些資源投入氣候問題上，會怎麼樣呢？

於是，我與合夥人東尼・法德爾（Tony Fadell）開始分析市場。我們曾經一起打造 iPod 與 iPhone，因此我們了解顧客空間。我們看過能源部的流程圖，尋找重要的資訊，挖出沒有人在做的工作。我們發現冷氣與暖氣占每年家庭使用能源的一半。

當時，我住在矽谷一間建於 1973 年的老公寓。我們鋪上新地板、裝設嶄新的流理台，但是仍然是用米白色的塑膠遙控器來控制冷氣與暖氣。我們已經打造出 iPhone 4，它的機身前後覆蓋著透明玻璃，搭配鋁框設計，那真是有史以來最時尚的產品。反觀我們的公寓，設計與技術都停留在 1970 年代。我們每一年至少得花 1,000 美元的室內空調電費，空調卻是由那些看起來很彆腳的米白色塑膠遙控器所控制。

在 1980 年代，已經有人寫出控制空調的程式，可以在晚上把暖氣調小，以節省能源。只是使用者介面太糟，沒有人想要使用。這就是讓我們最初想要創辦 Next 的信念。我們希望推出一個漂亮的產品，但是也需要打造一個容易使用、能夠自動節省能源的溫度自動調節器。

我們的核心見解是，這項產品不但要增加能源效率，也必須解決使用者介面的問題。Nest 是一間以使命為優先的公司，同時我們也把產品放在第一位。

由於我們在這個領域沒有專業知識，我們做了大量研究，請教很多專家。我們需要了解暖通空調系統（Heating, Ventilation and Air Conditioning，簡稱 HVAC）如何運作，以及環境保護局有什麼規定。當時，環境研究方面的行動並不少見，只是還沒有滲透到消費者市場。

創造新市場是一件很困難的事。我喜歡進攻已經具有規模的市場。消費者早就可以買到自動溫度調節器，這個東西不是我們發明的。然而，如果想打進一個已經具有規模的市場，就必須觀察既有的公司如何反應。有時候，他們會收購其他公司，來壓制改變或是適應改變，以便進一步發展業務。有時候，他們則會透過訴訟來嚇人，讓人知難而退，因為他們擁有市場力量。有時，他們則無視你的存在。以我們創辦 Nest 的經驗來說，有一間公司就對我們提出告訴。漢威聯合（Honeywell）說我們的圓形旋鈕侵犯他們的多項專利；四年後，我們和漢威的訴訟以和解收場。

新加入市場的公司有一項市場老大哥望塵莫及的特色，那就是敏捷性。如果一間公司有七層管理階層，真的會很難做出決定。有那麼多人、那麼多優先事項需要考量，下層的人有任何新想法都很難上達高層。

因此，Nest 的動作模式就是快，我們迅速做出決定，演化速度快到讓人想像不到。早先，我們宣布將推出一個很酷又具有突破性的產品，但是我們不會在這裡止步。三個月後，我們就發布軟體更新。每年我們也都會更新硬體，並且以最快的速度發展。等到競爭者成功複製我們的第一代產品，我們已準備推出第三代的產品。

我們設計產品的出發點是：如何幫助人們在家中節能？但是，我們的目標始終都是走向擴大規模，讓我們的智慧控溫器打入幾千萬個家庭，每年節省幾千萬兆度電的電力。

Nest 能夠成功是因為我們在最合適的地方、最合適的時機，推出了最合適的產品。

———————————

2021 年 1 月，光是在這一個月，潔淨科技產業的投資金額已經超過 2015 年全年的總額。[19] 經過十年的磨練，創投支持的潔淨科技不但捲土重來，而且風風火火。突破能源風險投資基金的業務領導人卡麥可・羅伯茲監督五十多件新創公司投資案，追蹤這些公司發展的每一個階段。我詢問卡麥可，要在這個領域成為一位成功的創業家，需要具備哪些條件。

創造新市場
是一件
很困難的事。

卡麥可・羅伯茲

成功的創辦人會在還沒看到任何波浪之前，就毅然決然登上衝浪板。他們的直覺告訴他們，最美的波浪即將出現，除了他們，沒有人看得到。他們一直非常努力做準備，等巨浪來了，隨即可以站在浪頭上。

突破能源風險投資基金有三十位全職科學家、創業家與企業建造者。在這個組織裡，沒有人自稱是純粹的投資者。我們尋找突破性的氣候技術，給予協助，希望這種技術能達成最大的成功。有時候，這意味我們要和創辦人一起下水，甚至得丟救生筏給他們。

為了成功，創業家要有自信，同時也需要一點脆弱與偏執。有位創辦人最近來找我，他說道：「卡麥可，關於 X、Y 與 Z，我是不是應該緊張？」我說：「沒錯。」然後接著告訴他：「既然你說出來了，我們就一起面對吧。」

大家都想知道我們投資的公司現在發展如何。突破能源風險投資基金成立至今才四年，因此現在言之過早。但是，有件事沒有人知道。每一次決定投資某間公司之後，我總是緊張兮兮；我的夥伴也會緊張；結果整個團隊，沒有人不緊張。我們會問自己：我們是不是做了一個瘋狂的決定？你知道，每當碰到這種時候我們會怎麼做嗎？在接下來的幾個月，我們會非常努力，以確保當初的決定是合理的。我們盡可能利用人際網絡，認真找尋合作夥伴，招攬更多人才和我們一起打拚。

我們毫無保留的提供我們擁有的技術專長。我們的任務是支持創業家，他們才是真正辛苦的人。如果他們成功了，我們的世界就可以減少 10 億公噸的溫室氣體，能少一噸就算一噸。

如果我們是成功的投資人，就要對一百五十間公司負責，這些公司對氣候變遷的結果影響最大。此外，由於我們和其他創投業者與創投公司有合作關係，我們也必須為另外一千間公司負責。要在 2050 年前達成淨零排放，就靠他們了。

無可否認，就因應氣候變遷而言，我們已經晚了一步。但我相信純粹的人類精神，我相信我們的想像力與承諾奉獻，必然能使我們轉危為安。我們以前在歷史上見過成功案例，將來必然也能再次看到。毫無疑問，我們必須實際一點，但同樣也必須全力以赴。

我們的任務是支持創業家，他們才是真正辛苦的人。

這不是泡沫，而是熱潮

自 19 世紀初工業資本主義萌生以來，所謂的投資泡沫為新興產業提供資金，從鐵路與汽車到電信與網路。每次出現破壞式的新技術，就有大量資金湧入。最後，很多人賠錢，但社會則獲得好處。

在潔淨科技領域，我們需要打開資本的閘門。有個趨勢值得注意，也就是特殊目的收購公司（Special Purpose Acquisition Company，簡稱 SPAC）的興起。當一間新創企業在創業早期還沒有獲利能力、無法上市時，就需要尋求特殊目的收購公司的幫助，藉由併購來進入資本市場。雖然特殊目的收購公司是高風險投資，對我們迫切需要的技術而言，卻是重要的資助手段。沒有他們，創新的腳步就會放緩。

充電據點、量子願景與普泰拉等新創公司，都是透過和特殊目的收購公司併購，然後直接上市。投資特殊目的收購公司的趨勢愈來愈熱，[20] 2018 年只有四十六件交易，到了 2020 年已經多達兩百四十八件交易，其中 20％都和能源或氣候有關。[21] 新一輪的投機泡沫似乎隱然成形。[22]

不過，我認為這不是泡沫，而是熱潮。儘管很多由特殊目的收購公司資助的公司還是會失敗，但是這類公司將繼續存在。熱潮是好的，能帶來更多投資、充分就業與良性競爭，會刺激已經在市場立足的公司。特殊目的收購公司正是透過這樣「創造性的破壞」來改變市場。

太陽能裝置公司如何轉敗為勝：恩費斯的故事

在凱鵬華盈投資的公司當中，恩費斯能源公司也許讓我們學到最多。以太陽能方面的投資而言，我的合夥人班恩‧科特蘭（Ben Kortlang）可能是全世界最有經驗的人。2010 年班恩帶領我們投資恩費斯的時候，這間太陽能科技新創公司正在努力擴展變流器的市場規模。變流器是一個電路盒子，連接太陽能板與電網。我們相信變流器市場即將爆發，恩費斯將有機會占據一席之地。只不過，這間公司的營收一直卡在 2,000 萬美元上下。同一個領域中，還有數十間新創企業是競爭對手。恩費斯一度看起來很不妙，也許會和我們投資的其他太陽能科技公司一樣時運不濟。

於是我們向傳奇人物提傑‧羅傑斯（T. J. Rodgers）求助，他不但是賽普拉斯半導體公司（Cypress Semiconductors）的創辦人暨執行長，也是布魯姆能源的董事會成員；而布魯姆能源就是我們的第一個能源領域投資案。恩費斯剛交付第一百萬台變流器，羅傑斯看到這間公司還有很大的潛力尚待發掘，只不過缺少能夠以新的眼光看待公司挑戰的動態領導。因此羅傑斯推薦塞普拉斯半導體的新星擔任恩費斯的執行長。

於是，我們因此認識巴德利‧科珊達拉曼。巴德利是在印度清奈出生長大，從加州大學柏克萊分校取得材料科學碩士後，他在賽普拉斯服務了二十一年。從他領導恩費斯的過程可以看出，要在潔淨科技領域中找到一個新的利基市場，卓越營運（operational excellence）有多重要。

巴德利 · 科珊達拉曼

幾乎所有的投資人都跑光了。他們擔心變流器沒有利潤,還會陷入價格戰的泥淖,不是一門好生意。他們的擔憂並非沒有道理,畢竟恩費斯還在虧損,而且資金不足,很快就會彈盡援絕。

我從 2017 年開始執掌恩費斯。身為執行長的我,頭兩年的目標是就是卓越營運。我們開始衡量每一個層面。我們設立戰情室,每天追蹤、管理現金、應收帳款與應付款項。我們建立定價團隊,根據產品產生的價值和次佳的替代品比較,再來決定產品價格。我們告別價格戰,而且如果沒有利潤,我們就不賣。

我們花很多時間研究產品的成本,還創建儀表板工具來衡量進度與每一位員工的季度目標。我們的獎金計畫是根據全公司與個別員工的目標相關表現來衡量;沒達到目標,就沒有獎金。

我們的投資者策略則沒有太大的不同。2017 年 6 月,我們在投資者關係日那天明白告訴投資人,我們必須花六個季度的時間才能達成 30—20—10 的財務模型。我們這樣稱呼財務模型是因為比較好記,「30—20—10」指的是以毛利 30%、營運費用 20%,以及營運收入 10%為目標。

我們的策略奏效了。2018 年,我們已經達成 30—20—10 的財務模型。從那個時候開始,公司的營收逐漸增長。

沒達到目標，就沒有獎金。

至於我們如何成長呢？一旦營運上軌道，我們就把更多時間放在營收上。我們專注於產品創新、品質控制與顧客服務。我們沒有在屋頂上鋪設高壓直流電纜，也沒有在客戶的車庫安裝大型變流器，而是打造以半導體技術為主的微型變流器，小到可以安裝在每一塊太陽能板下方。

如果你有二十塊太陽能板，就不只需要一個微型變流器，而是二十個，但是這麼做有一個很大的優點，那就是安全的交流電壓。我們的微型變流器系列是世界級的優秀產品，不只外型時尚、高功率、高效率，而且安裝容易又可以連接到雲端。

我們極其注意品質，並且以退貨量與瑕疵品作為衡量標準。我們也一樣重視顧客服務，除了和安裝人員通話，我們也接聽屋主的電話。我們在美國、法國、澳洲與印度都設立服務中心。在每週舉行的幹部會議上，我會先檢討顧客服務儀表板，衡量標準包括我們的淨推薦分數、客戶平均等候時間，以及一通電話就能解決問題的比例高低。

我們的淨推薦分數在 2017 年只有個位數，到了 2020 年已經超過 60％，但是我們絕不會因此自滿。2021 年，我們推出一週七天、一天二十四小時無休的服務，並且建立一支現場服務團隊，協助安裝人員增加效率。我們還將電池能源儲存系統加入產品線，現在正著手建立最尖端、消費者可以信賴的家庭能源管理系統。同時，我們也會密切追蹤、衡量顧客節約能源的情況。這是我們確保良好顧客體驗唯一的方法。

各位或許已經猜想到，巴德利的指標管理在我聽來有如天籟。由於恩費斯可以有效因應排放危機，因此投資人很有信心。2020 年，也就是凱鵬華盈投資恩費斯十年後，這間公司已經成全世界最有價值的太陽能技術公司，市值超過 200 億美元。2021 年 1 月，恩費斯不但經營穩定，而且規模已經大到可以名列標準普爾 500 指數成分股。

有效運用專案融資

近十七年來，用於新設施與設備整修的整潔淨科技專案融資金額，已經從 330 億美元飆升到 5,240 億美元。[23] 其中大部分資金都是撥給太陽能與風力發電廠，但是，用在暖氣與交通運輸電氣化的資金也不斷增加。儘管這種發展趨勢看起來很不錯，但是如果資金能用在更新、更急需的技術上，就能發揮更大的作用。

我們的「專案融資」關鍵結果（KR 10.4）要求將專案融資金額提高到每年 1 兆美元，而且撥款速度要再加快。民營與公營銀行除了資助成熟的技術，也需要發放更多貸款給新的能源資源、新型能源儲存技術，以及新的碳移除計畫。

突破能源組織在 2021 年提出催化計畫（Breakthrough Energy Catalyst Program），在減少綠色溢價與專業融資上提出更多要求。發動這項計畫的喬納・高曼直截了當的說：「用在太陽能與風能的 5,000 多億美元不是慈善捐款。這些能源計畫能夠帶來利益，這是創新者、氣候社群與政府五十年來努力的成果。」高曼呼籲更多果敢的投資人加入，為風險較高的新技術創造市場，例如無排放的航空燃料、綠色水泥與碳移除技術。

專案融資有四個不可或缺的資助者，也就是政府、私人公司、銀行與慈善家。如果這四個資助者都承諾支付綠色溢

清潔能源專案融資不斷增加

再生能源　　　　交通運輸電氣化　　　電暖氣
能源儲存　　　　氫　　　　二氧化碳捕集技術

能源轉型投資
單位：10億美元

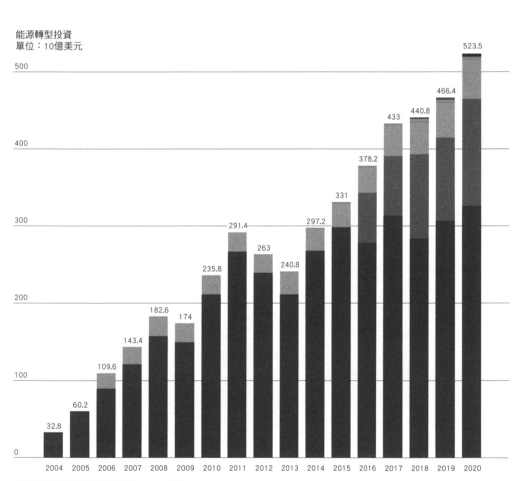

資料來源：彭博能源財經（BloombergNEF）。

價，並提供足夠的資金給潔淨科技新創公司，就能讓萊特定律應驗。由於設備更大、需求增加，新技術可以更快降低成本。正如高曼所言：「我們花了五十年才讓太陽能的成本曲線下降，但是我們不能再等五十年。」他表示，為了加速推動新技術，我們需要投入大量資金來建設示範工廠，證明這些技術可行。

專案融資自然會偏好成熟的技術，例如太陽能與能源效率改善工程。這是件好事，我們將需要更多資金，繼續讓這些技術與工程的成本下降。但是，我們同樣需要大膽的行動來投資更新的技術。當 Google 這樣的公司承諾從次世代地熱發電公司弗爾沃公司（Fervo）購買能源時，也就帶動整個市場的活力。當史特拉普支付平台透過支付綠色溢價，為碳移除產業提供資金時，專案融資可以藉由提供大規模的需求使成本下降。

募集新型資本

1998 年，兩名史丹佛研究所輟學生創立了一間網路新創公司，凱鵬華盈則投入 1,200 萬美元資金，獲得 12％的股權。隨後這兩位創業者謝爾蓋・布林（Sergey Brin）與賴利・佩吉（Larry Page）進入搜尋引擎市場，拿下排行第六的市占率。一年後，我希望安迪・葛洛夫的簡單管理系統能對他們有所幫助，於是我來到 Google 草創期的總部，以目標與關鍵結果（OKR）為題演講。賴利說：「我們決定試試。」從那個時候開始，成千上萬名 Google 員工都擁抱 OKR，利用這套工具來設定遠大的目標、取得長足的進步。

在追求淨零排放的過程中，很少有大公司走得這麼快。2007年，Google 已經開始透過購買再生能源與高品質的碳補償，來實現營運的碳中和。2012 年，他們訂立更遠大的目標，要在 2020 年之前，將公司營運轉為 100％利用太陽能與風能等再生能源。結果，Google 提早三年，也就是在 2017 年就達成目標。[24]

今天，Google 與母公司字母控股的使命是，利用大規模投資來解決這個世界最棘手的挑戰。這兩個組織的領導人是桑達爾・皮蔡（Sundar Pichai）。他在三十二歲那年加入 Google，擔任產品經理，2015 年出任 Google 第三任執行長。

同一年，Google 招聘凱特・布蘭特擔任永續長；凱特也曾經在歐巴馬政府擔任同樣的職位。從那時起，凱特使公司目光放遠，不只專注碳足跡，更要利用 Google 技術平台讓全球加速減少碳排放。

利用大規模投資來解決這個世界最棘手的挑戰。

桑達爾・皮蔡

如果你的思維超前，以未來幾十年為框架來思考，就能進行有如登月計畫般的艱巨任務。我們把賭注押在風能與太陽能時，所有人都認為這兩種能源太昂貴，甚至大多數人都懷疑我們無法大規模的利用這些能源。字母控股現在是全世界購買最多再生能源的公司，而且再生能源的早期投資已經成功降低成本。

展望 2030 年，我們的目標是全公司 100%、全天候無碳排放。這表示使用者每一次利用 Google 搜尋引擎、每一次發送 Gmail，或是每一次在 Google 雲端硬碟上傳輸資料，都不會排放溫室氣體。

我們還不完全知道如何達成這樣的目標。我們需要更多創新，我們需要更多專案融資。所以我們發行企業史上最高金額的永續發展債券，[25] 也就是高達 57 億 5,000 萬美元的綠色專案融資。

其中一個專案就是次世代的地熱資源，因為我們知道風能與太陽能受限於資源的間歇性，不是在任何時間都能發電。為了讓清潔能源變得可靠、而且人人都負擔得起，我們利用地熱蒸汽來驅動電力渦輪機，在高壓下從兩英里深的水井抽出熱水，產生蒸汽。從明年開始，我們將會把內華達州新的地熱資源導入電網，為運行雲端硬碟的數據中心供電。我們也將利用人工智慧來及時因應需求，實現即時、全天候的供電。由於我們擁有平台與規模，可以使用雲端技術來減少營運上的碳排放。

凱特・布蘭特

為了協助建立這個資產類別，以及展現永續債券的價值，我們思索自己該扮演什麼樣的角色。

於是我們提出一個框架，闡明我們如何分配資金。這個框架是以我們環境工作的不同類別為中心：再生能源的採購、有節能效能的數據中心與循環材料。我們不但了解環境問題與社會問題的盤根錯結，也引入種族平等及其他社會層面。

我們為提出這樣的倡議真正感到自豪。我們的目標是表明這個資產類別能為永續發展帶來更多資金。

我們很高興看到其他公司也這麼做。大家都已經看到，資助對環境與社會負責的計畫蔚為風潮。

我們熱中於以人工智慧提升能源效率。我們已經在自己的數據中心利用人工智慧，並且看到很棒的結果。現在，我們希望推廣出去，其他數據中心營運商與大型建築營運商也能提升自己的能源效率。

在 Nest，我們的學習型恆溫器已打入住宅市場，幫助家庭優化能源使用。我們已經看到在商業與住宅建築利用人工智慧的發展趨勢，如此一來將能大幅減碳。

桑達爾 ‧ 皮蔡

要讓這個世界實現淨零排放,真正讓我興奮的是從端到端的改變,也就是要有大膽的行動,但也要有微小、有意義的改變。

為了使 Google 在其他方面的影響達到最大,我們鼓勵用戶自行減少。碳排放例如,現在 Google 地圖將以最環保的路線為預設路線。

展望全球,我們設下目標,要協助全世界五百大城市積極減碳,在2030 年之前,減少10億公噸排放。這些城市占世界人口的50%,排放量更是世界的 70%。我們正利用人工智慧、數據與感應器來達成目標,因為各個城市往往不知道自己的碳排放來源。在哥本哈根與倫敦等城市,我們和當地的領導人合作,安裝空氣品質感應器,即時檢測排放量。有了這些數據,城市的政策制定者就能為減少排放的計畫發展出一個經得起時間考驗的藍圖。我們正循序漸進的在各城市擴展這樣的計畫,以實現減碳10億公噸的目標。

我是在印度清奈長大。在我童年的時候,家鄉每年都遭遇嚴重旱災。水資源的短缺意謂我們每天只有幾桶水可以使用。

2015 年,清奈出現百年一遇的洪水。這座城市未曾經歷這樣的暴雨,氣候變遷的影響讓我刻骨銘心。

2020 年,加州野火肆虐。一天清早,我的孩子叫醒我,指著橘紅色的天空,一臉驚恐。我們如果不趕快做點什麼,下一代就得活在這樣的末日裡。

我們 Google 是一間利用技術創新的公司。身為領導人的我有強烈的責任感,必須利用技術進展來因應氣候危機。這也是最大的創新機會,我們一定得好好把握。

我們的創辦人賴利 ‧ 佩吉與謝爾蓋 ‧ 布林都遠遠走在時代的前面,Google 早在 2007 年就實現了碳中和。當大多數的公司還沒注意到環境與氣候的問題時,他們已經在討論永續發展的重要性,這是公司恆久不變的價值觀。

其實,每一間公司都能把永續經驗當成基本的企業價值。對他們來說,這麼做很重要,因為使用他們產品的顧客會要求他們這麼做,最好的人才也會有這樣的要求。

身為領導人，愈早擁抱轉向永續發展，就愈有成功的優勢。這是你的顧客與員工的要求，而且除此之外，這麼做也是為了你的人民、你的國家與這個世界。

氣候危機是最大的創新機會，我們一定得好好把握。

資金是如何流動？

2003 年，大衛·布拉德從高盛退休，他想證明社會責任投資（socially responsible investing）＊有一天會超過其他資產類別。當時，「綠色投資」在金融市場只占很小的一部分，就算低於標準的報酬也是可以接受，甚至是無可避免的結果。但是，在布拉德與高爾攜手合作，以倫敦為總部創立世代投資管理公司後，一切都改變了。他們為潔淨科技領域的投資創造出一套全新的模式。

＊ 譯注：在投資過程中，除了傳統財務指標，也整合社會正義、環境永續以及財務績效等，同時達到財務性與社會性的利益。

我們體認到貧窮與氣候變遷其實是一體兩面。

大衛‧布拉德

小時候，由於父親被調派到巴西工作，因此我在那裡長大，當時目睹的貧窮景象教我心驚。我從高盛資產管理主管的職務退休之後，想要利用資本市場來因應永續發展的挑戰。

2003 年 10 月，我在波士頓和高爾見面，討論永續投資。我的興趣是解決貧窮與社會正義的問題，高爾當然專注於氣候變遷。我們第一次見面，就體認到貧窮與氣候變遷其實是一體兩面。

我們成立的世代投資管理公司具備雙重使命，要為客戶提供風險調整後的強勁投資績效，同時也要讓永續投資成為主流。當時，投資界仍然沒有認真看待永續發展與 ESG 投資，因此我們把焦點放在商業上，從商業的角度讓人信服。

我們將長期投資視為最佳的實踐做法，認為永續發展就是構成全球經濟的有效組織結構。我們以代表 ESG 的環境（Environment）、社會（Society）與企業治理（Governance）因素作為工具，來評估企業與管理團隊的品質。我們相信透過這種做法，可以顯露出其他投資架構尚未發現的重要見解，而這種見解最終將帶來風險調整後的優良投資績效。明確的說，我們並不會為了價值觀而犧牲價值。

而且，最重要的是，我們的客戶很滿意。2004 年我們從零開始，到今天客戶委託我們管理的金額已經超過 330 億美元。

我們很高興看到永續發展與 ESG 投資的增長。資產所有人、資產管理者、銀行與保險公司對淨零的重要承諾也讓我們大受鼓舞。近十年，我們的確已經有非凡的進展。然而，這還不夠。為了達成限制全球溫度上升攝氏 1.5 度的目標，我們還需要轉型變革。

毫無疑問，只有面對開發中國家以及已開發國家的人民與社區受到的影響，我們才能成功應對氣候挑戰。

在世代投資管理公司，我們相信未來十年將是我們職業生涯中最重要的十年。世界需要金融部門的領導。我們必須有更大的野心。我必須覺得不安。我們需要改變人們認為的可能性。但最重要的是，我們需要投身於行動，不達目標，絕不罷休。

我們認為永續發展就是構成全球經濟的有效組織結構。

所有市場之母

我在寫這本書的時候，想起湯馬斯‧佛里曼（Tom Friedman）在書裡引用的一句話。當初就是因為那句話，我才會興起創立綠色成長基金（Green Growth Fund）的念頭。佛里曼可謂先知，他在 2008 年出版的《世界又熱、又平、又擠》中呼籲世人為全球暖化採取行動。那句話是派傑投資公司（Piper Jaffray）的執行理事長露易絲‧康姆（Lois Quam）說的：「綠色經濟是所有市場之母，是畢生難逢的投資機會。」[26]

現今，事實已經證明康姆說的沒錯。但請記住，潔淨科技就和所有的新技術市場一樣，難免會遭受無情的打擊。正如佛里曼所說：「在一場真正的革命中，有贏家，也有輸家。」

潔淨科技領先的國家將能獲得獎勵，像是製造業規模擴大、就業成長，最後人民的生活水準也能跟著提高。潔淨科技與網際網路不同，它將從地方層面展開，為我們的社區提供安靜的新公車、為我們的屋頂裝設太陽能板，為我們的海岸帶來巨大的風力發電廠。擴大世界經濟與解決氣候危機，並不是魚與熊掌不可兼得。現在，我們已經知道，追求利潤與愛護地球可以並存不悖。

慈善捐贈的需求漸增

很多有價值的氣候解決方案並不會帶來十倍的投資報酬，因為這些方案不只是為了讓一群股東賺大錢。然而，保護地球以及實現對氣候正義的承諾需要大量資金。對那些關心氣候問題而且有能力負擔的人，我們除了希望他們能慷慨解囊，更希望他們能貢獻更有價值的東西：進行慈善捐贈策略的時間與技巧。有些知名人士與企業已經響應我們的號召。

氣候行動資金嚴重不足。就讓我們以一個全面的角度來檢視這個問題：2019 年，全球慈善捐贈總額為 7,300 億美元，[27] **其中指定用來因應氣候危機的部分還不到 2%**。慈善基金會將大部分的捐款用於醫療保健與教育。為什麼？根據氣候領導倡議組織總裁珍妮弗・基特所言，人們似乎認為氣候解決方案比較不是「以人為本」。然而，事實並非如此。珍妮弗又說：「很多捐贈者以為政府或市場會解決氣候問題，因此他們沒有插手相助。」她補充：「新一代的捐贈者已經清醒，而且心中充滿恐懼，準備真的做點事情。」珍妮弗相信慈善捐贈的力量，認為這是一個靈活的工具，能為具有雄心壯志的計畫所用，可以帶來真正的轉變。不到兩年，氣候領導倡議組織已經為氣候慈善計畫募集達 12 億美元的新資金。

進行氣候捐贈的領先組織之一是宜家基金會（IKEA Foundation），發跡於瑞典的零售連鎖企業宜家家居（IKEA）正是這個基金會的母公司。[28] 這個基金會的執行長佩爾・海格納斯（Per Heggenes）說，他們可供運用的資金多達 20 億美元，目標是在開發中國家以再生能源加速取代化石燃料能源。同時，宜家家居的零售業務則承諾，將在 2030 年前實現負排放，也就是減少排放的溫室氣體數量將大於排放的溫室氣體數量，包括供應鏈也一樣。

2020 年 2 月，傑夫・貝佐斯承諾以 100 億美元成立貝佐斯地球基金會，為個人氣候慈善行動立下新標竿。很多人預計此舉是仿效比爾・蓋茲創立的突破能源風險投資基金，將成為另一家創投公司。亞馬遜已經投資像雷維恩這樣的潔淨科技新創公司，這間公司正在為世界最大的網路零售商建造十萬輛電動貨車。這是亞馬遜在 2040 年前達成淨零排放的關鍵之一。

但是，貝佐斯對他的地球基金會有不同的想法。從獲得地球基金會挹資的第一輪名單中，可以看見受贈組織共有十六個，而且高度集中在慈善事業，其中包括世界自然基金會（World Wildlife Fund）、大自然保護協會（Nature

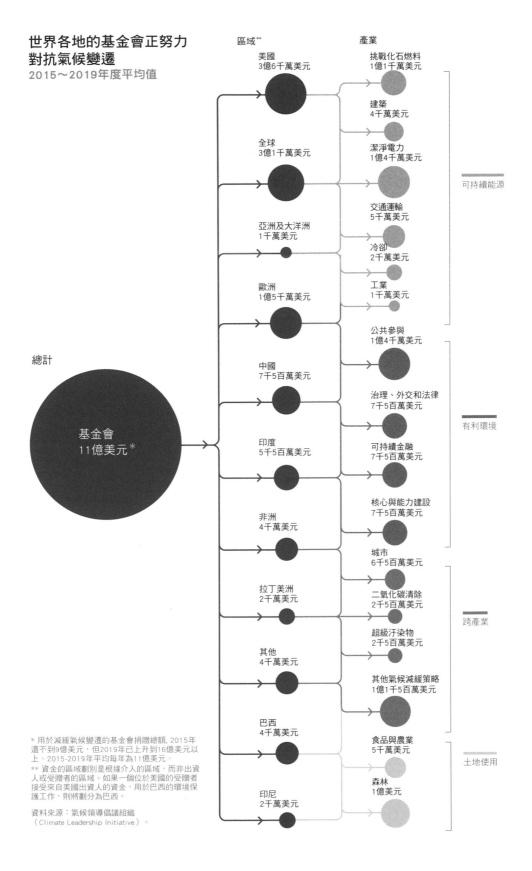

世界各地的基金會正努力對抗氣候變遷

2015～2019年度平均值

區域**

美國
3億6千萬美元

全球
3億1千萬美元

亞洲及大洋洲
1千萬美元

歐洲
1億5千萬美元

中國
7千5百萬美元

印度
5千5百萬美元

非洲
4千萬美元

拉丁美洲
2千萬美元

其他
4千萬美元

巴西
4千萬美元

印尼
2千萬美元

產業

挑戰化石燃料
1億1千萬美元

建築
4千萬美元

潔淨電力
1億4千萬美元

交通運輸
5千萬美元

冷卻
2千萬美元

工業
1千萬美元

公共參與
1億4千萬美元

治理、外交和法律
7千5百萬美元

可持續金融
7千5百萬美元

核心與能力建設
7千5百萬美元

城市
6千5百萬美元

二氧化碳清除
2千5百萬美元

超級汙染物
2千5百萬美元

其他氣候減緩策略
1億1千5百萬美元

食品與農業
5千萬美元

森林
1億美元

可持續能源

有利環境

跨產業

土地使用

總計

基金會
11億美元*

* 用於減緩氣候變遷的基金會捐贈總額，2015年還不到9億美元，但2019年已上升到16億美元以上。2015-2019年平均每年為11億美元。
** 資金的區域劃別是根據介入的區域，而非出資人或受贈者的區域。如果一個位於美國的受贈者接受來自美國出資人的資金，用於巴西的環境保護工作，則將劃分為巴西。

資料來源：氣候領導倡議組織
（Climate Leadership Initiative）。

Conservatory）、洛磯山研究所、憂思科學家聯盟（Union of Concerned Scientists）、環境保衛基金會，以及氣候與性別正義蜂巢基金會（Hive Fund for Climate and Gender Justice）等。[29] 這些組織都是非營利組織，不會發行股票，也不會上市。然而，他們和任何一間營利公司一樣有紀律與決心，努力保護重要的生態系統，致力於清除大氣中數十億公噸的碳。

保護海洋與水道、保育雨林，促進再生農業等，能夠帶來巨大的環境與經濟效益。正如貝佐斯所說：「過去幾個月，我一直在向一群絕頂聰明的人學習。他們畢生都在努力對抗氣候變遷以及氣候對世界各地的影響。他們的努力給我靈感，能幫助他們擴大規模，讓我覺得興奮。」貝佐斯聘請世界資源研究所前執行長安德魯・史迪爾來執掌他的非營利事業。在和貝佐斯與史迪爾的交談中，我發現他們已經把氣候慈善事業提升到一個全新的境界。

傑夫‧貝佐斯

接下來的十年是關鍵。如果我們不能在 2030 年朝著正確的方向前進，就那太遲了。我相信我們可以辦到，而且我們有理由抱持樂觀的態度。

即使如此，我們要做的不只是一件事，而是一大堆事。由於規模很大，這實在是個令人生畏的挑戰。近百年來，我們一直認為把二氧化碳排到大氣沒關係。以經典的經濟學角度來說，這是未定價的外部成本（unpriced externality）。這表示我們建造了數兆美元的資本基礎設施，但是每天都是在做錯誤的假設。而且，我們今天依然在同樣的錯誤假設上繼續建造基礎設施。我們不能再這樣下去了，我們必須好好照顧這個星球。

我們討論的這個問題規模宏大，需要集體行動，而慈善事業可以扮演非常重要的催化角色。慈善家可以承擔政府與企業難以承擔的風險，慈善事業可以開展行動，證明解決方案，然後由政府與市場來擴大規模。

貝佐斯地球基金會是純粹的慈善事業，不會資助任何營利活動。當然，為綠色新創企業挹注資金，推行淨零排放的新方法非常重要；但是，這不是地球基金會的目標。

全球的氣候慈善基金會真的太少了，每年只成長幾個百分點，這個發現讓我非常驚訝。要對抗氣候變遷，這點錢猶如杯水車薪。

接下來的十年是關鍵。

安德魯・史迪爾（Andrew Steer）

貝佐斯地球基金會的出發點是，診斷這十年需要的系統變化，了解我們的慈善基金在哪些方面可以促成改變。在每一個需要重大變革的領域當中，如能源、交通運輸、工業、食物、農業、金融體系等，我們還需要好幾個「迷你變革」；雖說是迷你，但其實也很大。舉例來說，在交通運輸方面，我們需要告別燃油引擎，也需要為船運與航空開發氫氣技術，我們需要徹底改造公共交通，重新思考城市規畫。在食品系統中，我們需要新的氣候智慧型農業技術，也需要改革供應鏈，轉為以食物為本的飲食方式，在十年內將食物損失與浪費減少一半。

我們現在知道，這些轉變是可行的，而且具有經濟、財政與社會效益。但是，我們依然必須面對種種阻礙、知識差距、風險規避，以及路徑依賴（path dependence），這些問題如果不解決，則會拖慢我們的步調。貝佐斯地球基金會可以在這些地方使力。

不同過渡期是不同的階段，有些進展順利，已經接近臨界點，有些則是剛起步。我們的角色會視需要來調整。在某些情況下，我們支持基礎研究；在其他情況下，我們會為新技術創造市場，或者去除投資風險。在某些情況之下，我們需要的可能是改變政策，或是打造訊息系統與公開透明的制度，因此我們支持倡議團體與監測系統。我們也會召集可以一起創造動力的領導人。不管在任何情況下，我們都會考慮社會問題，因為我們了解，環境正義的議題具有急迫性，必須趕快解決。

如果你看貝佐斯地球基金會的第一輪撥款名單，你會發現這些組織代表各種類型的介入。不管我們做什麼，都希望加速變革的動力，讓這股力量變得不可抗拒，而且無法阻擋。

傑夫・貝佐斯

挹注資金時必須非常謹慎，因此如果你把所有拼圖都放在一起，我們就能有系統的一起工作。

我們致力於尋找可以參與、著力的地方，以期獲得最大效益。

這套變革理論不是放諸四海皆準。一項策略不可能解決所有問題，甚至連問題的一部分都很難應對。因此，這是個艱難的挑戰，令人望而生畏。不過，這本來就應該很難，如果一開始把事情想得太容易，必然會大失所望，很快就放棄。

這個事業愈來愈大。加入我們的盟友都知道，我們的慈善捐款將有助於實現規模可觀的目標。

讓我這麼說吧，我們比祖父母活得更好，我們的祖父母也比他們的祖父母活得更好。我們這一代不能打破這種好的循環，因此，重要的不是未來會留下什麼，而是我們今天就得完成任務。

慈善事業的使命

由於資金需求愈來愈大,「慈善資金」(philanthropic capital)因運而生。這是一種混合型的投資類別,受惠於一位思慮最為周全、最有活力的捐贈者,慈善資金的運用變得更加完善。1989 年,創業家羅琳・鮑威爾(Laurene Powell)在史丹佛商學院攻讀碩士時,遇見到學校演講的史帝夫・賈伯斯。兩年後,他們結婚了。2004 年,羅琳・鮑威爾創立愛默生集團(Emerson Collective),斥資 12 億美元在加州東帕羅奧圖(East Palo Alto)等地致力於教育與經濟正義。東帕羅奧圖是位於車潮擁擠的高速公路與帕羅奧圖之間的低收入社區;帕羅奧圖則是富裕的城市,也是史丹佛大學的所在地。

愛默生集團在設立之初並不是非營利組織。這個組織是利用稅後的獲利來投資可能帶來報酬的企業,或許這可以稱為利益選擇(profit-optional)。畢竟有時候,營利業務是完成事情的最佳方法。由於愛默生集團的重心漸漸轉移到氣候正義事業,羅琳愈來愈常參與營運。2009 年,她成立一間名為愛默生元素(Emerson Elemental)的慈善組織,計畫在未來十五年把大部分資金投入氣候行動。

我和羅琳交談時,她解釋說,愛默生元素是一間「願意冒險、證明新概念,以及建立示範計畫的組織」。我問她,是什麼樣的因緣使她致力於如此有遠見的目標。她告訴我,這是她的人生經驗使然,接著她為我細述踏上氣候奮鬥之路的緣由。

羅琳・鮑威爾・賈伯斯

我來自紐澤西州西北部的一個鄉鎮，附近有一座滑雪場。我家後方是一個分水嶺，院子對面有一個小湖。我母親認為新鮮空氣非常重要，從小就參加各種夏令營，因此在她的管理之下，我們家就像夏令營。夏天時，我會和哥哥、弟弟在湖裡游泳、划船；冬天時，我們則一起溜冰、滑雪。我對這個世界的認知是在四季流轉、創造與破壞、重生與再生的節奏當中形成。

我父親是海軍陸戰隊飛行員，卻在三十歲那年不幸墜機身亡。那時，我才三歲。因此，我和哥哥弟弟都了解人生無常。也許這就是為什麼我很小就開始學習如何閱讀。我記得在小學一年級時，老師就給了我一張借書證；通常小學生要到三年級才能拿到借書證。因為我們不常旅遊，我的世界觀主要是透過書本形成。我的嗜好是集郵，集郵冊中裝滿來自世界各國的郵票。這有助於我的想像，了解我想在這個世界看到什麼、完成什麼。

我長大成人後，接近而立之年時，想到我父親才三十歲就離開人世，便開始對人生漸漸生出一種急迫感。正因為我知道人生苦短，生命無常，所以不自覺懷抱一種使命感與激情。

在我失去摯愛的丈夫後，我再次體驗到這一點。史帝夫死時才五十六歲，他真的太早離開我們了。十年後的今天，看到他留給這

個世界的東西，依然給我很大的啟發。史帝夫不像我父親，他有
時間考慮自己能留下什麼、能夠帶來哪些漣漪效應，也能思索生
命如何留下長遠的意義。這對我也有影響，讓我思考：我能用自
己的時間在這個星球做些什麼？哪些事對自己和別人都有意義？

史帝夫常說：「工作將填滿你大部分的人生，而你如果想要心滿意
足，唯一的方法就是做你打從心底覺得偉大的工作，並且熱愛這
份工作。」我們在相遇後一起成長，我從他那裡學到很多東西，
了解到如何和一支團隊一起精心執行計畫；如何使人發揮自己看
不到的潛能。

三十年前，我在史丹佛商學院讀企業管理碩士時，發現到幾英里
以外的東帕羅奧圖地區是矽谷的垃圾處理中心。很多半導體碎片
與生物醫療廢物都丟在那裡。儘管東帕羅奧圖拿到垃圾處理費，
卻沒有妥善處理。

這種情況在全世界所有的低收入地區比比皆是，他們的地下水含
有各種毒物，水中的砷與氫含量很高。於是有毒物質傳播到種植
的食物、花園與飲用水中。由於地方教育經費來自政府課徵的財
產稅，東帕羅奧圖學校因稅金不足，得到的經費遠遠比不上西帕
羅奧圖地區，甚至無法鋪設良好的道路，或是建造汙水處理系統。
他們沒有雜貨店，沒有銀行，缺乏良好的基礎設施，因此無法成
為一個健康的社區。

我在 2004 年成立愛默生集團，我深深相信，我們面對的所有問題
和這個上星球影響我們生活的每一個系統，全部都是環環相扣。

我們開始著手改善東帕羅奧圖地區的教育，支持那裡的學生完成
大學學業。但是，學生都不想回到家鄉工作，因為那裡沒有工作
機會。

於是我們學到非常重要的一課：**你必須在同一時間設法解決所有
的問題。**由於環境不正義，你可以看到當地學童氣喘的發病率是
全國平均值的五倍。由於許多車輛都會經過東帕羅奧圖地區，每
天平均塞車時間超過五小時以上，於是大量的車輛廢氣都被留在
社區裡。龐大的車流沒有為東帕羅奧圖地區帶來任何收入，反而
只會影響他們的健康。如果當地的孩子罹患氣喘，會發生兩件事，
第一，孩子會常常請假，以及第二，孩子一生的健康都會有負面

影響。

在愛默生，我們致力於思想、設計與行動的領域。我們知道要重新設計系統，通常需要重新設計地方政策，因此我們也在這方面著力。但是，我也想把我們研究出來的新模式推廣到其他社區。

我們認識了多恩・李柏特，她是第一個推行氣候技術的能源加速器組織的創辦人；這是一個非營利組織，如今已經改名為元素加速器組織。多恩曾經領導過夏威夷的清潔能源計畫，她發現要讓社區轉型，脫離化石燃料，創新是相當重要的角色。元素加速組織的資金來自政府與慈善機構。原先只是一場實驗，實驗目標是結合突破性的氣候創新、當地社區真正的想法，以及氣候解決方案的領導力。

能源加速器組織的理念是，最好的氣候解決方案也將是最公平的方案。多恩的努力教我動容。因此，我很快就向她提問：「我們要如何強化這個模型？」於是，元素加速器組織因應而生。

夏威夷州為羅琳、多恩・李柏特以及元素加速器團隊提供一個特殊的機會。在 2008 年以前，這個州有 90% 的電力仍來自燃燒石油，因為化石燃料最容易利用船舶運輸。[30] 然而，為了這樣的便利性，夏威夷州的居民必須承擔的代價就是電費十分昂貴。當地人不但難以負擔，更別提空氣汙染與溫室氣體大量排放帶來的影響。

由於石油成本高昂，夏威夷可以比較輕易的轉向再生能源。這個州的居民比其他州的人更早體會到太陽能板與熱水器的經濟效益。關於清潔能源、水、食物與交通運輸，夏威夷是創新與公平技術的理想測試地點，我們也可以由此得知氣候公平與正義的解決方案是否可以實現。

多恩・李柏特

我來到夏威夷時，很多和能源有關的挑戰給我留下深刻的印象，我也目睹氣候危機如何讓眾多相互關聯的問題加劇，而當地社區卻窮於因應。舉例來說，如果要談論能源的問題，不到五分鐘就不得不涉及其他問題，像是水資源、交通運輸、教育與勞動力等。這就是在島嶼上工作的好處，因為範圍不大，我們可以看到整個系統如何彼此相連。

自從 2009 年在夏威夷資助潔淨科技公司以來，我們接著創造社會正義，也在世界各地加速推動氣候解決方案。然而，我們發現到一個關鍵差距。我們雖然看到技術成果，但是沒有看到大規模的採用。顯然，我們不夠了解商業與社區的背景。

社區是推廣氣候方案的地方，而元素加速器組織的目標是協助科技和人們在地方上的互動。你可能擁有全世界最好的技術，但是除非人們採用，否則不可能擴大規模。我們已經看到，就解決方案而言，一半是靠技術，另一半則得仰賴社區。

我們透過資助示範專案，幫助公司縮小和社區的差距，並且擴大商業化範圍。目前，我們在全世界進行的專案超過七十個。例如，資源全球公司（SOURCE Global）設計出一種利用太陽能發電的「造水板」，讓水資源缺乏的地區能夠從空氣中取水，不需要額外的電力、電網或一切基礎設施，完全可以自給自足。造水板通常是安裝在家庭或學校中，但是這間公司正在摸索一種新的商業模式，要讓數百塊甚至上千塊造水板連接起來，成為社區規模的解決方案。我們已經資助他們和澳洲一個原住民社區夥伴簽訂第一份採購合約。這種商業模式不但可行，一旦達到社區規模，有了真實世界的數據，資源全球公司就能獲得更多的專業融資，在全球五十多個國家裝設造水板。

總之，十二年來，我們已經評估過來自六十六個國家、超過五千間新創企業，並且已經為一百多間公司挹注資金。這些公司雇用的員工超過兩千人，這讓元素加速器組織投資的錢發揮八十倍以上的效益，接下來又募集到超過 40 億美元的資金。

在和這些新創企業合作的過程中，我們發現氣候科技商業化的藝術與科學，也隨之開發出新方法來加速進展。我們喜歡和這些企業家合作，因為他們能挑戰現狀、迅速改革。無論是在他們的公司或是更廣大的社區裡，只要提供合適的工具與支持，他們就能利用技術促進社會公平。

元素加速器組織是一個很好的例子，讓我們看到氣候解決方案如何解決社區需求。如果企業家與投資人重視氣候正義，將氣候正義列為第一要務，就能把它納入實際、可以擴大規模的計畫當中。此外，這個組織也資助了一間利用軟體讓交通運輸更加公平的新創企業；還支持了另一間新創企業，幫助他們在脆弱的社區進行能源效能改造。

除此之外，元素加速器組織也在他們投資的公司以及其他氣候相關機會中資助實習生計畫。在未來五年內，這個組織將釋出五百個和氣候有關的工作機會，主要會提供給傳統上在職場中經常遭到排斥的族裔與有色人種。

總計而言，夏威夷約有一萬人在清潔能源領域工作。[31] 不管是住宅能源效能與清潔電力，夏威夷在全美各州當中的排名都是數一數二。再過不久，這一州使用的電力大部分都將來自清潔電力。就清潔能源的目標而言，夏威夷在 2020 年已經達成 30％，[32] 預計在

2030 年達到 70%，到 2045 年應該可以達成 100%。

正如羅琳所言，我們需要同時在整個系統下功夫。能源、食物、水與交通運輸系統，都和教育、住房、刑事司法與政治系統密不可分。未來即將建立大公司的創業家，將會在其中扮演核心的角色。

羅琳 ・ 鮑威爾 ・ 賈伯斯

因此，慈善資金的功用是什麼？慈善資金能承擔風險、證明概念，並且建立示範；但是，慈善資金不應該取代政府資助。我們必須證明一個概念可行，將它變成一間企業、擴大規模，或是讓另一間公司協助它擴大規模。慈善資金不應該插手大規模資金應該做的事；因為這屬於風險資本。如果我們投資的公司當中，即使有30%都失敗也沒關係，只要我們能夠快速失敗，就能快速學習，接著快速行動。

另外的 30% 新創企業可能發展成結構公平、慷慨、有執行力的公司。還有另外 30% 的新創企業做的是好事，只是在財務上仍然很辛苦，但我們覺得這樣也沒關係。對我們來說，這樣 30x30x30 的組合就算是成功了。如果我們告訴自己，資助的每一間公司都必須成功，我們就會錯過很多機會。

我們面對的是一個巨大的機會，有很多構想與聰明人得不到資助。不過，問題是：我們能夠實現淨零排放嗎？我們可以避免氣候災難嗎？

我把手中大部分的資源用於氣候危機，但我們將在未來十五年間耗盡這些資源，而我們朝向正確方向的進展還不夠快。未來的十年到十五年真的很重要。

我最大的擔憂是，關於氣候，我們還需要很大的改變，這將是極其艱難的挑戰。需要每一個人一起努力，也需要各個部門、各個產業全面改變。這和我們以前做的事情不可同日而語。

但是，各位想想看，面對前所未見的新冠病毒，我們卻在不到一年的時間內，就成功研發、測試、製造並且配送疫苗。我們絕對有可能克服氣候危機，只是我們需要相同程度的專注與急切。現在，我們必須和觸摸不到、感覺不到的東西作戰，我們卻還不知這個東西的全部影響；而且，人類生性被動，而非主動。

不過，當我和企業家見面時，我非常樂觀。創新、創造與分配也是人類這個物種最擅長的能力，我們必須激發人類因應氣候問題的巧思。

最重要的是，努力解決氣候危機將可以讓我們回到過去，和大自然和諧共存、和四季節拍一致的狀態。最終，這將是一件美事。

我們應該把氣候危機視為人類有史以來最大的機會。

結語

結語

在本書開頭，我提出一項行動計畫，承諾將可以減少 590 億公噸溫室氣體的排放，來避免氣候災難。我已經盡力找出能夠完成計畫的目標與可以善用的方法。但是，由於這個目標規模巨大，我們動員的人數、運用的技術以及發明的技術都得打破人類歷史上的紀錄。如果我們要拯救一個適宜居住的星球，還需要更多資金、更強而有力的領導，也必須更團結。我們還有很長一段路要走。

老實說，感到恐懼的人不只是我女兒與格蕾塔・通貝里。有時候，我會在驚懼中醒來，害怕我們不能成功。呼吸著碳含量過高的空氣，令人惶惶不安。不過，恐慌有時的確是適當的反應。**如果這本書嚇到你，讓你採取行動，把你變得和我一樣憂心忡忡，我就達到目的了。但是，要讓恐懼成為動力，還需要自我鞭策，不能麻痺。**而且，鞭策的繩索必須拴在希望上。

你也許想知道是什麼給我希望，讓我相信我們能及時達成淨零排放？是什麼阻止我揮白旗投降？為什麼既然已經不可避免，我為何不低頭緊緊抱著孩子，面對即將來襲的風暴？

我的答案是，我的希望來自人類的創造天賦，以及我們的合作本領。我們共同的傳奇創新沒有疆界限制，從火與車輪到網際網路與智慧型手機。雖然美國可以說是一個創新大國，招募來自世界各個角落的天才與靈感。現在，我們依然要仿效橫貫大陸鐵路的規模，以及研發新冠疫苗的速度，只是我們的規模要更大、速度要更快。這是前所未有的壯舉，美國並非孤軍奮鬥，我們無法獨自解決全球問題。

還記得本書開頭提到第二次世界大戰期間，羅斯福總統在餐巾紙上寫的三點計畫？有一段時間，軸心國讓同盟國瞠乎其後、苦苦追趕。希特勒的軍隊攻下丹麥、荷蘭、比利時、挪威與法國；日本帝國在東南亞橫行霸道；英國在納粹的閃電戰下搖搖欲墜，自由世界受到的威脅再真實不過。

當時，為了扭轉劣勢，全球必須團結一致，齊心努力。那是前所未有的大規模合作，但是我們勢在必行。我們需要另一波新技術，例如雙向無線電、雷達、聲納、更強大的電腦，以及全新的語音加密系統。[1] 有了這一套加密系統，羅斯福與英國首相邱吉爾才能建立祕密安全的跨洋通話熱線。美國、英國與其他盟國停止製造汽車與電器，動員史無前例的戰時生產線，打造出一萬四千艘船艦、八萬六千輛坦克、二十八萬六千架飛機、兩百五十萬輛卡車、4 億 3,400 萬公噸的鋼材，以及四百一十億發子彈。[2]

為了因應氣候危機，我們需要第二次世界大戰那樣的專注與承諾，甚至更多。和納粹德國空軍相比，溫室氣體的排放沒有那麼明顯，也更難瞄準。然而，現在的狀況也像第二次世界大戰，人類的未來危在旦夕。我們和羅斯福、邱吉爾一樣，沒有時間可以浪費。我們不能慢慢等，等待化石燃料公司脫胎換骨，加入清潔能源的陣營。我們不能等待那些還想像不到的突破。我們必須利用手中的工具向前邁進。**我們必須像探索新事物那樣利用現在的一切資源。**

任何一種重要的改變，都不會因為改變能帶來好的影響就自然而然發生。發生改變是因為這在商業上可行；我們想要的結果必須能夠帶來利益，才有可能發生。

如果要全世界普遍採用清潔能源，清潔能源必須具備競爭優勢。這不是光靠企業家與創投業者就能達成的結果。如果沒有後援，再好的突破也會功敗垂成。為了借助市場的力量，我們需要大膽的國家政策。如果要在 2050 年達成淨零排放，還需要氣候公平與公正。**如果取得潔淨科技的路徑遭到貪婪、自私、市場失靈或是無能的政府堵住去路，我們就會失敗。**

近在眼前的新冠肺炎全球大流行就是借鑑。不久前，很多人都對全球群體免疫的前景感到樂觀。到了今天，這樣的前景似乎已經遙不可及。原因在於領導失衡、人類行為變化無常，最重要的是，疫苗供應與醫療照護系統極端不平等。

在這場氣候戰役的前線，相對富裕的國家例如美國，必然得多承擔一些，畢竟美國是全球汙染的罪魁禍首。我們需要一項氣候的馬歇爾計畫，而且這樣宏大的計畫將使拜登政府的最新國際承諾相形見絀。北美、歐洲與亞洲的富裕國家，必須資助、補貼那些仍然無法獨立轉向綠色能源的國家。如果再生能源來源穩定、到處都有而且連一般人都能夠負擔，清潔能源就會成為大勢所趨，我們才可以輕鬆告別化石燃料，特別是低收入國家。這股動力也將不可抵擋，推動潔淨科技成為 21 世紀最大的商機。

我們的淨零排放計畫是在目標與關鍵結果（也就是 OKR）的軌道上運行。讀到這裡，各位已經知道我們有十個層次的目標與五十五項關鍵結果；在我們看來，針對眼前的危機而言，這些目標最有幫助。我相信它們能通過 OKR 之父安迪 · 葛洛夫的審核。這些目標與關鍵結果涵蓋拯救地球最終提議的內容與方法，如果人們能充滿熱情，利用經過時間考驗的方法來實現大膽的目標，結果往往會超出所有人的預期。

OKR 可以培養許多種美德，像是專注、一致、當責與雄心，但是最重要的也許是「追蹤」，也就是所謂的「持續衡量」，因為**如果我們不能衡量最重要的東西（measure what matters），就沒有辦法達成目標。**

無論如何，減少溫室氣體是一個難纏、難以捉摸的問題。為了及時實現淨零排放，我們必須精確的即時衡量地球的碳排放量有多少、在哪裡排放，以及誰該負責。這需要一套精確的工具，從數學模型到人工智慧再到最新的衛星。我們需要值得信賴的數據，來追究國家與公司的責任，並且把時間與資源放在最重要的地方。

衡量數據是貫穿本書各章的主線，能為每一項目標賦予意義，也是通用的加速劑。透過追蹤看似不可能的目標，我們甚至可能達成這些目標。

儘管我內心的工程師喜愛測量二氧化碳當量、甲烷濃度、攝氏度數與排放量，以及那些當作標準的精確數字，我們也必須虛心承認自己的知識有限。正如愛因斯坦在黑板上寫下，有些重要的東西終究無法計算。人類的巧思與靈感無法衡量，更不可能用水晶球預測。從現在到 2050 年，是一段長時間的科學與科技年代。要預測三十年後的情況，難免有很多不確定性。儘管如此，我們還是要盡量往前看。

不過，我們還要面對人口不斷增長的挑戰。**在我們努力減少那充滿挑戰的 590 萬公噸溫室氣體排放之前，這個數字將會增加。**「新常態」很快又會變得更糟。數十億人需要更多土地、建築物、材料、交通運輸、食物與能源，其中當然包括會造成汙染的能源，除非我們能夠提供比較便宜的替代品。

不過，對我們有利的是，我們擁有已經證實可行、可以擴大規模的潔淨科技，再加上徹底創新的潛力。我們還不知道合成燃料、海藻構成的海底森林、碳移除工程、綠氫，或是核融合反應爐的上限在哪裡。即使是今天看起來像科幻小說裡才有的東西，也許在明天會成為標準的做法。這些解決方案或許能夠解救我們的地球家園，我們仍然有很大的希望。

也許有人認為這不過是放膽一試罷了。但是，我認為這是生物在生存遭到威脅時的本能反應，戰鬥或是逃跑。**然而，我們根本逃不了。我們無法逃脫全球暖化的影響，只有不得不拿出所有武器奮戰到底。**

這場戰鬥不乏燦爛的榮光。有些氣候戰士已經奮戰長達三十幾年，同時我們也有年輕的鬥士與企業家，他們將透過全新的視角來領導。我們必須提供他們需要的幫助，讓他們做得更多、走得更快。

2021 年 4 月，德國最高法院給予新一代應有的尊重。德國有幾名年輕的環保運動人士控告政府，為了回應他們，法院於是命令聯邦政府採取「更急迫的短期措施」，來實現 2030 年的減碳目標。法官宣布，如果全球升溫超過攝氏 1.5 度，這些年輕人未來的基本權利將會蒙受影響。[3]

自從格拉斯哥國際氣候會議開始，我們也必須用這樣的角度來看氣候問題。出於自願的保證與承諾還不夠，我們再也不可能就此滿足。**各國必須訂定目標、努力執行。每一個國家都必須負起責任**，以綠色能源取代化石燃料，移除無可避免的碳排放。未來，這個世界所需的能源將來自太陽能、風能等新興清潔能源。我們早就應該把這樣的願景變成現實。

本書就是為了號召大家而寫，請各位加入拯救地球的大軍行列。我們多半是把焦點放在喚醒這個世界的主要推動者，例如政府、運動人士、非營利組織、企業與投資者，並且要求他們負起責任。但是，我們每一個人都能發揮作用。除了把家中的燈泡換成 LED 省電燈泡，你可能也必須換掉代表你的立法人員。

要怎麼做才能成為對抗氣候危機的領導者？首先，各位可以透過學習、對話與辯論，了解自己必須做什麼。其次，各位必須讓其他人願意共襄盛舉。第三，請用自己的方式、自己的聲音來影響旁人。

為了因應危機、達成任務，我們藉由本書誠心提供一份可以作為參考的藍圖。這只是起點，只要我們不斷關心氣候問題，一起努力，這份藍圖將會不斷更新、改善。我們需要各位加入，請上 speedandscale.com 網站成為我們的一員。我們期待更多的討論、辯論與批評。雖然沒有人擁有所有的答案，或許我們可以一起找到解決的方案。

我把氣候意識帶到生活中的每一個層面，帶到我身為人父、投資者、倡議者與慈善家的每一個身分。然後，我寫下各位手中這本書。這是我一生當中做過收獲最大、最有啟發，也是最累人的一件事。儘管我心甘情願，但是這件事著實辛苦。有時候，我會懷疑自己是否不自量力，畢竟有些評論者就是這麼說我。但是，如果有什麼事需要我全心全意投入，我絕對責無旁貸，於是這本書就誕生了。因為沒有一個人可以說：「氣候變遷的問題和我無關。」

因為我們是氣候的命運共同體。

到了 2050 年，我很可能已經和其他嬰兒潮世代的人一樣，早就離開人世。我這一代的人是在戰後的繁榮中長大成人，而這樣的繁榮源於燃燒三億年前的化石，但是我們每一個人都認為溫室氣體不會有什麼影響。在第二次世界大戰結束後出生長大的我們，美好時光莫過於在家中後院烤肉。遠方的朋友會開著燃油車從幾英里外的地方過來，接著我們就在混凝土鋪設的院子，圍著不鏽鋼燒烤架，倒出打火機油，點燃木炭，把牛排烤得滋滋作響。儘管烤肉濃煙燻眼，但我們都很開心。當時幾乎沒有任何關於全球暖化的數據，也沒有人想到我們這樣燒烤、排放二氧化碳會有什麼影響。

在實現淨零排放的所有阻礙當中，我所描繪的懷舊景象也許是最艱難的一道阻礙。因為人類的天性使然，我們總是會緊抓自己熟悉的生活，很難鬆手放棄。但是，我必須重申，我們已經別無選擇。我們已經進度落後，必須急起直追，追求無碳、美好的新生活。

如今，我要對我的女兒瑪莉說什麼？我要留給下一代的孩子什麼訊息？首先，我承認我們這一代有很多疏失，所以我保

證將盡我所能，設法解決這個嚴重的緊急情況。至於為了回答瑪莉的提出的問題：「你們打算怎麼做？」，我將換個角度思考。因為如果要拯救這個星球，我們需要她那一代的人迫不及待的抓住韁繩。

今天的年輕人是在氣候危機的世界裡長大成人。他們與生俱來的權利是，至少能在 2050 年之前活在一個公正而且適宜居住的世界。在勇敢的領導人與運動人士、有遠見的投資人、有號召力的企業、開明的慈善家，以及最重要的傑出創新者的幫助之下，他們也許能讓我們實現淨零排放。如果我們能夠把能量、才華與影響力匯聚起來，或許會出現得以移山填海的乘數效應（multiplier effect），至少也可以拯救我們的海洋與森林。

面對如此險惡的難題，面對所有的險阻和期望，這些充滿熱情的年輕人不但給我希望，也給我一樣最重要的東西，那就是啟發。

雖然沒有人擁有所有的答案，或許我們可以一起找到解決的方案。

致
謝

致謝

邱吉爾寫道：「寫書就像一場冒險。一開始它是玩具、是娛樂，接著卻成了情婦，然後變成主人，後來又成為暴君。到了最後的階段，當你就要俯首稱臣時，你卻奮力一搏，把這頭怪物殺掉，丟到外頭示眾。」

親愛的讀者，我把這頭怪物扔進你的生活時，心中湧起無限的感激之情。首先，我有幸成為安迪・葛洛夫 OKR 系統的繼承人，運用這套系統解決大問題，放大人類的潛能。其次，我感謝我的國家，事實上，我也感謝全世界願意獎勵與尊敬冒險的組織，因為我們現在比以往任何時候都更需要冒險者。

我要對我的妻子安，和我的女兒瑪莉與艾絲特表達無盡的感謝。因為她們的耐心、鼓勵與愛，我才得以完成這項漫長、艱辛的寫作計畫。

我也要先謝謝各位讀者，感謝你們的回饋、鼓勵以及挺身而出，帶領他人因應氣候危機。我相信你們的承諾與機敏，將鼓舞他人不得不想要去做必須去做的事。

希望你們能寫信到 john@speedandscale.com 和我分享。

製作團隊：萊恩、亞力克斯、安佳利、伊凡、傑佛瑞、賈斯汀、昆恩

本書能夠面世印證了我常掛在嘴邊的一句話：「要勝利，需要團隊協力。」我的夥伴萊恩・潘查薩拉姆是這本書的共同作者。從最初的概念到 OKR 的精髓，我們的速度與規模計畫，以及這本書與網站才能因運而生，多虧了萊恩的統籌、推動力與高超的判斷力。

我和這本書有幸得到一群天才寫手的支援。傑佛瑞・寇普龍與安佳利・葛羅佛曾經協助我寫作第一本書《OKR：做最重要的事》。由於我是工程師出身，寫作與文字工作有時讓我吃足苦頭。我的初稿經傑佛瑞巧手修改後，不僅變得流暢通順，同時又保有我的個人特色，這可是很不容易的一件事。還有安佳利這位駕馭邏輯的高手，讓本書條理分明、論證嚴謹。書中內容清晰易讀、熱情洋溢都是安佳利・葛羅佛的功勞。

伊凡・史瓦茲富有想像力，很會講述環境的故事，也是紀錄片劇本作家。（他還是海藻狂熱者。）關於政策與政治，我們的得力夥伴是既聰明又熱情的亞力克斯・柏恩斯。另外，賈斯汀・吉里斯的才華就像鑽石般耀眼，他是《紐約時報》前首席科學與氣候作家，既強悍又傑出。他以手術刀般的精準刀法切除模糊的說法，注重事實與清晰的表達，他總是告誡我：「慎用縮寫詞！」

活力充沛、一絲不苟的昆恩・馬文是我們的研究與數據團隊領導者。這支團隊的成員海克・馬迪納（Heiker Medina）與朱利安・卡納（Julian Khanna），他們把將近一千條資料整理成五百多項注釋，並且附上詳盡的資料來源。

艾爾與哈爾

我要如何向啟發我的重要思想家與運動家致敬？ 2007 年諾貝爾委員會將諾貝爾和平獎頒給艾爾・高爾（以及聯合國政府間氣候變遷專門委員會），因為他們「致力於建立與傳播氣候知識，讓世人對人為氣候變遷有更清楚的認識，以便採取必要的對策。」十五年來，我與艾爾保持每週通話。他一直樂觀、堅定、無私，為了人類的生存危機奮鬥。艾爾的氣候真相計畫團隊非常了不起。團隊成員包括麗莎・柏格（Lisa Berg）、布拉德・霍爾（Brad Hall）、貝絲・普利柴德・吉爾（Beth Prichard Geer）與布蘭登・史密斯

（Brandon Smith）。我誠心推薦各位加入艾爾的氣候真相領導團（Climate Reality Leadership Corps），和我與其他五千名訓練有素的志工成為夥伴。能夠當他的夥伴、朋友，我引以為傲。

哈爾‧哈維是畢業於史丹佛大學的工程師，他也是一位謙虛、低調的氣候鬥士。哈爾提出的策略已經被納入兩百多條法規與準則，並且直接促成碳排放減量。但是，他的動力未曾減弱。從華盛頓到布魯塞爾再到北京，每一個人都信任他。他是一位高效、極其專注、以數據為依歸的氣候倡議者。

哈爾在能源創新智庫的團隊成員包括布魯斯‧尼勒斯、鄧敏淑（Minshu Deng，音譯）、羅比‧奧維斯（Robbie Orvis）以及梅根‧馬哈強，他們每一位對我們的網絡、故事與氣候模型皆貢獻良多。

關於氣候真相計畫，更多資料請參看：climaterealityproject.org。

創辦人：
傑夫‧貝佐斯、比爾‧蓋茲‧羅琳‧鮑威爾‧賈伯斯

在我們開闢的眾多氣候運動戰場前線中，傑夫‧貝佐斯帶領的亞馬遜團隊是一群堅定而且受歡迎的領導者。從亞馬遜的全球營運、物流、供應鏈、十萬輛雷維恩電動車以及AWS的「淨零雲」當中，可以看出這間公司具備的「快速壯大」本能。除了自家公司，亞馬遜也號召其他公司加入氣候承諾，更是斥資 100 億美元成立貝佐斯地球基金會。感謝傑夫讓下列亞馬遜大將提供寶貴的經驗給我們參考：卡拉‧赫斯特、安德魯‧史迪爾、傑伊‧卡尼（Jay Carney）、德魯‧何登納（Drew Herdener）、艾利森‧李德（Allison Leader）、路易斯‧達維拉（Luis Davilla）以及費歐娜‧麥克瑞斯（Fiona McRaith）。

我與比爾‧蓋茲的初次相遇是在微處理器、摩爾定律與軟體

的神奇世界。這為我們在教育、全球貧困、慈善事業，以及因應氣候危機的合作上奠定基礎。比爾，謝謝你以及你的專家團隊成員賴瑞・柯恩（Larry Cohen）、喬納・高曼、羅迪・吉德羅、艾瑞克・托恩、卡麥可・羅伯茲、艾瑞克・楚謝維奇，以及所有蓋茲創投（Gates Ventures）與突破能源風險投資基金的行家。

羅琳・鮑威爾・賈伯斯是愛默生集團富有遠見的創辦人。本書也介紹了元素加速器組織的多恩・李柏特；這個組織是愛默生集團的氣候倡儀單位。包括羅絲・簡森（Ross Jensen）的愛默生團隊是一支勁旅。羅琳，謝謝妳，因為妳，這本書有了最好的結尾：「我們應該把氣候危機視為人類有史以來最大的機會。」

全球政策制定者：
克莉絲緹亞娜・菲格雷斯、約翰・凱瑞

言語難以形容克莉絲緹亞娜・菲格雷斯與約翰・凱瑞全神貫注、孜孜不倦的領導精神，這個世界迫切需要他們的領導力。克莉絲緹亞娜是《巴黎協定》的主要建構者；《巴黎協定》是第一份具有法律約束力、全球各國一致通過的氣候條約。正如傑夫・貝佐斯所言：「克莉絲緹亞娜很了不起，她有一股讓人無可抗拒的力量。」

前美國國務卿約翰・凱瑞曾經代表美國簽署巴黎協定，因此他是擔任拜登總統氣候特使最好的人選。約翰的職責是讓世界在 2030 年之前減少 50％的碳排放，並且在 2050 年達成淨零排放。他是一位辯才無礙、優雅的鬥士，為解決氣候危機，以及為了完成本書，他的貢獻良多。

全球執行長：
瑪麗‧芭拉、董明倫、桑達爾‧皮蔡、亨利‧保森

在為本書做研究的過程中，全球企業的力量、進步與承諾一直讓我相當興奮。在交通運輸、商業、科技與再生能源領域，通用汽車、沃爾瑪、字母控股／Google、沃旭能源都是可以作為典範的全球領導者。

在本書開頭，我們看到通用汽車執行長瑪麗‧芭拉如何大膽承諾，通用汽車將在 2035 年之前結束燃油車的生產。瑪麗為通用汽車帶來創新、執行力、以顧客為中心以及急迫感。

董明倫是沃爾瑪的執行長，也是商業圓桌會議主席。他坦誠的討論為什麼沃爾瑪要在 2040 年之前達到營運淨零排放目標，而且還不是透過碳抵銷來達成淨零，並且致力於成為一間保護 5,000 萬英畝陸地與 100 萬平方英里海洋的「可再生公司」，他也告訴我們沃爾瑪將會怎麼做。此外，沃爾瑪已經讓他們龐大的供應鏈參與創建永續價值網絡。

桑達爾‧皮蔡是 Google 母公司字母控股的執行長，字母控股也是全世界最大的再生能源買家。皮蔡將公司大膽的投資計畫、業界標準、採購、人工智慧與倡議等，歸功於創辦人謝爾蓋‧布林與賴利‧佩吉、永續長凱特‧布蘭特，以及露絲‧波拉特（Ruth Porat）、艾瑞克‧史密特（Eric Schmidt）、蘇珊‧沃西基（Susan Wojcicki）與尼克‧札克拉瑟克（Nick Zakrasek）等人。感謝湯姆‧歐立維里（Tom Oliveri）、貝絲‧陶德（Beth Dowd）以及了不起的字母團隊。

亨利‧保森是是沃旭能源前執行長，也是來自樂高公司的創新者，他與我們分享如何把丹麥的國有化石燃料公司，變成全世界首屈一指的離岸風電開發商。

思想領袖：
吉姆‧柯林斯、湯馬斯‧佛里曼、比爾‧喬伊

儘管我總是說：「點子不值錢，執行才是關鍵。」但是，其實我還是會在思想的祭壇上頂禮膜拜。下列幾位思想領袖的天才讓我震懾。

首先是管理思想大師詹姆‧柯林斯，他是作家、研究員、前史丹佛大學商學院教授，也是一個叛逆者。幾十年來，我一直為領導力定義不明而感到困惑、沮喪。他在最近出版的《恆久卓越的修煉》（BE 2.0）中用艾森豪的話來解釋什麼是領導力，讓我感到醍醐灌頂，他說：「領導力是一門藝術，就是使人願意做必須做的事。」詹姆是精通蘇格拉底提問法的大師，寫書重視嚴謹與清晰。他不只提出正確的問題「要做什麼以及怎麼做」，更重要的是，他也告訴我們為什麼要這樣做。

《紐約時報》專欄作家湯馬斯‧佛里曼在《世界又熱又平又擠》與《謝謝你遲到了》當中，以生花妙筆為我們綜述世界如何受到三股力量的牽引：市場（全球化）、摩爾定律（網際網路）以及大自然的力量（提示：大自然永遠是贏家）。湯姆，謝謝你讓我們看到事情的全貌，為我們指點迷津，感謝你所做的一切。

比爾‧喬伊（Bill Joy）是網際網路的愛迪生，也是一位傑出的工程師。他是真正的未來主義者，能看見人們看不見的事物。比爾指導凱鵬華盈建立以科學基礎的框架，迎接巨大的挑戰，並且尋找與發展我們需要的潔淨科技。

企業家

套用人類學家瑪格麗特‧米德（Margaret Mead）的一句名言：「永遠不要低估少數企業家改變世界的力量。事實上，

世界就是靠這些人才得以改變。」本書與我們這個世界，總是從企業家的故事、他們的掙扎與成功當中獲益良多。本書重要的貢獻者包括超越肉類公司的伊森・布朗、農民商業網絡的阿莫爾・德希潘德、分水嶺平台的泰勒・弗朗西斯、克里斯・安德森與艾維・伊茲科維奇、桑朗公司的琳恩・朱瑞奇、恩費斯能源公司的巴德利・科珊達拉曼、史特拉普支付平台的南・蘭索霍夫、查姆工業的彼得・萊茵哈特、量子願景電池公司的傑迪普・辛恩、布魯姆能源的克爾・史里德哈爾（KR Sridhar），以及紅木材料的傑佛瑞・布萊恩・史特勞貝爾。感謝你們與你們的團隊以及全世界的創新者。

投資人

大衛・布拉德是世代投資管理公司執行長。這間公司是由布拉德與高爾共同創立，以永續發展基金為主。我們非常感謝大衛與貝萊德資產管理集團執行長賴瑞・芬克。貝萊德是世界上最大的資產管理公司、資本市場的要角。

我的朋友艾拉・埃倫普雷斯（Ira Ehrenpreis）、維諾德・柯斯拉、麥特・羅傑斯與楊・凡杜肯等人，都是傑出的創投家。艾拉支持馬斯克的特斯拉與 SpaceX，因為馬斯克與下一代的創新者讓他感到興奮。維諾德是大膽、無畏的投資人，總是激勵人進行更積極的投資，以求「命中目標」。麥特曾帶領蘋果軟體團隊開發十代的 iPod 與五代的 iPhone，他是 Nest 公司的創辦人之一，後來他又創立了因塞特創投公司。楊・凡杜肯是關鍵創投公司（Imperative Ventures）傑出的營運主管與投資人。

還有歐巴馬執政時期的能源部放款計畫辦公室執行主任強納森・西爾弗。他在任內提供了最多的氣候貸款與擔保。

感謝你們與其他許多人的勇氣與洞見，以及你們的投資，但我們還需要更多！

科學家與運動人士

我要讚揚氣候科學家與氣候運動人士的貢獻，他們善於結合兩個世界的優點。克里斯・安德森與琳賽・李文為新一代的氣候之聲推出 TED「倒數計時」全球開講計畫。薩菲娜・胡賽因創立的非營利組織「教育女童」也許是影響最大的氣候計畫。

世界資源研究所是全球性的非營利研究組織，在氣候系統方面有非常豐富的數據與經驗，無人可以媲美他們對精確的承諾。我要感謝這個組織的代理主席曼尼許・巴普納（Manish Bapna），此外還要特別謝謝凱莉・李文與世界資源研究所超級團隊的智慧、清晰以及合作無間。

布萊恩・馮・赫爾岑（Brian Von Herzen）是伍茲何爾研究所（Woods Hole Institute）氣候基金會的執行長，也是海藻永續文化的專家。羅勃・傑克森（Robert Jackson）則是史丹佛大學碳問題權威。

佛瑞德・卡洛普自 1984 年以來一直是環境保衛基金會的總裁。關於甲烷造成的緊急狀況、衛星監控以及氣候正義，佛瑞德與他的團隊成員史蒂夫・漢伯格、亞曼達・勒藍、納特・克歐漢以及瑪格・布朗，都做出很大的貢獻。

盧安武是洛磯山研究所所長與首席科學家，也是能源效率的倡導者。恬西・韋倫是雨林聯盟的創辦人，現在也是紐約大學永續商業史特恩中心（Stern Center）的負責人。

帕特里克・葛雷琛是德國最重要的能源智庫「博眾能源轉型論壇」的執行董事。阿努米塔・羅伊・喬杜里則是印度科學與環境中心執行董事。環境企業家（E2）的鮑伯・艾普斯坦（Bob Epstein）和氣候之聲（Climate Voice）的比爾・魏爾（Bill Weihl）都是來自科技界的重要氣候運動人士。

詹姆斯・瓦基比亞是來自肯亞的攝影師及環境運動人士。奈吉爾・塔平（Nigel Topping）與亞力克斯・裘斯（Alex Joss）都是第二十六屆聯合國氣候變化大會（COP26）的氣候行動高級倡導者，世界資源研究所的凱莉・李文也與他們攜手合作。

倡議者、慈善家與合夥人

有一群致力於改變世界的慈善家給我很大的鼓舞。除了前文提到的人，還包括約翰・阿諾德（John Arnold）、喬許與安妮塔・貝肯斯坦（Josh and Anita Bekenstein）、邁克・彭博、理查・布蘭森、謝爾蓋・布林、麥特・柯勒（Matt Cohler）、馬克・何欣（Mark Heising）、麗茲・西蒙斯（Liz Simons）、克里斯・洪恩（Chris Hohn）、賴瑞・克萊默（Larry Kramer）、奈特・西蒙斯（Nat Simons）、蘿拉・巴克斯特－西蒙斯（Laura Baxtor-Simons）、湯姆・史泰爾（Tom Steyer）與山姆・華頓。

珍妮弗・基特是氣候領導倡議組織的總裁，她很有動力，正在培養新的氣候慈善家。

在凱鵬華盈，我的合夥人對我們氣候志業的承諾每天都激勵我不斷向前。我打從心底感謝你們與我同行：蘇・布格里埃瑞（Sue Biglieri）、布魯克・拜爾斯（Brook Byers）、安妮・凱斯（Annie Case）、喬許・柯穎（Josh Coyne）、莫妮卡・德賽・魏斯（Monica Desai Weiss）、馮偉（Eric Feng）、伊里亞・法許曼（Ilya Fushman）、賓恩・高登（Bing Gordon）、瑪穆・哈米德（Mamoon Hamid）、謝文暄（Wen Hsieh）與黃浩淼（Haomiao Huang）。我也非常感謝諾亞・柯諾夫（Noah Knauf）、蘭迪・柯米薩（Randy Komisar）、雷・藍恩（Ray Lane）、瑪麗・米克（Mary Meeker）、巴基・莫爾（Bucky Moore）、慕德・羅甘尼（Mood Rowghani）、泰德・許連恩（Ted Schlein）與大衛・

韋爾斯（David Wells）。

除此之外，我要感謝出自凱鵬華盈的潔淨科技投資專才班恩・科特蘭、布魯克・波特（Brook Porter）、大衛・芒特（David Mount）、丹恩・歐若斯（Dan Oros）、萊恩・波普（Ryan Popple）、札克・巴拉茲（Zach Barasz）都是，他們籌組了 G2VP 投資公司，也募集了兩個永續投資基金。

文稿

感謝我的朋友與夥伴不辭辛苦校閱本書文稿，你們很快就可以得到解脫，好好過個週末了。雷伊・尼爾・羅德斯（Rae Nell Rhodes）、艾里・瑟法羅（Allie Cefalo）、張心蒂（Cindy Chang，音譯）、程蘇菲（Sophia Cheng，音譯）、吉妮・金（Jini Kim）、葛拉費拉・馬爾康（Glafira Marcon）、麗莎・舒夫洛（Lisa Shufro）、伊果・柯夫曼（Igor Kofman）、賴黛比（Debbie Lai，音譯）、萊斯里・許洛克（Leslie Schrock）、桑傑・席凡納森（Sanjey Sivanesan）與約翰・史特拉克豪斯（John Strackhouse），謝謝你們。

本書從發想到面世，幸賴 Portfolio ／ Penguin 出版團隊的幫助，感謝我的出版商亞德里安・札克翰（Adrian Zackheim）預見這本書的潛能，還有我的超級編輯翠希・達利，她總是盡心盡力，而且時時保持幽默感。我還要謝謝潔西卡・瑞吉翁（Jessica Regione）、梅根・葛若第（Megan Gerrity）、凱蒂・赫利（Katie Hurley）、珍・卡佛里納（Jane Cavolina）、梅根・麥科梅克（Megan McCormack）、簡恩・休爾（Jen Heuer）、湯姆・杜塞爾（Tom Dussel）、塔拉・吉爾布萊德（Tara Gilbride）與阿曼達・朗恩（Amanda Lang）。謝謝我的經紀人麥西尼・史戴芬奈德茲（Myrsini Stephanides），以及我的律師彼得・默爾戴夫（Peter Moldave）。

秩序讓這本書由數字、事實與數據組成的著作，變成一件藝術作品。我要感謝傑西・里德、梅根・納爾迪尼、愛蜜莉・克萊柏的合作無間與出色表現。感謝羅德里哥卡羅設計公司（Rodrigo Corral Design）為本書的受訪者繪製精緻的人像素描。

正如這篇致謝所言，我向許多專家與領導者虛心請教。每一個人都對這個地球迫切需要的解決方案提出新的看法，他們的見解在本書的每一頁熠熠生輝。書中若有任何錯誤，作者當負全責。

如何擬訂計畫

參考資料 1　**如何擬訂計畫**

全球排放量計算基礎

速度與規模計畫中使用的溫室氣體排放資料來自聯合國，確切來說是取自聯合國環境規畫署 2020 年發表的「排放差距報告」（Emissions Gap Report），這份報告詳細列出各個領域在 2019 年的排放量，並指出：

2019 年的全球溫室氣體排放量連續第三年成長，如果不考慮土地利用變遷，排放量已經達到 524 億公噸二氧化碳當量（誤差：±52），如果把土地利用變遷的因素也考慮在內，排放量更是達到 591 億公噸二氧化碳當量（誤差：±59）。

速度與規模計畫以 590 億公噸二氧化碳當量作為全球目前的排放總量。

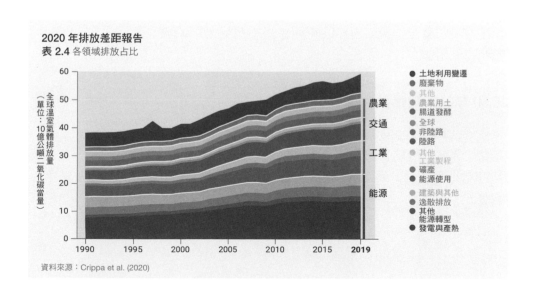

2020 年排放差距報告
表 2.4 各領域排放占比

資料來源：Crippa et al. (2020)

各領域的排放量

2020 年的「排放差距報告」統計出全球從 1990 年至 2019 年的整體排放趨勢，同時呈現各個領域的排放占比。

我們把這些資料整合成五個主要領域：交通運輸、能源、農業、自然與工業。由於資料中都是粗略的數字，我們在計算時四捨五入取整數。

2019 年各大領域的溫室氣體排放量

領域	二氧化碳當量百分比	二氧化碳當量
交通運輸	14%	80 億公噸
能源	41%	240 億公噸
農業	15%	90 億公噸
自然	10%	60 億公噸
工業	20%	120 億公噸
總計	100%	590 億公噸

這五大領域就是本書前五章的主題，從中可見人為的溫室氣體排放量相當大。

2050 年的排放量預測

本書雖以當前排放量為計算基礎，但也沒有忘記要是一切維持現狀發展，全球人口依照專家預測的速度成長，工業也以目前的速度擴張，到了 2050 年，溫室氣體排放狀況會是什麼樣子。

2050 年各領域溫室氣體排放預測

領域	二氧化碳當量百分比	二氧化碳當量
交通運輸	17%	120 億公噸
能源	38%	280 億公噸
農業	14%	100 億公噸
自然	11%	80 億公噸
工業	20%	140 億公噸
總計	100%	720 億公噸

我們推估的 2050 年排放量是 720 億公噸，這個數字是根據各組織的氣候報告彙整而來，其中包含彭博新能源財經（BloombergNEF，簡稱 BNEF）、聯合國政府間氣候變遷委員會、國際能源署、美國能源資訊管理局（Energy Information Administration，簡稱 EIA）、美國國家環境保護局、世界資源研究所，以及氣候行動追踪組織（Climate Action Tracker，簡稱 CAT）。這些報告針對未來各國採取的措施與政策設定出不同假設，因此預測的「維持現狀」局面也各不相同。

速度與規模計畫的關鍵結果相當有企圖心，打算在 2050 年減到淨零排放。考慮到 2050 年的預估排放量隨時會變動，不確定性很高，所以我們選擇用既好懂、又廣為接受的 2019 年排放量 590 億公噸，作為衡量這項計畫進展的標準。

我們如何擬定速度與規模計畫

速度與規模計畫有六大目標，前五項目標針對交通運輸、能源、農業、自然與工業這五大領域，指出減少排放量的方法。這些行動方案沒有一項方案可以輕易達成，但是即使我

們都做到了，也不足以減到零排放，還得再加上第六大目
標，才能解決剩餘的碳排放問題。

交通→交通電氣化

根據聯合國的報告，來自交通運輸領域的排放占溫室氣體
排放總量約 14％，達 80 億公噸。為了進一步細分，我們

交通運輸

分類	目前的排放量 （億公噸二氧化碳當量）	減少排放後的排放量 （億公噸二氧化碳當量）
公路交通	60	10
客車	36	2
→小客車	32	2
→輕型商用車	1	0
→巴士與中巴	2	0
→兩輪及三輪車	1	0
貨車（中重型卡車）	24	8
航空	9	6
客機	7	5
→國際	4	3
→國內	2	1
貨機	2	1
海事	9	3
鐵路	1	0
其他（管道運輸等）	4	1
交通領域總計	83	20

參考國際能源署 2018 年的運輸報告，航空排放則參考 Our World in Data 網站的運輸排放報告，這份報告使用的資料來自國際能源署與國際潔淨運輸理事會（Council on Clean Transportation，ICCT）。

要減少交通領域的排放，交通電氣化勢在必行。這個目標有六項關鍵結果，前三項是初步的減排進度指標：KR 1.1（價格）、KR 1.2（轎車）以及 KR 1.3（巴士與卡車）。

這些具體減少的排放量噸數來自 KR 1.4（里程數）、KR 1.5（飛機）與 KR 1.6（海事）這三項關鍵結果：

KR 1.4 里程數：在 2040 年前，全球汽車（兩輪車、三輪車、轎車、巴士與卡車）行駛的里程數必須有 50%由電力驅動，在 2050 年前比例必須增加到 95%→可以減少 50 億公噸排放。

KR 1.5 飛機：在 2025 年前，全球飛行里程數必須有 20%使用低碳燃料，在 2040 年前，必須有 40%里程數達到碳中和→可以減少 3 億公噸排放。

KR 1.6 海事：在 2030 年前，全部的新船隻必須轉為「零碳排準備」船→可以減少 6 億公噸排放。

我們假設到了 2050 年，全球客車已經接近全面電氣化，減少排放量的幅度達到 95％，這就得加速汽車的汰轉率。至於比較難減少碳排放的船運、航空與海事等領域，我們的估計相對保守。船運與海事最終都一定要脫碳，但是進度會比陸上交通慢很多，在缺乏可以大規模應用的新科技之下，這個領域多半會在我們的 2050 年期限之後才達成目標，因此在此我們假設的排放量減少幅度是 65％。航空業將是交通領域最難脫碳的產業，我們把希望寄託在碳中和燃料的創新解方，所以在此假設的排放量減少幅度只有 20％。

以上關鍵結果總計可以減少近 60 億公噸的溫室氣體。

能源→電網脫碳化

根據聯合國的報告,來自能源領域的排放量占溫室氣體排放總量約 41%,達 240 億公噸。在細分能源領域內的各項排放時,我們是以國際能源署的「2018 年燃燒燃料之二氧化碳排放報告」(CO2 Emissions from Fuel Combustion)為依據。

能源

分類	目前排放量 (億公噸二氧化碳當量)	減少排放後的排放量 (億公噸二氧化碳當量)
電源及熱源	140	19
煤	101	5
石油	6	2
天然氣	31	11
其他	2	1
其他能源產業	16	4
建築(住宅、商用及公家機關)	29	09
煤	4	0
石油	8	3
天然氣	16	6
其他	1	0
其他＋逸散排放	59	3
能源領域總計	244	35

要減少這個領域的排放，電網脫碳化勢在必行。這個目標有六項關鍵結果，其中四項是追蹤電網減少排放以及暖氣與烹飪減少使用化石燃料的進度指標，也就是 KR 2.2 的太陽光電與風電、KR 2.3 的能源儲存、KR 2.4 的煤與天然氣，以及 KR 2.7 的潔淨經濟。

這些具體減少的排放量噸數來自 KR 2.1 的零排放、KR 2.5 的甲烷排放，以及 KR 2.6 的暖氣與烹飪這三項關鍵結果：

KR 2.1 零排放：2025 年前，全球電力有 50%來自零排放能源，2035 年前達到 90%（2020 年的零排放電力為 38%。）→可以減少 165 億公噸排放。

KR 2.5 甲烷排放：到 2025 年，煤礦坑、油田和天然氣井不再洩漏、逸散或燃除甲烷→可以減少 30 億公噸排放。

KR 2.6 暖氣與烹飪：2040 年前，用於暖氣與烹飪的天然氣與石油用量減半→可以減少 15 億公噸排放。

我們的模型假設到了 2050 年，全球幾乎已經不再使用煤來獲取能源，減少排放的幅度達到 95%。不過，由於天然氣的礦藏豐富、穩定、成本低廉等特性，要完全被再生能源取代比較困難，因此我們假設在最理想狀況下，到了 2050 年，減少排放的幅度是 65%。最後來看看石油，雖然大部分的石油用量都在交通領域，但是在電源、熱源與建築用途上，仍然有略大於 10 億公噸的排放量，我們假設透過 KR 2.1 與 KR 2.6，可以讓減少排放的幅度達到 70%，這些額外減少的排放噸數即包含在 KR 2.1 中。至於甲烷逸漏的問題，以現有的技術，我們假設減少排放的幅度可以達到 80%。

以上關鍵結果總計可以減少 210 億公噸的溫室氣體。

農業→解決糧食問題

根據聯合國的報告，來自農業領域的排放占溫室氣體排放總量約 15%，達 90 億公噸。在細分農業領域內的各項排放時，我們是以世界資源研究所的永續報告為依據。

要減少這個領域的排放，我們非得解決糧食問題不可，包括改革農業系統以及改變飲食消費習慣。這個目標有五項關鍵結果，全都和減少排放噸數直接相關：

農業

分類	目前排放量 （億公噸二氧化碳當量）	減少排放後的排放量 （億公噸二氧化碳當量）
農業生產	69	28
反芻動物腸道發酵	23	14
能源（農場用）	15	1
稻米（甲烷）	11	5
土壤施肥	9	4
糞肥管理	6	2
反芻動物排泄物	5	2
農場土壤	0	-20
能源（農業用）	4	0
剩食	16	9
農業領域總計	**89**	**17**

KR 3.1 農地土壤：改善土質，以正確農法將表土碳含量至少增加到 3%→可以吸收 20 億公噸排放。

KR 3.2 肥料：停止濫用氮肥，在 2050 年前將排放量減半→可以減少 5 億公噸排放。

KR 3.3 消費：提倡低排放蛋白質，在 2030 年前將牛肉與乳製品年消費量減少 25%，在 2050 年前減少 50%→可以減少 30 億公噸排放。

KR 3.4 稻米：在 2050 年前，將種稻產生的甲烷與一氧化二氮減少 50%→可以減少 5 億公噸排放。

KR 3.5 剩食：把剩食比例從全球糧食生產的 33%降到 10%→可以減少 10 億公噸排放。

我們的模型假設人類會繼續吃肉與乳製品，但也鼓勵大家盡量改為攝取低排放蛋白質，由此可減少 60%的排放量。改善農法是至關重要的一步，當土壤中的碳含量增加，我們估計可以額外吸收 20 億公噸的碳排放，有些研究對土壤吸收碳的潛力相當樂觀，但是我們相對保守。只要能精準施肥，並改用「環保肥料」，就能把來自肥料的排放量減少 50%。全球生產的食物有三分之一都被浪費掉了，要減少這種浪費，食物供應鏈的上下游，從農場、倉儲、運輸乃至一般家庭與餐館，都必須改變準備食物的方式。我們的計畫是以在 2050 年前，把剩食減少一半以上，並且以降到 10%為目標，減少排放的幅度為 10 億公噸。聯合國糧農組織等組織，在報告中估算的減少排放幅度比較高，但是他們的計算方式也計入電網能源轉型與土地利用變遷所減少的排放噸數，我們則是把這兩方面減少的排放噸數納入其他目標計算。

以上關鍵結果總計可以減少 70 億公噸的溫室氣體，50 億公噸來自避免排放，20 億公噸來自吸收排放。

自然→保護自然

根據聯合國的報告，土地利用變遷產生的排放量占溫室氣體排放總量約 10%，達 60 億公噸。這個領域中，涵蓋人類直接利用土地、土地利用變遷，以及林業活動所產生的溫室氣體排放量與清除量」。

自然

分類	目前排放量 （億公噸二氧化碳當量）	減少排放後的排放量 （億公噸二氧化碳當量）
土地利用變遷	59	-59
自然領域總計	59	-59

要減少這個領域的排放，我們非得保護自然環境不可，有兩項關鍵結果可以幫助我們達到減少與吸收碳排放的目標：

KR 4.1 森林：在 2030 年前，力圖停止所有毀林行為→可以減少 60 億公噸排放。

KR 4.2 海洋：在 2030 年前，徹底淘汰深海底拖網捕撈，讓至少 30% 的海洋受到保護；在 2050 年前，讓至少 50% 的海洋受到保護→可以減少 10 億公噸排放。

藉由擴大土地（50%）與海洋（50%）的保護面積，並且終止毀林現象，我們希望達到的目標是，消除土地利用變遷所產生的碳排放，並且恢復自然界的碳匯功能。

以上關鍵結果總計可以減少 70 億公噸的溫室氣體。

工業→淨化工業

根據聯合國的報告，來自工業的排放占溫室氣體排放總量約20％，達 120 億公噸。為了進一步細分，我們參考聯合國環境規畫署 2019 年發表的「排放差距報告」。

工業

分類	目前排放量 （億公噸二氧化碳當量）	減少排放後的排放量 （億公噸二氧化碳當量）
鋼鐵業	38	9
水泥業	30	12
其他材料	50	17
化工（塑膠與橡膠）	14	4
其他礦物	11	4
木製品	9	3
鋁	7	3
其他金屬	5	2
玻璃	4	1
工業領域總計	118	38

要減少這個領域的排放，我們非得淨化工業不可，有三項關鍵結果可以幫助我們達到工業減少排放的目標：

KR 5.1 鋼鐵業： 在 2030 年前，將生產鋼材的整體碳濃度降低 50％，在 2040 年前降低到 90％→可以減少 30 億公噸排放。

KR 5.2 水泥業： 在 2030 年前，將生產水泥的整體碳濃度降低 25％，在 2040 年前降低到 90％→可以減少 20 億公噸排放。

KR 5.3 其他工業：在 2050 年前，將來自其他工業（塑膠、化工、造紙、鋁、玻璃、成衣）的排放量減少 80%→可以減少 20 億公噸排放。

工業是最難脫碳的領域，需要有各種可以大規模實施的創新方案。我們假設如果脫碳成功，順利達成這些關鍵結果，工業的碳排放將能在 2050 年前減少三分之二。

以上關鍵結果總計可以減少 80 億公噸的溫室氣體。

剩餘排放量→碳移除

速度與規模計畫不僅對未來充滿希望，同時也秉持實事求是的精神。在努力消除所有人為碳排放的時候，不可否認一定會有些領域很難減少排放，開發中國家在短期內還需要仰賴化石燃料來推動經濟成長。

移除空氣中的碳

分類	目前排放量 （億公噸二氧化碳當量）	減少排放後的排放量 （億公噸二氧化碳當量）
自然移除方案	0.0	-5.0
工程移除方案	0.0	-5.0
碳移除總計	0.0	-10.0

要縮短我們與零排放的距離，碳移除勢在必行。有兩項關鍵結果可以幫助我們達到減少排放的目標：

KR 6.1 自然移除方案: 到 2025 年前,每年至少移除 10 億公噸,到 2030 年增至 30 億公噸,到 2040 年增至 50 億公噸→可以移除 50 億公噸排放。

KR 6.2 工程移除方案: 到 2030 年前,每年至少移除 10 億公噸,到 2040 年增至 30 億公噸,到 2050 年增至 50 億公噸→可以移除 50 億公噸排放。

我們的模型假設,全球會以減到零排放、發明更有效率的能源利用方式為當務之急,但是這樣做仍然不夠。要達到移除 100 億公噸的目標,我們需要有多元的碳移除方案齊頭並進,有些採自然方式,有些採工程方式,還有一些則是兼併兩種方式。

減排總量一覽

速度與規模計畫:減少排放

目標	減少排放後的排放量 (億公噸二氧化碳當量)
🚗 交通電氣化	6
💡 電網脫碳化	21
🐄 解決糧食問題	7
🌱 保護自然	7
淨化工業	8
碳移除	10
總計	59

美國需要的政策

參考資料 2　## 美國需要的政策

本書包括各個國家與政府制定重要政策所需的目標與關鍵結果（ORK），以便在 2050 年前加速達成淨零排放。

KR 7.1 承諾：每一個國家履行減碳承諾，致力在 2050 年達成淨零排放目標，並且在 2030 年至少一半排放量。

KR 7.1.1 電力：為電力產業設定減少排放的目標，在 2025 年前減少 50%排放，在 2030 年前減少 80%排房，在 2035 年前減少 90%排放，到了 2040 年則必須減少 100%排放。

KR 7.1.2 交通運輸：在 2035 年前，所有新出廠的汽車、公車與卡車都必須脫碳；貨輪必須在 2030 年前脫碳；貨櫃車必須在 2045 年脫碳；在 2040 年前，40%的航班都必須實現碳中和。

KR 7.1.3 建築物：在 2025 年前，所有新建住宅必須符合淨零排放建築標準；新建商業建築也必須在 2030 年前達到相同標準。

KR 7.1.4 工業：工業生產過程必須逐漸淘汰化石燃料， 2040 年前至少必須淘汰一半， 2050 年前則必須完全淘汰。

KR 7.1.5 碳標籤：所有商品都必須標示碳排放量的碳足跡標籤。

KR 7.1.6 洩漏：管控燃除做法，禁止排放，強制及時封堵甲烷洩漏。

KR 7.2 補貼：終止對化石燃料公司與有害農作法的直接與間接補貼。

KR 7.3 碳定價：將國家溫室氣體價格設定為每公噸至少 55 美元，每年上漲 5%。

KR 7.4 全球禁令：禁止使用氫氟碳化物作為冷媒。在醫療用途之外，禁止使用拋棄式的塑膠產品。

KR 7.5 政府研發：公共投資研發的資金至少必須加倍，美國則需要增加五倍。

如果沒有政策配合，國家可能無法達成淨零目標。

在制定這些目標與關鍵結果時，我們運用了很多工具，其中最重要的是能源創新公司開發的能源政策模擬器。

從模擬器的模型可以看出，每一個政策能達成什麼目標，以及這項政策與其他政策會如何交互作用。這種模型也能顯示出，和維持現況相比，各個政策能發揮怎樣的減碳效果。

模擬器提供的模型完全都是開源的資訊，能在網路瀏覽器運作，即時提供結果而且備有完整的紀錄。此外，這個模型已經通過三個國家實驗室與六所大學研究人員的同儕審查。

這些模型告訴我們三點：

要搭上技術的順風車：很多零碳技術的成本在過去十年已經大幅下降，而且還會繼續下降，包括高效能的電器與設備，因此淨零轉型是可能達成的目標，而且成本我們也可以負擔。

清潔能源的轉型不會自動發生：顯然，如果沒有額外的政策，我們將無法在政府間氣候變遷專門委員會的時間表上看到這樣的轉型。只有精心設計的政策才能以需要的速度推動這些技術轉型。

需要一系列的政策：每一種產業都各自需要專門的一系列的政策。在減碳方面，沒有簡單又有效的解決方式。我們必須改變經濟的每一個環節。

歡迎試用模擬器：
https://
energypolicy.
solutions

目前已經有八個國家採用能源政策模擬器。這個模擬器可以幫助政策領導者找出最具影響力的氣候與能源政策，並了解如何運用這些政策達成氣候目標。

試著把本書的目標與關鍵結果輸入能源政策模擬器

為了測試速度與規模計畫的目標與關鍵結果，我們模擬和書中關鍵結果相符、正在美國實施的政策後，查看有什麼效果。以下是我們的發現：

美國的排放

維持現狀　　實施速度與規模計畫

交通運輸標準
建築電氣化
清潔能源標準
減少含氟氣體
工業標準
改用非動物產品
碳價

60 億公噸　40 億公噸　20 億公噸　0 億公噸
2020　2030　2040　2050

灰色實線代表美國如果維持現狀發展，每年的碳排放量約為60億公噸。圖表中每一個楔形代表每一組排放政策帶來的影響。這些宏大但必要的政策可以讓美國的排放量減少到5億公噸。我們希望剩餘的排放量主要可以透過自然的碳移除方法或是碳移除工程來去除。

減少排放的關鍵政策

電力

清潔能源標準

為電力產業設定減少排放的標準，在 2025 年前減少 50％排放，在 2030 年前減少 80％排放，在 2035 年前減少 90％排放，在 2040 年前必須減少 100％排放。

運用政策支持上述標準，建立電力輸送系統並利用比較彈性的資源，例如電網電池能源儲存與需量反應系統。

模型假設：在 2040 年前達成 100％零碳電力的標準，包括再生能源、核能與少量配有碳補集與封存的天然氣。在 2050 年前，比起維持現狀，電力傳輸量將增加一倍，儲存量達到 510 吉瓦，需量反應達 450 吉瓦。

交通運輸

交通工具標準

實行零排放車輛標準，到了 2035 年，市場銷售的輕型汽車、公車與輕型卡車必須達到 100％零排放；重型卡車必須在 2045 年前達到零排放；所有船舶則必須在 2030 年前達到零排放標準。

運用政策支持上述標準，以便加速車輛或船舶的轉型，例如提供購買者獎勵，或是提供舊車換新車的補貼。

模型假設：到了 2035 年，市場銷售的輕型汽車與公車 100％為零排放車輛；到了 2045 年，重型卡車都是零排放車輛；到了 2045 年，則所有的船舶都達到零排放標準。

促進永續航空

制定標準，要求航空業至少使用碳中和燃料。

模型假設：在 2040 年前，用於航空的燃料當中，碳中和燃料比例增加至 40％。

建築

建築物設備標準

制定建築法規與電器標準，到了 2030 年，所有新蓋建築物內的設備都必須電氣化。利用改建誘因達成這些標準。

模型假設：到了 2030 年，所有新出售建築內的設備都已經電氣化。

工業

工業燃料的轉型

發布標準並提出誘因，讓工業燃料在 2050 年前達成採用 100%零碳能源，包括生產零碳燃料，如氫氣。

模型假設：在 2050 年前，工業化石燃料 100%改為使用電力與氫的混合燃料，這取決於模型中追蹤的每一種產業類別具備的電氣化潛力。所有氫都是透過電解產生，也就是用電把水分解成氫與氧。

阻止甲烷洩漏

設立減少甲烷洩漏與排放的標準，管制天然氣燃除所產生的甲烷。

模型假設：2030 年前完全實行國際能源署公布的甲烷減排標準。

禁止氫氟碳化物

依循《蒙特婁議定書》吉佳利修正案，限制氫氟碳化物的使用與生產。

模型假設：實行《蒙特婁議定書》吉佳利修正案的氫氟碳化物限制條例。

農業

減少肉品與乳製品的需求

要求食品業者在產品包裝上標示碳足跡，提供有助於消費者挑選低碳排放食品的訊息。

模型假設：營養標示已經改變人們的飲食習慣。儘管至今仍然沒有足夠的調查或研究顯示標示碳足跡的效果，我們希望碳足跡標示能為消費者行為帶來有意義的改變。在這種模型之下，動物性食品的消耗會減少 50%。

跨產業

碳定價

全面實施碳定價，從每公噸 55 美元開始，每年調漲 5%。

模型假設：從 2021 年開始，碳定價為每公噸 55 美元，每年調漲 5%。此價格適用於所有溫室氣體。

延伸閱讀

參考資料 3　# 延伸閱讀

了解氣候危機

- *Thank You for Being Late,* Thomas Friedman (New York: Farrar, Straus and Giroux, 2016)
  《謝謝你遲到了：一個樂觀主義者在加速時代的繁榮指引》，天下文化。
- *Hot, Flat, and Crowded,* Thomas Friedman (New York: Farrar, Straus and Giroux, 2008)
  《世界又熱、又平、又擠》，天下文化。
- *An Inconvenient Truth,* Al Gore (Emmaus, PA: Rodale, 2006)
  《不願面對的真相》，商周出版。
- An Inconvenient Sequel, Al Gore (Emmaus, PA: Rodale, 2017)
- *Under a White Sky,* Elizabeth Kolbert (New York: Crown, 2021)
  《在大滅絕來臨前：人類能否逆轉自然浩劫？》，臉譜。
  The Physics of Climate Change, Lawrence Krauss (New York: Post Hill Press, 2021)
- How to Prepare for Climate Change, David Pogue (New York: Simon & Schuster, 2021)
- *Climate Change*, Joseph Romm (New York: Oxford University Press, 2018)
- *Energy & Civilization*, Vaclav Smil (Cambridge, MA: MIT Press, 2018)

淨零排放計畫

- *How to Avoid a Climate Disaster*, Bill Gates (New York: Knopf, 2021)
  《如何避免氣候災難》，天下雜誌。
- *The 100% Solution*, Salomon Goldstein-Rose (Melville House, 2020)
- *The Big Fix*, Hal Harvey and Justin Gillis (New York: Simon & Schuster, forthcoming, 2022)
- *Drawdown*, Paul Hawken et al. (New York: Penguin Books, 2017)

《反轉地球暖化 100 招》，聯經出版。

以自然為基礎的解決方案

- *Sunlight and Seaweed*, Tim Flannery (Washington, DC: Swann House, 2017)
- *Growing a Revolution*, David Montgomery (New York: W. W. Norton, 2017)
- *The Nature of Nature*, Enric Sala (Washington, DC: National Geographic, 2020)
- *Lo-TEK: Design by Radical Indigenism*, Julia Watson (Cologne, Germany: Taschen, 2020)
- *Half-Earth,* Edward O. Wilson (New York: Liveright, 2016)
  《半個地球：探尋生物多樣性及其保存之道》，商周出版。

政策與運動

- *Designing Climate Solutions*, Hal Harvey (Washington, DC: Island Press, 2018)
- *All We Can Save*, Ayana Elizabeth Johnson et al. (London: One World, 2020)
- *The New Climate War*, Michael Mann (New York: PublicAffairs, 2021)
- *Falter*, Bill McKibben (New York: Henry Holt, 2019)
- *Winning the Green New Deal*, Varshini Prakash et al. (New York: Simon & Schuster, 2020)
- Short Circuiting Policy, Leah Stokes (New York: Oxford University Press, 2020)

領導

- *Invent & Wander*, Jeff Bezos with Walter Isaacson (Cambridge, MA: Harvard Business Review Press, 2021)
  《創造與漫想》，天下雜誌。
- *BE 2.0*, Jim Collins et al. (New York: Penguin/Portfolio, 2020)
  《恆久卓越的修煉》，天下雜誌。
- *Good to Great,* Jim Collins et al. (New York: Penguin/Portfolio, 2001)

《從 A 到 A+》，遠流出版。
- *Freedom's Forge*, Arthur Herman (New York: Random House, 2012)
- *No One Is Too Small to Make a Difference*, Greta Thunberg (New York: Penguin, 2018)
- *Made in America,* Sam Walton (New York: Doubleday, 1992)
  《富甲天下》，足智文化。

網路資源

- Speed & Scale—Tracking the OKRs, speedandscale.com
- AAAS, whatweknow.aaas.org
- Bloomberg New Energy Finance, bnef.com
- Breakthrough Energy innovation, breakthroughenergy.org
- Carbon Dioxide Removal Primer, cdrprimer.org
- CarbonPlan, carbonplan.org
- Carbon Tracker, carbontracker.org
- COP26 U.N. Climate Change Conference, unfccc.int
- International Energy Agency Report, iea.org/reports/net-zero-by-2050
- IPCC Report from the Intergovernmental Panel on Climate Change, ipcc.ch
- Measure What Matters—Resource on OKRs, whatmatters.com
- NASA, climate.nasa.gov/evidence/
- National Geographic Climate Coverage, natgeo.com/climate
- Our World in Data, ourworldindata.org
- Paris Agreement, unfccc.int/sites/default/files/ english_paris_agreement.pdf
- TED Countdown—Videos and Event, countdown.ted.com

倡議團體

- 350.org　國際氣候變遷組織
- Agora Energiewende (Germany)　博眾能源轉型論壇（德國）
- C40 Citie　城市氣候領導聯盟
- Center for Biological Diversity　生物多樣性中心
- Climate Power　氣候力量組織

- Climate Reality Project　氣候真相計畫
- Coalition for Rainforest Nations　雨林國家聯盟
- Conservation International　保護國際基金會
- EarthJustice　地球正義
- Energy Foundation　能源基金會
- Environmental Defense Fund　環境保衛基金會
- European Climate Foundation　歐洲氣候基金會
- Institute of Public & Environmental Affairs (China)
  公眾環境研究中心（中國）
- National Resources Defense Council　自然資源保護委員會
- Nature Conservancy　大自然保護協會
- Rainforest Action Network　雨林行動網絡
- Rainforest Alliance　雨林聯盟
- Renewable Energy Institute (Japan)　再生能源研究所（日本）
- RMI　RMI 能源組織
- Sierra Club　山岳協會
- Sunrise Movement　日出運動
- U.S. Climate Action Network　美國氣候行動網絡
- World Resources Institute　世界資源研究所
- World Wildlife Fund　世界自然基金會

氣候基金會

- Bezos Earth Fund　貝佐斯地球基金會
- The Campaign for Nature　自然倡議組織
- Children's Investment Fund Foundation　兒童投資基金會
- Hewlett Foundation　惠普基金會
- IKEA Foundation　宜家基金會
- MacArthur Foundation　麥克阿瑟基金會
- McKnight Foundation　麥克奈特基金會
- Michael Bloomberg　彭博慈善基金會
- Packard Foundation　帕卡德基金會
- Quadrature　象限氣候基金會

- Sequoia Foundation　紅杉基金會

以氣候投資做為重點的投資機構

- Breakthrough Energy Ventures　突破能源風險投資基金
- Climate and Nature Fund (Unilever)
  氣候與自然基金會（聯合利華）
- Climate Innovation Fund (Microsoft)　氣候創新基金會（微軟）
- Climate Pledge Fund (Amazon.com)　氣候承諾基金（亞馬遜）
- Congruent Ventures　和諧投資公司
- DBL (Double Bottom Line) Partners　雙重底線投資公司
- Earthshot Ventures　為地球奮鬥投資公司
- Elemental Excelerator　元素加速器組織
- The Engine (built by MIT)
  引擎創業加速器（由麻省理工學院設立）
- Generation Investment Management　世代投資管理公司
- G2 Venture Partners　G2 投資公司
- Green Climate Fund　綠色氣候基金
- Greenhouse Capital Partners　溫室資金投資公司
- Khosla Ventures　柯斯拉投資公司
- Kleiner Perkins　凱鵬華盈
- Imperative Science Ventures　緊急科學投資公司
- Incite　因塞特創投公司
- Lower Carbon Capital　減碳資金
- OGCI Climate Investments
  油氣氣候倡議組織（OGCI）旗下的氣候投資基金
- Pale Blue Dot　淡藍點投資公司
- Prime Impact Fund　影響基金
- Prelude Ventures　序曲投資公司
- S2G Ventures　S2G 食品農業科技投資公司
- Sequoia Capital　紅杉資金
- Union Square Ventures　聯合廣場投資公司
- Y Combinator　Y 孵化器（創業加速器）
- 其他參看：Climate 50, climate50.com

資訊揭露

參考資料4　# 資訊揭露

本書提到的公司當中，由凱鵬華盈、突破能源風險投資基金，或是約翰・杜爾參與投資的公司列表如下：

Alphabet/Google　字母控股／ Google

Amazon　亞馬遜

Beyond Meat　超越肉類公司

Bloom Energy　布魯姆能源公司

Chargepoint　充電據點公司

Charm Industrial　查姆工業

Commonwealth Fusion　聯邦核融合系統公司

Cypress Semiconductor　賽普拉斯半導體

Enphase　恩費斯能源

Farmer's Business Network　農業訊息網絡服務公司

Fisker　菲斯克汽車公司

G2 Venture Partners　G2 投資公司

Generation Investment　世代投資管理公司

Nest (acquired by Google)　Nest 公司（由 Google 收購）

OPower (acquired by Oracle)　Opower 公司（由甲骨文收購 Oracle）

Proterra　普泰拉電動公車公司

Quantumscape　量子願景電池公司

Redwood Materials　紅木材料公司

Solidia　索利迪亞科技公司

Stripe　史特拉普支付平台

Tradesy　崔西時裝

Watershed　分水嶺平台

注釋

注釋

作者序

1. Apple. "Apple launches iPhone SDK." 6 March 2008, www.speedandscale.com/ifund.
2. "Salvation (and Profit) in Greentech." Ted, uploaded by TEDxTalks, 1 March 2007, www.ted.com/talks/john_doerr_salvation_and_profit_in_greentech/transcript.
3. Alberts, Elizabeth. " 'Off the Chart': CO2 from California Fires Dwarf State's Fossil Fuel Emissions." Mongabay.com, 18 September 2020, news.mongabay.com/2020/09/off-the-chart-co2-from-california-fires-dwarf-states-fossil-fuel-emissions.

前言　計畫是什麼？

1. "Climate and Earth's Energy Budget." NASA Earth Observatory, earthobservatory.nasa.gov/features/EnergyBalance/page6.php. Accessed 14 June 2021.
2. European Environment Agency. "Atmospheric Greenhouse Gas Concentrations." European Environment Agency, 4 October 2020, www.eea.europa.eu/data-and-maps/indicators/atmospheric-greenhouse-gas-concentrations-7/assessment.
3. "NOAA Global Monitoring Laboratory—The NOAA Annual Greenhouse Gas Index (AGGI)." NOAA Annual Greenhouse Gas Index (AGGI), 2021, gml.noaa.gov/aggi/aggi.html.
4. Conlen, Matt. "Visualizing the Quantities of Climate Change." Global Climate Change: Vital Signs of the Planet, 12 March 2020, climate.nasa.gov/news/2933/visualizing-the-quantities-of-climate-change.
5. 在估量地球大氣中的二氧化碳當量時，通常以吉噸為單位，1 吉噸等於 10 億公噸。"Greenhouse Gas Equivalencies Calculator." U.S. Environmental Protection Agency, 26 May 2021, www.epa.gov/energy/greenhouse-gas-equivalencies-calculator.
6. "World of Change: Global Temperatures." NASA Earth Observatory, earthobservatory.nasa.gov/world-of-change/global-temperatures. Accessed 13 June 2021.
7. Stainforth, Thorfinn. "More Than Half of All CO2 Emissions Since 1751 Emitted in the Last 30 Years." Institute for European Environmental Policy, 29 April 2020, ieep.eu/news/more-than-half-of-all-co2-emissions-since-1751-emitted-in-the-last-30-years.
8. Roston, Eric. "Economists Warn That a Hotter World Will Be Poorer and More Unequal." Bloomberg Green, 7 July 2020, www.bloomberg.com/news/articles/2020-07-07/global-gdp-could-fall-20-as-climate-change-heats-up.
9. Beatles. "Revolution 1." 1968 錄製，曲詞：John Lennon 及 Paul McCartney. Apple Records, 1968.

10.　"Salvation (and Profit) in Greentech." Doerr, John. TEDxTalk, 1 March 2007, www.ted.com/talks/john_doerr_salvation_and_profit_in_greentech/transcript.

11.　"Temperatures." Climate Action Tracker, 4 May 2021, climateactiontracker.org/global/temperatures.

12.　UNEP and UNEP DTU Partnership. "UNEP Report—The Emissions Gap Report 2020." Management of Environmental Quality: An International Journal, 2020, https://www.unep.org/emissions-gap-report-2020.

13.　UNEP and UNEP DTU Partnership. "UNEP Report—The Emissions Gap Report 2020."

14.　The Energy & Climate Intelligence Unit and Oxford Net Zero. "Taking Stock: A Global Assessment of Net Zero Targets." The Energy & Climate Intelligence Unit, 2021, ca1-eci.edcdn.com/reports/ECIU-Oxford_Taking_Stock.pdf.

15.　Tollefson, Jeff. "COVID Curbed Carbon Emissions in 2020—but Not by Much." Nature 589, no. 7842, 2021, 343, doi:10.1038/d41586-021-00090-3.

第1章　交通電氣化

1.　Tesla. "All Our Patent Are Belong to You." Tesla, 27 July 2019, www.tesla.com/blog/all-our-patent-are-belong-you.

2.　"EV Sales." BloombergNEF, www.bnef.com/interactive-datasets/2d5d59acd9000014?data-hub=11. Accessed 13 June 2021.

3.　"Q4 and FY2020 Update." Tesla, 2020, tesla-cdn.thron.com/static/1LRLZK_2020_Q4_Quarterly_Update_Deck_-_Searchable_LVA2GL.pdf?xseo=&response-content-disposition=inline%3Bfilename%3D%22TSLA-Q4-2020-Update.pdf%22.

4.　TSLA Stock Price, Tesla Inc. Stock Quote (U.S.: Nasdaq). MarketWatch, 20 June 2021, www.marketwatch.com/investing/stock/tsla.

5.　Degen, Matt. "2012 Fisker Karma Review." Kelly Blue Book, 23 December 2019, www.kbb.com/fisker/karma.

6.　Lavrinc, Damon. "At Least 16 Fisker Karmas Drown, Catch Fire at New Jersey Port." Wired, 30 October 2012, www.wired.com/2012/10/fisker-fire-new-jersey.

7.　"Fisker Says $30 Million in Luxury Cars Destroyed by Sandy in NJ Port." Reuters, 7 November 2012, www.reuters.com/article/us-fisker-sandy/fisker-says-30-million-in-luxury-cars-destroyed-by-sandy-in-nj-port-idUSBRE8A603820121107.

8.　Frangoul, Anmar. "Global Electric Vehicle Numbers Set to Hit 145 Million by End of the Decade, IEA Says." CNBC, 29 April 2021, www.cnbc.com/2021/04/29/global-electric-vehicle-numbers-set-to-hit-145-million-by-2030-iea-.html.

9.　"New Energy Outlook 2020." BloombergNEF, 20 April 2021, about.bnef.com/new-energy-outlook.

10.　Budd, Ken. "How Today's Cars Are Built to Last." AARP, 1 November 2018, www.aarp.org/auto/trends-lifestyle/info-2018/how-long-do-cars-last.html.

11. Harvard University et al. "Fossil Fuel Air Pollution Responsible for 1 in 5 Deaths Worldwide." C-CHANGE, Harvard T. H. Chan School of Public Health, 9 February 2021, www.hsph.harvard.edu/c-change/news/fossil-fuel-air-pollution-responsible-for-1-in-5-deaths-worldwide.

12. Integrated Science Assessment (ISA) for Particulate Matter (Final Report, December 2019). U.S. Environmental Protection Agency, Washington, DC, EPA/600/R-19/188, 2019.

13. "Who Is Willing to Pay More for Renewable Energy?" Yale Program on Climate Change Communication, 16 July 2019, climatecommunication.yale.edu/publications/who-is-willing-to-pay-more-for-renewable-energy; Walton, Robert. "Americans Could Pay More for Clean Energy. But Will They Really?" Utility Dive, 9 March 2015, www.utilitydive.com/news/americans-could-pay-more-for-clean-energy-but-will-they-really/372381.

14. 電力："Electric Power Monthly—U.S. Energy Information Administration (EIA)." U.S. Energy Information Administration, www.eia.gov/electricity/monthly/epm_table_grapher. php. Accessed 13 June 2021; Matasci, Sara. "Understanding Your Sunrun Solar Lease, PPA and Solar Contract Agreement." Solar News, 15 July 2020, https://news.energysage.com/sunrun-solar-lease-ppa-solar-contract-agreement/.

電動小客車："Google." Google Search—2021 Chevy Bolt MSRP, www.google.com. Accessed 23 June 2021; "Google." Google Search—2021 Toyota Camry MSRP, www. google.com. Accessed 23 June 2021.

長途卡車／貨輪運輸燃料："Alternative Fuel Price Report." U.S. Department of Energy, January 2021, https://afdc.energy.gov/fuels/prices.html.

水泥："IBISWorld—Industry Market Research, Reports, and Statistics." IBISWorld, www.ibisworld.com/us/bed/price-of-cement/190. Accessed 22 June 2021; "Jet Fuel Price Monitor." IATA, www.iata.org/en/publications/economics/fuel-monitor. Accessed 14 June 2021.

航空燃料："Jet Fuel Price Monitor." IATA, www.iata.org/en/publications/economics/fuel-monitor. Accessed 14 June 2021; Robinson, Daisy. "Sustainable Aviation Fuel (Part 1): Pathways to Production." BloombergNEF, 29 March 2021, www.bnef.com/insights/25925?query=eyJxdWVyeSI6IlNBRiIsInBhZ2UiOjEsIm9yZGVyIjoicmVsZXZhbmNlIn0%3D.

舊金山至夏威夷來回機票（經濟艙）："Google." Travel, www.google.com/travel/unsupported?ucpp=CiVodHRwczovL3d3dy5nb29nbGUuY29tL3RyYXZlbC9mbGlnaHRz. Accessed 4 May 2021.

牛肉漢堡排："Average Retail Food and Energy Prices, U.S. and Midwest Region: Mid-Atlantic Information Office: U.S. Bureau of Labor Statistics." U.S. Bureau of Labor Statistics, www.bls.gov/regions/mid-atlantic/data/averageretailfoodandenergyprices_usandmidwest_table.htm. Accessed 20 June 2021.

15. 見前頁圖表；Breakthrough Energy. "The Green Premium." Breakthrough Energy, 2020, www.breakthroughenergy.org/our-challenge/the-green-premium.

16. "Trends and Developments in Electric Vehicle Markets—Global EV Outlook 2021—Analysis." International Energy Agency, 2021, www.iea.org/reports/global-ev-outlook-2021/trends-and-developments-in-electric-vehicle-markets.

17. "Transportation: In China's Biggest Cities, 1 in 5 Cars Sold Is Electric." E&E News, 11 May 2021, www.eenews.net/energywire/2021/05/11/stories/1063732167.

18. Rauwald, Christoph. "VW Boosts Tech Spending Within $177 Billion Investment Plan." Bloomberg Green, 13 November 2020, www.bloomberg.com/news/articles/2020-11-13/vw-boosts-tech-spending-in-177-billion-budget-amid-virus-hit.

19. "Electric Vehicle Outlook." BloombergNEF, www.bnef.com/interactive-datasets/2d5d59acd900003d?data-hub=11&tab=Buses. Accessed 13 June 2021.

20. "Transport Sector CO2 Emissions by Mode in the Sustainable Development Scenario, 2000–2030—Charts—Data & Statistics." IEA, www.iea.org/data-and-statistics/charts/transport-sector-co2-emissions-by-mode-in-the-sustainable-development-scenario-2000-2030. Accessed 13 June 2021.

21. "Electric Vehicle Outlook."

22. Gallucci, Maria. "At Last, the Shipping Industry Begins Cleaning Up Its Dirty Fuels." Yale E360, Yale Environment 260, 28 June 2018, e360.yale.edu/features/at-last-the-shipping-industry-begins-cleaning-up-its-dirty-fuels.

23. "Review of Maritime Transport 2011, Chapter 2." United Nations Conference on Trade and Development, 2011, unctad.org/system/files/official-document/rmt2011ch2_en.pdf.

24. Gallucci, Maria. "At Last, the Shipping Industry Begins Cleaning Up Its Dirty Fuels."

25. Strohl, Daniel. "Fact Check: Did a GM President Really Tell Congress 'What's Good for GM Is Good for America?'" Hemmings, 5 September 2019, www.hemmings.com/stories/2019/09/05/fact-check-did-a-gm-president-really-tell-congress-whats-good-for-gm-is-good-for-america.

26. "Twelve U.S. States Urge Biden to Back Phasing Out Gas-Powered Vehicle Sales by 2035." Reuters, 21 April 2021, www.reuters.com/business/twelve-us-states-urge-biden-back-phasing-out-gas-powered-vehicle-sales-by-2035-2021-04-21.

27. Huang, Echo. "How Much Financial Help Does China Give EV Maker BYD?" Quartz, 27 March 2019, qz.com/1579568/how-much-financial-help-does-china-give-ev-maker-byd.

28. Vincent, Danny. "The Uncertain Future for China's Electric Car Makers." BBC News, 27 March 2020, www.bbc.com/news/business-51711019.

29. Quarles, Neil, et al. "Costs and Benefits of Electrifying and Automating Bus Transit Fleets." Multidisciplinary Digital Publishing Institute, 2020, www.caee.utexas.edu/prof/kockelman/public_html/TRB18AeBus.pdf.

30. Gilpin, Lyndsey. "These City Bus Routes Are Going Electric—and Saving Money."

Inside Climate News, 23 October 2017, insideclimatenews.org/news/23102017/these-city-bus-routes-are-going-all-electric.

31. "Revolutionizing Commercial Vehicle Electrification." Proterra, April 2021, www.proterra.com/wp-content/uploads/2021/04/PTRA-ACTC-Analyst-Day-Presentation-4.8.21-FINAL-1.pdf.

32. "Long-Term Electric Vehicle Outlook 2021." BloombergNEF, 9 June 2021, www.bnef.com/insights/26533/view.

33. Bui, Quan, et al. "Statistical Basis for Predicting Technological Progress." Santa Fe Institute, 5 July 2012, www.santafe.edu/research/results/working-papers/statistical-basis-for-predicting-technological-pro.

34. "Evolution of Li-Ion Battery Price, 1995–2019—Charts—Data & Statistics." IEA, 30 June 2020, www.iea.org/data-and-statistics/charts/evolution-of-li-ion-battery-price-1995-2019. Accessed 13 June 2021.

35. Gold, Russell, and Ben Foldy. "The Battery Is Ready to Power the World." Wall Street Journal, 5 February 2021, www.wsj.com/articles/the-battery-is-ready-to-power-the-world-11612551578.

36. Boudette, Neal. "Ford's Electric F-150 Pickup Aims to Be the Model T of E.V.s." New York Times, 19 May 2021, www.nytimes.com/2021/05/19/business/ford-electric-vehicle-f-150.html.

37. Watson, Kathryn. "Biden Drives Electric Vehicle and Touts It as the 'Future of the Auto Industry.'" CBS News, 18 May 2021, www.cbsnews.com/news/biden-ford-electric-car-plant-michigan-watch-live-stream-today-05-18-2021.

38. "The Ford Electric F-150 Lightning's Astonishing Price." Atlantic, 19 May 2021, www.theatlantic.com/technology/archive/2021/05/f-150-lightning-fords-first-electric-truck/618932.

39. "Car Prices in India—Latest Models & Features 23 Jun 2021." BankBazaar, www.bankbazaar.com/car-loan/car-prices-in-india.html. Accessed 22 June 2021; Mehra, Jaiveer. "Best Selling Cars in November 2020: Maruti Swift Remains Top Seller." Autocar India, 5 December 2020, www.autocarindia.com/car-news/best-selling-cars-in-november-2020-maruti-swift-remains-top-seller-419341.

40. "2020 Global Automotive Consumer Study." Deloitte, 2020, www2.deloitte.com/content/dam/Deloitte/us/Documents/manufacturing/us-2020-global-automotive-consumer-study-global-focus-countries.pdf.

第2章　電網脫碳化

1. Newton, James D. Uncommon Friends: Life with Thomas Edison, Henry Ford, Harvey Firestone, Alexis Carrel, & Charles Lindbergh. New York: Mariner Books, 1989.

2. Schwartz, Evan. "The German Experiment." MIT Technology Review, 2 April 2020, www.technologyreview.com/2010/06/22/26637/the-german-experiment; "Feed-in

Tariffs in Germany." Wikipedia, 21 March 2021, en.wikipedia.org/wiki/Feed-in_tariffs_in_Germany.

3. Schwartz, Evan. "The German Experiment." MIT Technology Review, 22 June 2010, www.technologyreview.com/2010/06/22/26637/the-german-experiment.

4. Nova. PBS, 24 April 2007, www.pbs.org/wgbh/nova/video/saved-by-the-sun.

5. Schwartz, Evan. "The German Experiment."

6. Buchholz, Katharina. "China Dominates All Steps of Solar Panel Production." Statista Infographics, 21 April 2021, www.statista.com/chart/24687/solar-panel-global-market-shares-by-production-steps.

7. Sun, Xiaojing. "Solar Technology Got Cheaper and Better in the 2010s. Now What?" Wood Mackenzie, 18 December 2019, www.woodmac.com/news/opinion/solar-technology-got-cheaper-and-better-in-the-2010s.-now-what.

8. "Renewables Meet 46.3% of Germany's 2020 Power Consumption, up 3.8 Pts." Reuters, 14 December 2020, www.reuters.com/article/germany-power-renewables-idUKKBN28O1AH.

9. Randowitz, Bernd. "Germany's Renewable Power Share Surges to 56% amid Covid-19 Impact." Recharge, July 2020, www.rechargenews.com/transition/germany-s-renewable-power-share-surges-to-56-amid-covid-19-impact/2-1-837212.

10. "U.S. Nuclear Industry—U.S. Energy Information Administration (EIA)." U.S. Energy Information Administration, 6 April 2021, www.eia.gov/energyexplained/nuclear/us-nuclear-industry.php.

11. "World Energy Outlook 2020—Analysis." IEA, October 2020, www.iea.org/reports/world-energy-outlook-2020.0.

12. "Renewable Energy Market Update 2021," World Energy Outlook 2020—Analysis, International Energy Agency, https://www.iea.org/reports/renewable-energy-market-update-2021/renewable-electricity; "New Global Solar PV Installations to Increase 27% to Record 181 GW This Year," IHS Markit, 29 March 2021, https://www.reuters.com/business/energy/new-global-solar-pv-installations-increase-27-record-181-gw-this-year-ihs-markit-2021-03-29.

13. Brandily, Tifenn, and Amar Vasdev. "2H 2020 LCOE Update." BloombergNEF, 10 December 2020, www.bnef.com/login?r=%2Finsights%2F24999%2Fview.

14. "Net Zero by 2050—Analysis." International Energy Agency, May 2021, www.iea.org/reports/net-zero-by-2050.

15. "Net Zero by 2050—Analysis."

16. Piper, Elizabeth, and Markus Wacket. "In Climate Push, G7 Agrees to Stop International Funding for Coal." Reuters, 21 May 2021, www.reuters.com/business/energy/g7-countries-agree-stop-funding-coal-fired-power-2021-05-21.

17. "Net Zero by 2050—Analysis."

18. "Methane Emissions from Oil and Gas—Analysis." International Energy Agency,

www.iea.org/reports/methane-emissions-from-oil-and-gas. Accessed 18 June 2021.

19. McKenna, Claire, et al. "It's Time to Incentivize Residential Heat Pumps." RMI, 22 July 2020, rmi.org/its-time-to-incentivize-residential-heat-pumps.

20. "Solar Energy Basics." National Renewable Energy Laboratory, 2021, www.nrel.gov/research/re-solar.html.

21. "Renewable Energy Market Update 2021." IEA, 2021, www.iea.org/reports/renewable-energy-market-update-2021/renewable-electricity.

22. "Net Metering." Solar Energy Industries Association, May 2017, www.seia.org/initiatives/net-metering.

23. "U.S. Solar Market Insight." Solar Energy Industries Association, 2021, www.seia.org/us-solar-market-insight. Updated 16 March 2021.

24. "India Exceeding Paris Targets; to Achieve 450 GW Renewable Energy by 2030: PM Modi at G20 Summit." Business Today, 22 November 2020, www.businesstoday.in/current/economy-politics/india-exceeding-paris-targets-to-achieve-450-gw-renewable-energy-by-2030-pm-modi-at-g20-summit/story/422691.html.

25. Russi, Sofia. "Global Wind Report 2021." Global Wind Energy Council, 30 April 2021, gwec.net/global-wind-report-2021.

26. Besta, Shankar. "Profiling Ten of the Biggest Onshore Wind Farms in the World." NS Energy, 9 December 2019, www.nsenergybusiness.com/features/worlds-biggest-onshore-wind-farms.

27. Gross, Samantha. "Renewables, Land Use, and Local Opposition in the United States." Brookings Institution, January 2020, www.brookings.edu/wp-content/uploads/2020/01/FP_20200113_renewables_land_use_local_opposition_gross.pdf.

28. "Natural Gas Prices—Historical Chart." MacroTrends, 2021, www.macrotrends.net/2478/natural-gas-prices-historical-chart.

29. Vestas focused on wind power in 1987. "Vestas History." Vestas, 2021, www.vestas.com/en/about/profile#!from-1987-1998.

30. "Our Green Business Transformation: What We Did and Lessons Learned." Ørsted, April 2021, https://orsted.com/en/about-us/whitepapers/green-transformation-lessons-learned.

31. Scott, Mike. "Top Company Profile: Denmark's Ørsted Is 2020's Most Sustainable Corporation." Corporate Knights, 21 January 2020, www.corporateknights.com/reports/2020-global-100/top-company-profile-orsted-sustainability-15795648.

32. "Satellite Data Reveals Extreme Methane Emissions from Permian Oil & Gas Operations; Shows Highest Emissions Ever Measured from a Major U.S. Oil and Gas Basin." Environmental Defense Fund, 22 April 2020, www.edf.org/media/satellite-data-reveals-extreme-methane-emissions-permian-oil-gas-operations-shows-highest.

33. Chung, Tiy. "Global Assessment: Urgent Steps Must Be Taken to Reduce Methane Emissions This Decade." United Nations Environment Programme (UNEP), 6 May

2021, www.unep.org/news-and-stories/press-release/global-assessment-urgent-steps-must-be-taken-reduce-methane.

34. Plant, Genevieve. "Large Fugitive Methane Emissions from Urban Centers Along the U.S. East Coast." AGU Journals, 28 July 2019, agupubs.onlinelibrary.wiley.com/doi/full/10.1029/2019GL082635; Lebel, Eric D., et al. "Quantifying Methane Emissions from Natural Gas Water Heaters." ACS Publications, 6 April 2020, pubs.acs.org/doi/10.1021/acs.est.9b07189; "Major U.S. Cities Are Leaking Methane at Twice the Rate Previously." Science | AAAS, 19 July 2019, www.sciencemag.org/news/2019/07/major-us-cities-are-leaking-methane-twice-rate-previously-believed.

35. "Gas Leak Detection & Repair." MBS Engineering, 2021, www.mbs.engineering/gas-leak-detection-repair.html; "Perform Valve Leak Repair During Pipeline Replacement." U.S. Environmental Protection Agency, 31 August 2016, www.epa.gov/sites/production/files/2016-06/documents/performleakrepairduringpipelinereplacement.pdf.

36. Lipton, Eric, and Hiroko Tabuchi. "Driven by Trump Policy Changes, Fracking Booms on Public Lands." New York Times, 27 October 2018, www.nytimes.com/2018/10/27/climate/trump-fracking-drilling-oil-gas.html; Davenport, Coral. "Trump Eliminates Major Methane Rule, Evenas Leaks Are Worsening," updated 18 April 2021, https://www.nytimes.com/2020/08/13/climate/trump-methane.html.

37. "Natural Gas Flaring and Venting: State and Federal Regulatory Overview, Trends and Impacts." Office of Fossil Energy (FE) of the U.S. Department of Energy, June 2019, www.energy.gov/sites/prod/files/2019/08/f65/Ntural%20Gas%20Flaring%20and%20Venting%20Report.pdf.

38. Jacobs, Nicole. "New Poll: Natural Gas Still the Top Choice for Cooking." Energy in Depth, 16 February 2021, www.energyindepth.org/new-poll-natural-gas-still-the-top-choice-for-cooking.

39. National Renewable Energy Laboratory, 2020, www.nrel.gov/state-local-tribal/basics-net-metering.html.

40. "Net Zero by 2050—Analysis."

41. Popovich, Nadja. "America's Light Bulb Revolution." New York Times, 8 March 2019, www.nytimes.com/interactive/2019/03/08/climate/light-bulb-efficiency.html.

42. Lovins, Amory B. "How Big Is the Energy Efficiency Resource?" IOP Science, IOP Publishing Ltd, 18 September 2018, iopscience.iop.org/article/10.1088/1748-9326/aad965/pdf.

43. Carmichael, Cara, and Eric Harrington. "Project Case Study: Empire State Building." Rocky Mountain Institute, 2009, rmi.org/wp-content/uploads/2017/04/Buildings_Retrofit_EmpireStateBuilding_CaseStudy_2009.pdf.

44. "Quadrennial Technology Review," Chapter 5: Increasing Efficiency of Building Systems and Technologies." United States Department of Energy, September 2015, www.energy.gov/sites/prod/files/2017/03/f34/qtr-2015-chapter5.pdf.

45. "How Much Does an Electric Furnace Cost to Install?" Modernize Home Services, 2021, modernize.com/hvac/heating-repair-installation/furnace/electric.

46. "ENERGY STAR Impacts." ENERGY STAR, 2019, www.energystar.gov/about/origins_mission/impacts.

47. Castro-Alvarez, Fernando, et al. "The 2018 International Energy Efficiency Scorecard." ©American Council for an Energy-Efficient Economy, June 2018, www.aceee.org/sites/default/files/publications/researchreports/i1801.pdf.

48. Komanoff, Charles, et al. "California Stars Lighting the Way to a Clean Energy Future." Natural Resources Defense Council, May 2019, www.nrdc.org/sites/default/files/california-stars-clean-energy-future-report.pdf.

第3章　解決糧食問題

1. Ontl, Todd A., and Lisa A. Schulte. "Soil Carbon Storage." Knowledge Project, Nature Education, 2012, www.nature.com/scitable/knowledge/library/soil-carbon-storage-84223790/.

2. "Global Plans of Action Endorsed to Halt the Escalating Degradation of Soils." Food and Agriculture Organization of the United States, 24 July 2014, www.fao.org/news/story/en/item/239341/icode.

3. Tian, Hanqin, et al. "A Comprehensive Quantification of Global Nitrous Oxide Sources and Sinks." Nature, 7 October 2020, www.nature.com/articles/s41586-020-2780-0.

4. UNEP and UNEP DTU Partnership. "UNEP Report—The Emissions Gap Report 2020." Management of Environmental Quality: An International Journal, 2020, https://www.unep.org/emissions-gap-report-2020.

5. Ranganathan, Janet, et al. "How to Sustainably Feed 10 Billion People by 2050, in 21 Charts." World Resources Institute, 5 December 2018, www.wri.org/insights/how-sustainably-feed-10-billion-people-2050-21-charts.

6. Zomer, Robert. "Global Sequestration Potential of Increased Organic Carbon in Cropland Soils." Scientific Reports, 14 November 2017, www.nature.com/articles/s41598-017-15794-8?error=cookies_not_supported&code=4f2be93e-fd6c-4958-814b-d7ea0649ee8e.

7. "Worldwide Food Waste." UN Environment Programme, 2010, www.unep.org/thinkeatsave/get-informed/worldwide-food-waste.

8. Ott, Giffen. "We're a Climate Fund—Why Start with Waste?" FullCycle, www.fullcycle.com/insights/were-a-climate-fund-why-start-with-waste. Accessed 13 June 2021.

9. Funderburg, Eddie. "What Does Organic Matter Do in Soil?" North Noble Research Institute, 31 July 2001, www.noble.org/news/publications/ag-news-and-views/2001/august/what-does-organic-matter-do-in-soil.

10. Kautz, Timo. "Research on Subsoil Biopores and Their Functions in Organically

Managed Soils: A Review," Renewable Agriculture and Food Systems, Cambridge University Press, 15 January 2014, www.cambridge.org/core/journals/renewable-agriculture-and-food-systems/article/research-on-subsoil-biopores-and-their-functions-in-organicallymanaged-soils-a-review/A72F0E0E7B86FE904A5EC5EE37F6D6C9.

11. Plumer, Brad. "No-Till Farming Is on the Rise. That's Actually a Big Deal." Washington Post, 9 November 2013, www.washingtonpost.com/news/wonk/wp/2013/11/09/no-till-farming-is-on-the-rise-thats-actually-a-big-deal; "USDA ERS—No-Till and Strip-Till Are Widely Adopted but Often Used in Rotation with Other Tillage Practices." Economic Research Service, U.S. Department of Agriculture, www.ers.usda.gov/amber-waves/2019/march/no-till-and-strip-till-are-widely-adopted-but-often-used-in-rotation-with-other-tillage-practices. Accessed 13 June 2021.

12. Creech, Elizabeth. "Saving Money, Time and Soil: The Economics of No-Till Farming." U.S. Department of Agriculture, 30 November 2017, www.usda.gov/media/blog/2017/11/30/saving-money-time-and-soil-economics-no-till-farming.

13. Gianessi, Leonard. "Importance of Herbicides for No-Till Agriculture in South America." CropLife International, 16 November 2014, croplife.org/case-study/importance-of-herbicides-for-no-till-agriculture-in-south-america.

14. Smil, Vaclav. Energy and Civilization: A History. Boston: The MIT Press, 2018.

15. Poeplau, Christopher, and Axel Don. "Carbon Sequestration in Agricultural Soils via Cultivation of Cover Crops—A Meta-Analysis." Agriculture, Ecosystems & Environment 200, 2015, 33–41, doi:10.1016/j.agee.2014.10.024.

16. Ahmed, Amal. "Last Year's Historic Floods Ruined 20 Million Acres of Farmland." Popular Science, 26 April 2021, www.popsci.com/story/environment/2019-record-floods-midwest.

17. UNEP and UNEP DTU Partnership. "UNEP Report—The Emissions Gap Report 2020." Management of Environmental Quality: An International Journal, 2020, https://www.unep.org/emissions-gap-report-2020.

18. Waite, Richard, and Alex Rudee. "6 Ways the US Can Curb Climate Change and Grow More Food." World Resources Institute, 20 August 2020, www.wri.org/insights/6-ways-us-can-curb-climate-change-and-grow-more-food.

19. Boerner, Leigh Krietsch. "Industrial Ammonia Production Emits More CO2 than Any Other Chemical-Making Reaction. Chemists Want to Change That." Chemical & Engineering News, 15 June 2019, cen.acs.org/environment/green-chemistry/Industrial-ammonia-production-emits-CO2/97/i24.

20. Tullo, Alexander H. "Is Ammonia the Fuel of the Future?" Chemical & Engineering News, 8 March 2021, cen.acs.org/business/petrochemicals/ammonia-fuel-future/99/i8.

21. "Agricultural Output—Meat Consumption—OECD Data." OECD.org, 2020, data.oecd.org/agroutput/meat-consumption.htm.

22. Durisin, Megan, and Shruti Singh. "Americans Will Eat a Record Amount of Meat in

2018." Bloomberg, 2 February 2018, www.bloomberg.com/news/articles/2018-01-02/have-a-meaty-new-year-americans-will-eat-record-amount-in-2018.

23. Wood, Laura. "Fast Food Industry Analysis and Forecast 2020–2027." Business Wire, 16 July 2020, www.businesswire.com/news/home/20200716005498/en/Fast-Food-Industry-Analysis-and-Forecast-2020-2027---ResearchAndMarkets.com.

24. "Key Facts and Findings." Food and Agriculture Organization of the United States, 2020, www.fao.org/news/story/en/item/197623/icode.

25. "Tackling Climate Change Through Livestock." Food and Agriculture Organization of the United Nations, 2013, http://www.fao.org/3/i3437e/i3437e.pdf.

26. "Which Is a Bigger Methane Source: Cow Belching or Cow Flatulence?" Climate Change: Vital Signs of the Planet, 2021, climate.nasa.gov/faq/33/which-is-a-bigger-methane-source-cow-belching-or-cow-flatulence.

27. "Animal Manure Management." U.S. Department of Agriculture, December 1995, www.nrcs.usda.gov/wps/portal/nrcs/detail/null/?cid=nrcs143_014211.

28. "How Much of the World's Land Would We Need in Order to Feed the Global Population with the Average Diet of a Given Country?" Our World in Data, 3 October 2017, ourworldindata.org/agricultural-land-by-global-diets.

29. "How Much of the World's Land Would We Need in Order to Feed the Global Population with the Average Diet of a Given Country?"

30. Nelson, Diane. "Feeding Cattle Seaweed Reduces Their Greenhouse Gas Emissions 82 Percent." University of California, Davis, 17 March 2021, www.ucdavis.edu/news/feeding-cattle-seaweed-reduces-their-greenhouse-gas-emissions-82-percent.

31. Shangguan, Siyi, et al. "A Meta-Analysis of Food Labeling Effects on Consumer Diet Behaviors and Industry Practices." American Journal of Preventive Medicine 56, no. 2, 2019, 300–314, doi:10.1016/j.amepre.2018.09.024.

32. Camilleri, Adrian, et al. "Consumers Underestimate the Emissions Associated with Food but Are Aided by Labels." Nature Climate Change 9, 17 December 2018, www.nature.com/articles/s41558-018-0354-z.

33. Donnellan, Douglas. "Climate Labels on Food to Become a Reality in Denmark." Food Tank, 11 April 2019, foodtank.com/news/2019/04/climate-labels-on-food-to-become-a-reality-in-denmark.

34. "RELEASE: New 'Cool Food Meals' Badge Hits Restaurant Menus Nationwide, Helping Consumers Act on Climate Change." World Resources Institute, 14 October 2020, www.wri.org/news/release-new-cool-food-meals-badge-hits-restaurant-menus-nationwide-helping-consumers-act.

35. "How Much Would Giving Up Meat Help the Environment?" Economist, 18 November 2019, www.economist.com/graphic-detail/2019/11/15/how-much-would-giving-up-meat-help-the-environment; Kim, Brent F., et al. "Country-Specific Dietary Shifts to Mitigate Climate and Water Crises." ScienceDirect, 1 May 2020, www.

sciencedirect.com/science/article/pii/S0959378018306101.

36. O'Connor, Anahad. "Fake Meat vs. Real Meat." New York Times, 2 December 2020, www.nytimes.com/2019/12/03/well/eat/fake-meat-vs-real-meat.html.

37. Mount, Daniel. "Retail Sales Data: Plant-Based Meat, Eggs, Dairy." Good Food Institute, 9 June 2021, gfi.org/marketresearch/#:%7E:text.

38. Poinski, Megani. "Plant-Based Food Sales Outpace Growth in Other Categories during Pandemic." Food Dive, 27 May 2020, www.fooddive.com/news/plant-based-food-sales-outpace-growth-in-other-categories-during-pandemic/578653.

39. Lucas, Amelia. "Beyond Meat Unveils New Version of Its Meat-Free Burgers for Grocery Stores." CNBC, 27 April 2021, www.cnbc.com/2021/04/27/beyond-meat-unveils-new-version-of-its-meat-free-burgers-in-stores.html.

40. Card, Jon. "Lab-Grown Food: 'The Goal Is to Remove the Animal from Meat Production.' " Guardian, 9 August 2018, www.theguardian.com/small-business-network/2017/jul/24/lab-grown-food-indiebio-artificial-intelligence-walmart-vegetarian.

41. Mount, Daniel. "U.S. Retail Market Data for Plant-Based Industry."

42. Ritchie, Hannah. "You Want to Reduce the Carbon Footprint of Your Food? Focus on What You Eat, Not Whether Your Food Is Local." Our World in Data, 24 January 2020, ourworldindata.org/food-choice-vs-eating-local.

43. University of Adelaide. "Potential for Reduced Methane from Cows." ScienceDaily, 8 July 2019, www.sciencedaily.com/releases/2019/07/190708112514.htm.

44. "System of Rice Intensification." Project Drawdown, 7 August 2020, drawdown.org/solutions/system-of-rice-intensification.

45. Proville, Jeremy, and K. Kritee. "Global Risk Assessment of High Nitrous Oxide Emissions from Rice Production." Environmental Defense Fund, 2018, www.edf.org/sites/default/files/documents/EDF_White_Paper_Global_Risk_Analysis.pdf.

46. "Overview of Greenhouse Gases." U.S. Environmental Protection Agency, 20 April 2021, www.epa.gov/ghgemissions/overview-greenhouse-gases#nitrous-oxide.

47. "Nitrous Oxide Emissions from Rice Farms Are a Cause for Concern for Global Climate." Environmental Defense Fund, 10 September 2018, www.edf.org/media/nitrous-oxide-emissions-rice-farms-are-cause-concern-global-climate.

48. Dawson, Fiona. "Mars Food Works to Deliver Better Food Today." Mars, 2020, www.mars.com/news-and-stories/articles/how-mars-food-works-to-deliver-better-food-today-for-a-better-world-tomorrow.

49. "Cattle Population Worldwide 2012–2021." Statista, 20 April 2021, www.statista.com/statistics/263979/global-cattle-population-since-1990.

50. Nepveux, Michael. "USDA Report: U.S. Dairy Farm Numbers Continue to Decline." American Farm Bureau Federation, 26 February 2021, fb.org/market-intel/usda-report-u.s.-dairy-farm-numbers-continue-to-decline.

51. Calder, Alice. "Agricultural Subsidies: Everyone's Doing It." Hinrich Foundation, 15 October 2020, www.hinrichfoundation.com/research/article/protectionism/agricultural-subsidies/#:%7E:text.

52. "Food Loss and Food Waste." Food and Agriculture Organization of the United Nations, 2021, http://www.fao.org/food-loss-and-food-waste/flw-data.

53. "World Hunger Is Still Not Going Down After Three Years and Obesity Is Still Growing—UN Report." World Health Organization, 15 July 2019, www.who.int/news/item/15-07-2019-world-hunger-is-still-not-going-down-after-three-years-and-obesity-is-still-growing-un-report.

54. Center for Food Safety and Applied Nutrition. "Food Loss and Waste." U.S. Food and Drug Administration, 23 February 2021, www.fda.gov/food/consumers/food-loss-and-waste.

55. Yu, Yang, and Edward C. Jaenicke. "Estimating Food Waste as Household Production Inefficiency." American Journal of Agricultural Economics 102, no. 2, 2020, 525–47, doi:10.1002/ajae.12036; Bandoim, Lana. "The Shocking Amount of Food U.S. Households Waste Every Year." Forbes, 27 January 2020, www.forbes.com/sites/lanabandoim/2020/01/26/the-shocking-amount-of-food-us-households-waste-every-year.

56. "Is France's Groundbreaking Food-Waste Law Working?" PBS NewsHour, 31 August 2019, www.pbs.org/newshour/show/is-frances-groundbreaking-food-waste-law-working.

57. "United States Summary and State Data." U.S. Department of Agriculture, April 2019, www.nass.usda.gov/Publications/AgCensus/2017/Full_Report/Volume_1,_Chapter_1_US/usv1.pdf.

58. Capper, J. L. "The Environmental Impact of Beef Production in the United States: 1977 Compared with 2007." Journal of Animal Science 89, no. 12, 2011, 4249–61, doi:10.2527/jas.2010-3784.

59. Ranganathan, Janet. "How to Sustainably Feed 10 Billion People by 2050, in 21 Charts." World Resources Institute, www.wri.org/insights/how-sustainably-feed-10-billion-people-2050-21-charts. Accessed 18 June 2021.

第4章　保護自然

1. Schädel, Christina. "Guest Post: The Irreversible Emissions of a Permafrost 'Tipping Point.'" Carbon Brief, 12 February 2020, www.carbonbrief.org/guest-post-the-irreversible-emissions-of-a-permafrost-tipping-point.

2. Prentice, L. C. "The Carbon Cycle and Atmospheric Carbon Dioxide." IPCC, www.ipcc.ch/site/assets/uploads/2018/02/TAR-03.pdf.

3. Betts, Richard. "Met Office: Atmospheric CO2 Now Hitting 50% Higher than Pre-Industrial Levels." Carbon Brief, 16 March 2021, www.carbonbrief.org/met-office-

atmospheric-co2-now-hitting-50-higher-than-pre-industrial-levels.

4.　Wilson, Edward O. Half-Earth. New York: Liveright, 2017.

5.　Mark, Jason. "A Conversation with E. O. Wilson." Sierra, 13 May 2021, www. sierraclub.org/sierra/conversation-eo-wilson.

6.　Roddy, Mike. "We Lost a Football Pitch of Primary Rainforest Every 6 Seconds in 2019." Global Forest Watch (Blog), 2 June 2020, www.globalforestwatch.org/blog/ data-and-research/global-tree-cover-loss-data-2019/.

7.　Gibbs, David, et al. "By the Numbers: The Value of Tropical Forests in the Climate Change Equation." World Resources Institute, 4 October 2018, www.wri.org/ insights/numbers-value-tropical-forests-climate-change-equation; Mooney, Chris, et al. "Global Forest Losses Accelerated Despite the Pandemic, Threatening World's Climate Goals." Washington Post, 31 March 2021, www.washingtonpost.com/climate-environment/2021/03/31/climate-change-deforestation.

8.　Helmholtz Centre for Environmental Research. "The Forests of the Amazon Are an Important Carbon Sink." ScienceDaily, 18 November 2019, www.sciencedaily.com/ releases/2019/11/191118100834.htm.

9.　"By the Numbers: The Value of Tropical Forests in the Climate Change Equation." World Resources Institute, 4 October 2018, www.wri.org/insights/numbers-value-tropical-forests-climate-change-equation.

10.　Cullenward, Danny, and David Victor. Making Climate Policy Work. Polity, 2020.

11.　Ritchie, Hannah. "Deforestation and Forest Loss." Our World in Data, 2020, ourworldindata.org/deforestation.

12.　"Kraft's Annual Report 2001." Kraft, 2001, www.annualreports.com/HostedData/ AnnualReportArchive/m/NASDAQ_mdlz_2001.pdf.

13.　Kraft Foods, "Kraft Foods Maps Its Total Environmental Footprint." PR Newswire, 14 December 2011, www.prnewswire.com/news-releases/kraft-foods-maps-its-total-environmental-footprint-135585188.html.

14.　"Carbon Emissions from Forests down by 25% Between 2001–2015." Food and Agriculture Organization of the United Nations, 20 March 2015, www.fao.org/news/ story/en/item/281182/icode.

15.　"Return on Sustainability Investment (ROSITM)." New York University Stern School of Business, 2021, www.stern.nyu.edu/experience-stern/about/departments-centers-initiatives/centers-of-research/center-sustainable-business/research/return-sustainability-investment-rosi.

16.　"Paris Agreement." United Nations Framework Convention on Climate Change, 12 December 2015, unfccc.int/sites/default/files/english_paris_agreement.pdf.

17.　"Where We Focus: Global." Climate and Land Use Alliance, 16 November 2018, www. climateandlandusealliance.org/initiatives/global.

18.　"Indigenous Peoples." World Bank, 2020, www.worldbank.org/en/topic/

indigenouspeoples.

19. "Indigenous Peoples' Forest Tenure." Project Drawdown, 30 June 2020, www.drawdown.org/solutions/indigenous-peoples-forest-tenure.

20. Blackman, Allen. "Titled Amazon Indigenous Communities Cut Forest Carbon Emissions." ScienceDirect, 1 November 2018, www.sciencedirect.com/science/article/abs/pii/S0921800917309746.

21. Veit, Peter, and Katie Reytar. "By the Numbers: Indigenous and Community Land Rights." World Resources Institute, 20 March 2017, www.wri.org/insights/numbers-indigenous-and-community-land-rights.

22. "New Study Finds 55% of Carbon in Amazon Is in Indigenous Territories and Protected Lands, Much of It at Risk." Environmental Defense Fund, www.edf.org/media/new-study-finds-55-carbon-amazon-indigenous-territories-and-protected-lands-much-it-risk. Accessed 18 June 2021.

23. "How Much Oxygen Comes from the Ocean?" National Oceanic and Atmospheric Administration, 26 February 2021, oceanservice.noaa.gov/facts/ocean-oxygen.html.

24. Sabine, Chris. "Ocean-Atmosphere CO2 Exchange Dataset, Science on a Sphere." National Oceanic and Atmospheric Administration, 2020, sos.noaa.gov/datasets/ocean-atmosphere-co2-exchange.

25. Thomas, Ryan. Marine Biology: An Ecological Approach. Waltham Abbey, U.K.: ED-TECH Press, 2019.

26. "The Ocean as a Solution to Climate Change." World Resources Institute: Ocean Panel Secretariat, 2019, live-oceanpanel.pantheonsite.io/sites/default/files/2019-10/19_4PAGER_HLP_web.pdf.

27. Diaz, Cristobal. "Open Ocean." National Oceanic and Atmospheric Administration, 26 February 2021, oceana.aorg/marine-life/marine-science-and-ecosystems/open-ocean.

28. "The Carbon Cycle." NASA Earth Observatory, earthobservatory.nasa.gov/features/CarbonCycle. Accessed 22 June 2021.

29. Sala, Enric, et al. "Protecting the Global Ocean for Biodiversity, Food and Climate." Nature 592, no. 7854, 2021, 397–402, doi:10.1038/s41586-021-03371-z.

30. Sala, Enric, et al. "Protecting the Global Ocean for Biodiversity, Food and Climate."

31. Cave, Damien, and Justin Gillis. "Large Sections of Australia's Great Reef Are Now Dead, Scientists Find." New York Times, 22 August 2020, www.nytimes.com/2017/03/15/science/great-barrier-reef-coral-climate-change-dieoff.html.

32. Sala, Enric. "Let's Turn the High Seas into the World's Largest Nature Reserve." TED Talks, 28 June 2018, https://www.ted.com/talks/enric_sala_let_s_turn_the_high_seas_into_the_world_s_largest_nature_reserve.

33. Bland, Alastair. "Could a Ban on Fishing in International Waters Become a Reality?" NPR, 14 September 2018, www.npr.org/sections/thesalt/2018/09/14/647441547/could-a-ban-on-fishing-in-international-waters-become-a-reality.

34. "The Economics of Fishing the High Seas." Science Advances 4, no. 6, 6 June 2018, advances.sciencemag.org/content/4/6/eaat2504.

35. Bland, Alastair. "Could a Ban on Fishing in International Waters Become A Reality?"

36. Hurlimann, Sylvia. "How Kelp Naturally Combats Global Climate Change." Science in the News, 4 July 2019, sitn.hms.harvard.edu/flash/2019/how-kelp-naturally-combats-global-climate-change. https://sitn.hms.harvard.edu/flash/2019/how-kelp-naturally-combats-global-climate-change/.

37. Hawken, Paul. Drawdown: The Most Comprehensive Plan Ever Proposed to Reverse Global Warming. New York: Penguin Books, 2017.

38. Bryce, Emma. "Can the Forests of the World's Oceans Contribute to Alleviating the Climate Crisis?" GreenBiz, 16 July 2020, www.greenbiz.com/article/can-forests-worlds-oceans-contribute-alleviating-climate-crisis.

39. "Peatland Protection and Rewetting." Project Drawdown, 1 March 2020, www.drawdown.org/solutions/peatland-protection-and-rewetting.

40. Günther, Anke. "Prompt Rewetting of Drained Peatlands Reduces Climate Warming despite Methane Emissions." Nature Communications, 2 April 2020, www.nature.com/articles/s41467-020-15499-z?error=cookies_not_supported&code=3a9e399b-ff81-4cb7-a65a-2cdc90c77af1.

41. Zimmer, Carl. "How Many Species? A Study Says 8.7 Million, but It's Tricky." New York Times, 29 August 2011, www.nytimes.com/2011/08/30/science/30species.html.

42. "UN Report: Nature's Dangerous Decline 'Unprecedented'; Species Extinction Rates 'Accelerating.'" United Nations Sustainable Development Group, 6 May 2019, www.un.org/sustainabledevelopment/blog/2019/05/nature-decline-unprecedented-report.

43. "50 Countries Announce Bold Commitment to Protect at Least 30% of the World's Land and Ocean by 2030." Campaign for Nature, 10 June 2021, www.campaignfornature.org.

第 5 章　淨化工業

1. "King Kibe Meets the Guy behind #BANPLASTICKE, James Wakibia." YouTube, 13 September 2017, www.youtube.com/watch?v=a0MSp-IssHU.

2. "Meet James Wakibia, the Campaigner Behind Kenya's Plastic Bag Ban." United Nations Environment Programme, 4 May 2018, www.unep.org/news-and-stories/story/meet-james-wakibia-campaigner-behind-kenyas-plastic-bag-ban.

3. Reality Check Team. "Has Kenya's Plastic Bag Ban Worked?" BBC News, 28 August 2019, www.bbc.com/news/world-africa-49421885.

4. Reality Check Team. "Has Kenya's Plastic Bag Ban Worked?"

5. "Meet James Wakibia, the Campaigner behind Kenya's Plastic Bag Ban." United Nations Environment Programme, 4 May 2018, www.unep.org/news-and-stories/story/meet-james-wakibia-campaigner-behind-kenyas-plastic-bag-ban.

6. Nichols, Mike. The Graduate. Los Angeles: Embassy Pictures, 1967.

7. Parker, Laura. "The World's Plastic Pollution Crisis Explained." National Geographic, 7 June 2019, www.nationalgeographic.com/environment/article/plastic-pollution.

8. "Emissions Gap Report 2019." United Nations Environment Programme, 2019, www.unep.org/resources/emissions-gap-report-2019.

9. "Emissions Gap Report 2019."

10. Leahy, Meredith. "Aluminum Recycling in the Circular Economy." Rubicon, 11 September 2019, www.rubicon.com/blog/aluminum-recycling.

11. Joyce, Christopher. "Where Will Your Plastic Trash Go Now That China Doesn't Want It?" NPR, 13 March 2019, https://www.npr.org/sections/goatsandsoda/209/03/13/702501726/where-will-your-plastic-trash-go-now-that-china-doesnt-want-it.

12. Joyce, Christopher. "Where Will Your Plastic Trash Go Now That China Doesn't Want It?"

13. Sullivan, Laura. "How Big Oil Misled the Public into Believing Plastic Would Be Recycled." NPR, 11 September 2020, www.npr.org/2020/09/11/897692090/how-big-oil-misled-the-public-into-believing-plastic-would-be-recycled.

14. Hocevar, John. "Circular Claims Fall Flat: Comprehensive U.S. Survey of Plastics Recyclability." Greenpeace Inc., 18 February 2020, www.greenpeace.org/usa/research/report-circular-claims-fall-flat.

15. Katz, Cheryl. "Piling Up: How China's Ban on Importing Waste Has Stalled Global Recycling." Yale Environment 360, 7 March 2019, e360.yale.edu/features/piling-up-how-chinas-ban-on-importing-waste-has-stalled-global-recycling.

16. Herring, Chris. "Coke's New Bottle Is Part Plant." Wall Street Journal, 24 January 2010, www.wsj.com/articles/SB10001424052748703672104574654212774510476.

17. Cho, Renee. "The Truth About Bioplastics." Columbia Climate School, 13 December 2017, news.climate.columbia.edu/2017/12/13/the-truth-about-bioplastics.

18. Oakes, Kelly. "Why Biodegradables Won't Solve the Plastic Crisis." BBC Future, 5 November 2019, www.bbc.com/future/article/20191030-why-biodegradables-wont-solve-the-plastic-crisis.

19. Oakes, Kelly. "Why Biodegradables Won't Solve the Plastic Crisis." BBC Future, 5 November 2019, www.bbc.com/future/article/20191030-why-biodegradables-wont-solve-the-plastic-crisis.

20. Geyer, Roland, et al. "Production, Use, and Fate of All Plastics Ever Made." Science Advances 3, no. 7, 2017, p. e1700782, doi:10.1126/sciadv.1700782.

21. "Plastic Pollution Affects Sea Life Throughout the Ocean." Pew Charitable Trusts, 24 September 2018, www.pewtrusts.org/en/research-and-analysis/articles/2018/09/24/plastic-pollution-affects-sea-life-throughout-the-ocean; "New UN Report Finds Marine Debris Harming More Than 800 Species, Costing Countries Millions." 5 December

2016, https://news.un.org/en/story/2016/12/547032-new-un-report-finds-marine-debris-harming-more-00-species-costing-countries.

22. Leung, Hillary. "E.U. Sets Standard with Ban on Single-Use Plastics by 2021." Time, 28 March 2019, time.com/5560105/european-union-plastic-ban.

23. Excell, Carole. "127 Countries Now Regulate Plastic Bags. Why Aren't We Seeing Less Pollution?" World Resources Institute, 11 March 2019, www.wri.org/insights/127-countries-now-regulate-plastic-bags-why-arent-we-seeing-less-pollution.

24. Thomas, Dana. "The High Price of Fast Fashion." Wall Street Journal, 29 August 2019, www.wsj.com/articles/the-high-price-of-fast-fashion-11567096637.

25. Webb, Bella. "Fashion and Carbon Emissions: Crunch Time." Vogue Business, 26 August 2020, www.voguebusiness.com/sustainability/fashion-and-carbon-emissions-crunch-time.

26. Schwartz, Evan. "Anchoring OKRs to Your Mission." What Matters, 26 June 2020, www.whatmatters.com/articles/okrs-mission-statement-allbirds-sustainability.

27. Verry, Peter. "Allbirds Is Making Its Carbon Footprint Calculator Open-Source Ahead of Earth Day." Footwear News, 18 April 2021, footwearnews.com/2021/business/sustainability/allbirds-carbon-footprint-calculator-open-source-earth-day-1203132233; "Carbon Footprint Calculator & Tools." Allbirds, 2021, www.allbirds.com/pages/carbon-footprint-calculator.

28. Bellevrat, Elie, and Kira West. "Clean and Efficient Heat for Industry." International Energy Agency, 23 January 2018, www.iea.org/commentaries/clean-and-efficient-heat-for-industry.

29. Roelofsen, Occo, et al. "Plugging in: What Electrification Can Do for Industry." McKinsey & Company, 28 May 2020, www.mckinsey.com/industries/electric-power-and-natural-gas/our-insights/plugging-in-what-electrification-can-do-for-industry#.

30. "1H 2021 Hydrogen Levelized Cost Update." BloombergNEF, www.bnef.com/insights/26011. Accessed 14 June 2021.

31. "Available and Emerging Technologies for Reducing Greenhouse Gas Emissions from the Portland Cement Industry." U.S. Environmental Protection Agency, October 2010, www.epa.gov/sites/production/files/2015-12/documents/cement.pdf.

32. "Investors Call on Cement Companies to Address Business-Critical Contribution to Climate Change." Institutional Investors Group on Climate Change, 22 July 2019, www.iigcc.org/news/investors-call-on-cement-companies-to-address-business-critical-contribution-to-climate-change.

33. Frangoul, Anmar. " 'We Have to Improve Our Operations to Be More Sustainable,' LafargeHolcim CEO Says." CNBC, 31 July 2020, www.cnbc.com/2020/07/31/lafargeholcim-ceo-stresses-importance-of-sustainability.html.

34. "LafargeHolcim Signs Net Zero Pledge with Science-Based Targets." BusinessWire, 21 September 2020, www.businesswire.com/news/home/20200921005750/en/

LafargeHolcim-Signs-Net-Zero-Pledge-with-Science-Based-Targets.

35. "Steel Production." American Iron and Steel Institute, 2 November 2020, www. steel.org/steel-technology/steel-production; Hites, Becky. "The Growth of EAF Steelmaking." Recycling Today, 30 April 2020, www.recyclingtoday.com/article/the-growth-of-eaf-steelmaking.

36. "Steel Statistical Yearbook 2020 Concise Version." WorldSteel Association, www. worldsteel.org/en/dam/jcr:5001dac8-0083-46f3-aadd-35aa357acbcc/Steel%2520Statistic al%2520Yearbook%25202020%2520%2528concise%2520version%2529.pdf. Accessed 21 June 2021.

37. "First in the World to Heat Steel Using Hydrogen." Ovako, 2021, www.ovako.com/en/ newsevents/stories/first-in-the-world-to-heat-steel-using-hydrogen.

38. Collins, Leigh. "'Ridiculous to Suggest Green Hydrogen Alone Can Meet World's H2 Needs.'" Recharge, 27 April 2020, www.rechargenews.com/transition/-ridiculous-to-suggest-green-hydrogen-alone-can-meet-world-s-h2-needs-/2-1-797831.

39. "Speech by Prime Minister Stefan Löfven at Inauguration of New HYBRIT Pilot Plant." Government Offices of Sweden, 31 August 2020, www.government.se/ speeches/2020/08/speech-by-prime-minister-stefan-lofven-at-inauguration-of-new-hybrit-pilot-plant.

40. "HYBRIT: SSAB, LKAB and Vattenfall to Start up the World's First Pilot Plant for Fossil-Free Steel." SSAB, 21 August 2020, www.ssab.com/news/2020/08/hybrit-ssab-lkab-and-vattenfall-to-start-up-the-worlds-first-pilot-plant-for-fossilfree-steel.

第6章 移除空氣中的碳

1. Wilcox, J., et al. "CDR Primer." CDR, 2021, cdrprimer.org/read/concepts.

2. Cembalest, Michael. "Eye on the Market: 11th Annual Energy Paper." J.P. Morgan Assset Management, 2021, am.jpmorgan.com/us/en/asset-management/institutional/ insights/market-insights/eye-on-the-market/annual-energy-outlook.

3. Wilcox, J., et al. "CDR Primer." CDR, 2021, cdrprimer.org/read/chapter-1.

4. Sönnichsen, N. "Distribution of Primary Energy Consumption in 2019, by Country." Statista, 2021, www.statista.com/statistics/274200/countries-with-the-largest-share-of-primary-energy-consumption.

5. Lebling, Katie. "Direct Air Capture: Resource Considerations and Costs for Carbon Removal." World Resources Institute, 6 January 2021, www.wri.org/insights/direct-air-capture-resource-considerations-and-costs-carbon-removal.

6. Masson-Delmotte, Valérie. "Global Warming of 1.5 ℃ ." Intergovernmental Panel on Climate Change, 2018, www.ipcc.ch/site/assets/uploads/sites/2/2019/06/SR15_Full_ Report_Low_Res.pdf.

7. Wilcox, J., et al. "CDR Primer." CDR, 2021, cdrprimer.org/read/glossary.

8. Badgley, Grayson, et al. "Systematic Over-Crediting in California's Forest Carbon

Offsets Program." BioRxiv, doi.org/10.1101/2021.04.28.441870.

9. Gates, Bill. How to Avoid a Climate Disaster: The Solutions We Have and the Breakthroughs We Need. New York: Knopf, 2021.

10. Welz, Adam. "Are Huge Tree Planting Projects More Hype than Solution?" Yale E360, 8 April 2021, e360.yale.edu/features/are-huge-tree-planting-projects-more-hype-than-solution. https://e360.yale.edu/features/are-huge-tree-planting-projects-more-hype-than-solution.

11. Gertner, Jon. "The Tiny Swiss Company That Thinks It Can Help Stop Climate Change." New York Times, 14 February 2019, www.nytimes.com/2019/02/12/magazine/climeworks-business-climate-change.html.

12. Doyle, Alister. "Scared by Global Warming? In Iceland, One Solution Is Petrifying." Reuters, 4 February 2021, https://www.reuters.com/article/us-climate-change-technology-emissions-f/scared-by-global-warming-in-iceland-one-solution-is-petrifying-idUSKBN2A415R.

13. Carbon Engineering Ltd. "Carbon Engineering Breaks Ground at Direct Air Capture Innovation Centre." Oceanfront Squamish, 11 June 2021, oceanfrontsquamish.com/stories/carbon-engineering-breaking-ground-on-their-innovation-centre.

14. Gertner, Jon. "The Tiny Swiss Company That Thinks It Can Help Stop Climate Change." New York Times, 14 February 2019, www.nytimes.com/2019/02/12/magazine/climeworks-business-climate-change.html.

15. "Stripe Commits $8M to Six New Carbon Removal Companies." Stripe, 26 May 2021, stripe.com/newsroom/news/spring-21-carbon-removal-purchases.

16. Smith, Brad. "Microsoft Will Be Carbon Negative by 2030." Official Microsoft Blog, 16 January 2020, blogs.microsoft.com/blog/2020/01/16/microsoft-will-be-carbon-negative-by-2030.

17. "Microsoft Carbon Removal: Lessons from an Early Corporate Purchase." Microsoft, 2021, query.prod.cms.rt.microsoft.com/cms/api/am/binary/RE4MDlc.

第7章　攻克政治與政策場域

1. "Investing in Green Technolo- gy as a Strategy for Economic Recovery." U.S. Senate Committee on Environment and Public Works, 2009, www.epw.senate.gov/public/index.cfm/2009/1/full-committee-briefing-entitled-investing-in-green-technology-as-a-strategy-for-economic-recovery.

2. Editors of Encyclopaedia Britannica, "United Nations Conference on Environment and Development | History & Facts." Britannica.com, 27 May 2021, www.britannica.com/event/United-Nations-Conference-on-Environment-and-Development.

3. Palmer, Geoffrey. "The Earth Summit: What Went Wrong at Rio?" Washington University Law Review 70, no. 4, 1992, openscholarship.wustl.edu/cgi/viewcontent.cgi?article=1867&context=law_lawreview; UNCED Secretary

General Maurice Strong, https://openscholarship.wustl.edu/cgi/viewcontent. cgi?article=1867&context=law_lawreview.

4. Palmer, Geoffrey. "The Earth Summit: What Went Wrong at Rio?"

5. Plumer, Brad. "The 1992 Earth Summit Failed. Will This Year's Edition Be Different?" Washington Post, 7 June 2012, www.washingtonpost.com/blogs/ezra-klein/post/ the-1992-earth-summit-failed-will-this-years-edition-be-different/2012/06/07/ gJQAARikLV_blog.html.

6. Dewar, Helen, and Kevin Sullivan. "Senate Republicans Call Kyoto Pact Dead." Washington Post, 1997, www.washingtonpost.com/wp-srv/inatl/longterm/climate/ stories/clim121197b.htm.

7. "Paris Agreement." United Nations Framework Convention on Climate Change (UNFCCC), December 2015, cop23.unfccc.int/sites/default/files/english_paris_ agreement.pdf.

8. Lustgarten, Abraham. "John Kerry, Biden's Climate Czar, Talks About Saving the Planet." ProPublica, 18 December 2020, www.propublica.org/article/john-kerry-biden- climate-czar.

9. "Achieving Energy Efficiency," California Energy Commission, https://www.energy. ca.gov/about/core-responsibility-fact-sheets/achieving-energy-efficiency. Accessed 22 June 2021.

10. "California's Energy Efficiency Success Story: Saving Billions of Dollars and Curbing Tons of Pollution." Natural Resources Defense Council, July 2013, www.nrdc.org/sites/ default/files/ca-success-story-FS.pdf.

11. "Methane Emissions from Oil and Gas—Analysis." International Energy Agency. www.iea.org/reports/methane-emissions-from-oil-and-gas. Accessed 21 June 2021.

12. Coady, David, et al. "Global Fossil Fuel Subsidies Remain Large: An Update Based on Country-Level Estimates." International Monetary Fund, 2 May 2019, www.imf.org/ en/Publications/WP/Issues/2019/05/02/Global-Fossil-Fuel-Subsidies-Remain-Large- An-Update-Based-on-Country-Level-Estimates-4650.

13. Coady, David, et al. "Global Fossil Fuel Subsidies Remain Large: An Update Based on Country- Level Estimates." International Monetary Fund, 2 May 2019, www.imf.org/ en/Publications/WP/Issues/2019/05/02/Global-Fossil-Fuel-Subsidies-Remain-Large- An-Update-Based-on-Country-Level-Estimates-4650.

14. DiChristopher, Tom. "US Spends $81 Billion a Year to Protect Global Oil Supplies, Report Estimates." CNBC, 21 September 2018, www.cnbc.com/2018/09/21/us-spends- 81-billion-a-year-to-protect-oil-supplies-report-estimates.html.

15. UNEP and UNEP DTU Partnership. "UNEP Report—The Emissions Gap Report 2020." Management of Environmental Quality: An International Journal, 2020, https:// www.unep.org/emissions-gap-report-2020.

16. "Summary of GHG Emissions for Russian Federation." United Nations Framework

Convention on Climate Change, 2018, di.unfccc.int/ghg_profiles/annexOne/RUS/RUS_ghg_profile.pdf.

17. "Average Car Emissions Kept Increasing in 2019, Final Data Show." European Environment Agency, 1 June 2021, www.eea.europa.eu/highlights/average-car-emissions-kept-increasing.

18. **7.1:** Frangoul, Anmar. "President Xi Tells UN That China Will Be 'Carbon Neutral' within Four Decades." CNBC, 23 September 2020, www.cnbc.com/2020/09/23/china-claims-it-will-be-carbon-neutral-by-the-year-2060.html; "FACT SHEET: President Biden Sets 2030 Green-house Gas Pollution Reduction Target Aimed at Creating Good-Paying Union Jobs and Securing U.S. Leadership on Clean Energy Technologies." White House, 22 April 2021, www.whitehouse.gov/briefing-room/statements-releases/2021/04/22/fact-sheet-president-biden-sets-2030-greenhouse-gas-pollution-reduction-target-aimed-at-creating-good-paying-union-jobs-and-securing-u-s-leadership-on-clean-energy-technologies; "2050 Long-Term Strategy." European Commission, 23 November 2016, ec.europa.eu/clima/policies/strategies/2050_en.

7.1.1: "China's Xi Targets Steeper Cut in Carbon Intensity by 2030." Reuters, 12 December 2020, www.reuters.com/world/china/chi-nas-xi-targets-steeper-cut-carbon-intensity-by-2030-2020-12-12; Shields, Laura. "State Renewable Portfolio Standards and Goals." National Conference of State Legislatures, 7 April 2021, www.ncsl.org/research/energy/renewable-portfolio-standards.aspx; "2030 Climate & Energy Framework." European Commission, 16 February 2017, ec. europa.eu/clima/policies/strategies/2030_en; "India Targeting 40% of Power Generation from Non-Fossil Fuel by 2030: PM Modi." Economic Times, 2 October 2018, economictimes.indiatimes.com/industry/energy/power/india-targeting-40-of-power-generation-from-non-fossil-fuel-by-2030-pm-modi/articleshow/66043374.cms?from=mdr.

7.1.2: "Electric Vehicles." Guide to Chinese Climate Policy, 2021, chineseclimatepolicy.energypolicy.columbia.edu/en/electric-vehicles; Tabeta, Shunsuke. "China Plans to Phase Out Conventional Gas-us-spends-81-billion-a-year-to-protect-oil-supplies-report-estimates.html. Burning Cars by 2035." Nikkei Asia, 27 October 2020, asia.nikkei.com/Business/Automobiles/China-plans-to-phase-out-conventional-gas-burning-cars-by-2035; "Overview—Electric Vehicles: Tax Benefits & Purchase Incentives in the European Union." ACEA—European Automobile Manufacturers' Association, 9 July 2020, www.acea.auto/fact/overview-electric-vehicles-tax-benefits-purchase-incentives- in-the-european-union; "Faster Adoption and Manufacturing of Hybrid and EV (FAME) II." International Energy Agency, 30 June 2020, www.iea.org/policies/7450-faster-adoption-and-manufacturing-of-hybrid-and-ev-fame-ii; Kireeva, Anna. "Russia Cancels Import Tax for Electric Cars in Hopes of Enticing Drivers." Bellona.org, 16 April 2020, bellona.org/news/transport/2020-04-

russia-cancels-import-tax-for-electric-cars-in-hopes-of-enticing-drivers.

7.1.3: "A New Industrial Strategy for Europe." European Commission, 10 March 2020, ec.europa.eu/info/sites/default/files/communication-eu-industrial-strategy-march-2020_en.pdf.

7.1.4: "Zero Net Energy." California State Portal, 2021, www.cpuc.ca. gov/zne; Energy Efficiency Division. "High Performance Buildings." Mass.gov, 2021, www.mass. gov/high-performance-buildings; "Nzeb." European Commission, 17 October 2016, ec.europa.eu/energy/content/nzeb-24_en.

7.1.5: University of Copenhagen Faculty of Science. "Carbon Labeling Reduces Our CO2 Footprint—Even for Those Who Try to Remain Uninformed." ScienceDaily, 29 March 2021, www.sciencedaily.com/releases/2021/03/210329122841.htm.

7.1.6: Adler, Kevin. "US Considers Stepping up Methane Emissions Reductions." IHS Markit, 7 April 2021, ihsmarkit.com/research-analysis/us-considers-stepping-up-methane-emissions-reductions.html; "Press Corner." European Commission, 14 October 2020, ec. europa.eu/commission/presscorner/detail/en/QANDA_20_1834.

7.2: Coady, David, et al. "Global Fossil Fuel Subsidies Remain Large: An Update Based on Country-Level Estimates." IMF Working Papers 19, no. 89, 2019, 1, doi:10.5089/9781484393178.001.

7.3: Buckley, Chris. "China's New Carbon Market, the World's Largest: What to Know." New York Times, 26 July 2021, www.nytimes.com/2021/07/16/business/energy-environment/china-carbon-market.html.

7.4: "EU Legislation to Control F-Gases." Climate Action—European Commission, 16 February 2017, ec.europa.eu/clima/policies/f-gas/ legislation_en.

7.5: "R&D and Technology Innovation—World Energy Investment 2020." World Energy Investment, 2020, www.iea.org/reports/world-energy-investment-2020/rd-and-technology-innovation; "India 2020: Energy Policy Review." International Energy Agency, 2020, iea. blob.core.windows.net/assets/2571ae38-c895-430e-8b62-bc19019c6807/India_2020_Energy_Policy_Review.pdf.

19. "The Secret Origins of China's 40-Year Plan to End Carbon Emissions." Bloomberg Green, 22 November 2020, www.bloomberg.com/news/features/2020-11-2/china-s-2060-climate-pledge-inside-xi-jinping-s-secret-plan-to-end-emissions.

20. Feng, Hao. "2.3 Million Chinese Coal Miners Will Need New Jobs by 2020." China Dialogue, 7 August 2017, chinadialogue.net/en/energy/9967-2-3-million-chinese-coal-miners-will-need-new-jobs-by-2-2.

21. "International—U.S. Energy Information Administration (EIA)." China, www.eia.gov/international/analysis/country/CHN. Accessed 18 June 2021.

22. McSweeney, Eoin. "Chinese Coal Projects Threaten to Wreck Plans for a Renewable Future in Sub-Saharan Africa." CNN, 9 December 2020, edition.cnn.com/2020/12/09/business/africa-coal-energy-goldman-prize-dst-hnk-intl/index.html.

23. "The Secret Origins of China's 40-Year Plan to End Carbon Emissions."

24. "CORRECTED: Smog Causes an Estimated 49,000 Deaths in Beijing, Shanghai in 2020—Tracker." Reuters, 9 July 2020, www.reuters.com/article/china-pollution/corrected-smog-causes-an-estimated-49000-deaths-in-beijing-shanghai-in-2020-tracker-idUSL4N2EG1T5.

25. Statista. "Global Cumulative CO2 Emissions by Country 1750–2019." Statista, 29 March 2021, www.statista.com/statistics/1007454/cumulative-co2-emissions-worldwide-by-country.

26. Goldenberg, Suzanne. "The Worst of Times: Bush's Environmental Legacy Examined." Guardian, 16 January 2009, www.theguardian.com/politics/2009/jan/16/greenpolitics-georgebush.

27. Clark, Corrie E. "Renewable Energy R&D Funding History: A Comparison with Funding for Nuclear Energy, Fossil Energy, Energy Efficiency, and Electric Systems R&D." Congressional Research Service Report, 2018, fas.org/sgp/crs/misc/RS22858.pdf.

28. "Use of Gasoline—U.S. Energy Information Administration (EIA)." U.S. Energy Information Association, 26 May 2021, www.eia.gov/energyexplained/gasoline/use-of-gasoline.php.

29. "Salty Snacks: U.S. Market Trends and Opportunities: Market Research Report." Packaged Facts, 21 June 2018, www.packagedfacts.com/Salty-Snacks-Trends-Opportunities-11724010.

30. "National Institutes of Health (NIH) Funding: FY1995- FY2021." Congressional Research Service, 2021, fas.org/sgp/crs/misc/R43341.pdf.

31. Frangoul, Anmar. "EU Leaders Agree on 55% Emissions Reduction Target, but Activist Groups Warn It Is Not Enough." CNBC, 11 December 2020, www.cnbc.com/2020/12/11/eu-leaders-agree-on-55percent-greenhouse-gas-emissions-reduction-target.html.

32. "EU." Climate Action Tracker, 2020, climateactiontracker.org/countries/eu.

33. Jordans, Frank. "Germany Maps Path to Reaching 'Net Zero' Emissions by 2045." AP News, 12 May 2021, apnews.com/article/europe-germany-climate-business-environment-and-nature-6437e64891d8117a9c0bff7cabb200eb.

34. Amelang, Sören. "Europe's 55% Emissions Cut by 2030: Proposed Target Means Even Faster Coal Exit." Energy Post, 5 October 2020, energypost.eu/europes-55-emissions-cut-by-2030-proposed-target-means-even-faster-coal-exit.

35. Manish, Sai. "Coronavirus Impact: Over 100 Million Indians Could Fall Below Poverty Line." Business Standard, 2020, www.business-standard.com/article/economy-policy/coronavirus-impact-over-100-million-indians-could-fall-below-poverty-line-120041700906_1.html.

36. "India Exceeding Paris Targets; to Achieve 450 GW Renewable Energy by 2030: PM Modi at G20 Summit." Business Today, 22 November 2020, www.businesstoday.in/current/economy-politics/india-exceeding-paris-targets-to-achieve-450-gw-renewable-energy-by-2030-pm-modi-at-g20-summit/story/422691.html.

37. Ritchie, Hannah. "Who Has Contributed Most to Global CO2 Emissions?" Our World in Data, 1 October 2019, ourworldindata.org/contributed-most-global-co2.

38. Jaiswal, Anjali. "Climate Action: All Eyes on India." Natural Resources Defense Council, 12 December 2020, www.nrdc.org/experts/anjali-jaiswal/climate-action-all-eyes-india.

39. "Russia's Putin Says Climate Change in Arctic Good for Economy." CBC, 30 March 2017, www.cbc.ca/news/science/russia-putin-climate-change-beneficial-economy-1.4048430.

40. Agence France-Presse. "Russia Is 'Warming 2.5 Times Quicker' Than the Rest of the World." The World, 25 December 2015, www.pri.org/stories/2015-12-25/russia-warming-25-times-quicker-rest-world.

41. Struzik, Ed. "How Thawing Permafrost Is Beginning to Transform the Arctic." Yale Environment 360, 21 January 2020, e360.yale.edu/features/how-melting-permafrost-is-beginning-to-transform-the-arctic.

42. Alekseev, Alexander N., et al. "A Critical Review of Russia's Energy Strategy in the Period Until 2035." International Journal of Energy Economics and Policy 9, no. 6, 2019, 95–102, doi:10.32479/ijeep.8263.

43. Ross, Katie. "Russia's Proposed Climate Plan Means Higher Emissions Through 2050." World Resources Institute, 13 April 2020, www.wri.org/insights/russias-proposed-climate-plan-means-higher-emissions-through-2050.

44. "California Leads Fight to Curb Climate Change." Environmental Defense Fund, 2021, www.edf.org/climate/california-leads-fight-curb-climate-change.

45. Weiss, Daniel. "Anatomy of a Senate Climate Bill Death." Center for American Progress, 12 October 2010, www.americanprogress.org/issues/green/news/2010/10/12/8569/anatomy-of-a-senate-climate-bill-death.

46. Song, Lisa. "Cap and Trade Is Supposed to Solve Climate Change, but Oil and Gas Company Emissions Are Up." ProPublica, 15 November 2019, www.propublica.org/article/cap-and-trade-is-supposed-to-solve-climate-change-but-oil-and-gas-company-emissions-are-up.

47. Descant, Skip. "In a Maryland County, the Yellow School Bus Is Going Green." GovTech, 17 June 2021, www.govtech.com/fs/in-a-maryland-county-the-yellow-school-bus-is-going-green.

48. Beyer, Scott. "How the U.S. Government Destroyed Black Neighborhoods." Catalyst, 2 April 2020, catalyst.independent.org/2020/04/02/how-the-u-s-government-destroyed-black-neighborhoods.

49. "Exxon's Climate Denial History: A Timeline." Green- peace USA, 16 April 2020, www.greenpeace.org/usa/ending-the- climate-crisis/exxon-and-the-oil-industry-knew-about-climate-change/exxons-climate-denial-history-a-timeline; Mayer, Jane. "'Kochland' Examines the Koch Brothers' Early, Crucial Role in Climate-Change Denial." New Yorker, 13 August 2019, www.newyorker.com/news/daily-comment/kochland-examines-how-the-koch-brothers-made- their-fortune-and-the-influence-it-bought.

50. Westervelt, Amy. "How the Fossil Fuel Industry Got the Media to Think Climate Change Was Debatable." Washington Post, 10 January 2019, www.washingtonpost.com/outlook/2019/01/10/how-fossil-fuel-industry-got-media-think-climate-change-was-debatable.

51. Newport, Frank. "Americans' Global Warming Concerns Continue to Drop." Gallup, 11 March 2010, news.gallup.com/poll/126560/americans-global-warming-concerns-continue-drop.aspx.

52. Funk, Cary, and Meg Hefferon. "U.S. Public Views on Climate and Energy." Pew Research Center Science & Society, 25 November 2019, www.pewresearch.org/science/2019/11/25/u-s-public-views-on-climate-and-energy.

53. "Net Zero by 2050—Analysis." International Energy Agency, May 2021, www.iea.org/reports/net-zero-by-2050.

第8章　把社會運動轉為行動

1. Workman, James. "'Our House Is on Fire.' 16-Year-Old Greta Thunberg Wants Action." World Economic Forum, 25 January 2019, www.weforum.org/agenda/2019/01/ourhouse-is-on-fire-16-year-old-greta-thunberg-speaks-truth-to-power.

2. Sengupta, Somini. "Protesting Climate Change, Young People Take to Streets in a GlobalStrike." NewYorkTimes, 20 September 2019, www.nytimes.com/2019/09/20/climate/global-climate-strike.html.

3. "Transcript: Greta Thunberg's Speech at the U.N. Climate Action Summit." NPR, 23 September 2019, https://www.npr.org/2019/09/23/763452863/transcript-gretathunbergs-speech-at-the-u-n-climate-action-summit.

4. Department for Business, Energy & Industrial Strategy, and Chris Skidmore. "UK Becomes First Major Economy to Pass Net Zero Emissions Law." GOV.UK, 27 June 2019, www.gov.uk/government/news/uk-becomes-first-major-economy-to-pass-net-zeroemissions-law.

5. Alter, Charlotte, et al. "Greta Thunberg: TIME's Person of the Year 2019." Time, 11 December 2019, time.com/person-of-the-year-2019-greta-thunberg.

6. Prakash, Varshini, and Guido Girgenti, eds. Winning the Green New Deal: Why We Must, How We Can. New York: Simon & Schuster, 2020.

7. Glass, Andrew. "FDR Signs National Labor Relations Act, July 5,1935." Politico, 5

July 2018, www.politico.com/story/2018/07/05/fdr-signs-national-labor-relations-actjuly-5-1935-693625.

8.　Nicholasen, Michelle."Why Nonviolent Resistance Beats Violent Force in Effecting Social, Political Change." Harvard Gazette, 4 February 2019, news.harvard.edu/gazette/story/2019/02/why-nonviolent-resistance-beats-violentforce-in-effecting-social-political-change.

9.　Saad, Lydia. "Gallup Election 2020 Coverage." Gallup, 29 October 2020, news.gallup.com/opinion/gallup/321650/gallup-election-2020-coverage.aspx.

10.　"Europeans and the EU Budget." Standard Eurobarometer 89, 2018, publications.europa.eu/resource/cellar/9cacfd6b-9b7d-11e8-a408-01aa75ed71a1.0002.01/DOC_1.

11.　"Autumn 2019 Standard Eurobarometer: Immigration and Climate Change Remain Main Concerns at EU Level." European Commission, 20 December 2019, https://ec.europa.eu/commission/presscorner/detail/en/IP_19_6839.

12.　Rooij, Benjamin van. "The People vs. Pollution: Understanding Citizen Action against Pollution in China." Taylor & Francis, 27 January 2010, www.tandfonline.com/doi/full/10.1080/10670560903335777.

13.　"China: National Air Quality Action Plan (2013)." Air Quality Life Index, 10 July 2020, aqli.epic.uchicago.edu/policy-impacts/china-national-air-quality-actionplan-2014.

14.　Greenstone, Michael. "Four Years After Declaring War on Pollution, China Is Winning." New York Times, 12 March 2018, www.nytimes.com/2018/03/12/upshot/chinapollution-environment-longer-lives.html.

15.　"Climate Change in the Chinese Mind Survey Report 2017." Energy Foundation China, 2017, www.efchina.org/Attachments/Report/report-comms-20171108/Climate_Change_in_the_Chinese_Mind_2017.pdf.

16.　Crawford, Alan. "Here's How Climate Change Is Viewed Around the World." Bloomberg, 25 June 2019, www.bloomberg.com/news/features/2019-06-26/here-s-how-climatechange-is-viewed-around-the-world.

17.　First-Arai, Leanna."Varshini Prakash Has a Blueprint for Change." Sierra, 4 November 2019, www.sierraclub.org/sierra/2019-4-july-august/act/varshiniprakash-has-blueprint-for-change.

18.　Prakash, Varshini. "Varshini Prakash on Redefining What's Possible." Sierra, 22 December 2020, www.sierraclub.org/sierra/2021-1-january-february/feature/varshiniprakash-redefining-whats-possible.

19.　Friedman, Lisa. "What Is the Green New Deal? A Climate Proposal, Explained." New York Times, 21 February 2021, www.nytimes.com/2019/02/21/climate/green-new-dealquestions-answers.html.

20.　Krieg, Gregory. "The Sunrise Movement Is an Early Winner in the Biden Transition. Now Comes the Hard Part." CNN, 2 January 2021, edition.cnn.com/2021/01/02/politics/biden-administration-sunrise-movement-climate/index.html.

21. "2020 Presidential Candidates on Energy and Environmental Issues." Ballotpedia, 2021, ballotpedia.org/2020_presidential_candidates_on_energy_and_environmental_issues.

22. Krieg, Gregory. "The Sunrise Movement Is an Early Winner in the Biden Transition. Now Comes the Hard Part."

23. Hattam, Jennifer. "The Club Comes Together." Sierra, 2005, vault.sierraclub.org/sierra/200507/bulletin.asp.

24. Bloomberg, Michael, and Carl Pope. Climate of Hope. New York: St. Martin's Press, 2017.

25. "Bruce Nilles." Energy Innovation: Policy and Technology, 7 January 2021, energyinnovation.org/team-member/bruce-nilles.

26. Riley, Tess. "Just 100 Companies Responsible for 71% of Global Emissions, Study Says." Guardian, 10 July 2017, www.theguardian.com/sustainable-business/2017/jul/10/100-fossil-fuel-companies-investors-responsible-71-global-emissions-cdpstudy-climate-change.

27. "American Business Act on Climate Pledge." White House, 2016, obamawhitehouse.archives.gov/climate-change/pledge.

28. Hölzle, Urs. "Google Achieves Four Consecutive Years of 100% Renewable Energy." Google Cloud Blog, cloud.google.com/blog/topics/sustainability/google-achieves-fourconsecutive-years-of-100-percent-renewable-energy. Accessed 21 June 2021.

29. Jackson, Lisa. "Environmental Progress Report." Apple, 2020, www.apple.com/environment/pdf/Apple_Environmental_Progress_Report_2021.pdf.

30. "Net zero emissions." Glossary, Intergovernmental Panel on Climate Change, 2021, www.ipcc.ch/sr15/chapter/glossary.

31. "Foundations for Science Based Net-Zero Target Setting in the Corporate Sector." Science Based Targets, September 2020, sciencebasedtargets.org/resources/legacy/2020/09/foundations-for-net-zero-full-paper.pdf.

32. Day, Matt. "Amazon Tries to Make the Climate Its Prime Directive." Bloomberg Green, 21 September 2020, www.bloomberg.com/news/features/2020-09-21/amazon-made-a-climate-promise-without-a-plan-to-cutemissions.

33. Palmer, Annie. "Jeff Bezos Unveils Sweeping Plan to Tackle Climate Change." CNBC, 19 September 2019, www.cnbc.com/2019/09/19/jeff-bezos-speaksabout-amazon-sustainability-in-washington-dc.html.

34. "The Climate Pledge." Amazon Sustainability, 2021, sustainability.aboutamazon.com/about/the-climate-pledge.

35. "Colgate-Palmolive." Climate Pledge, 2021, www.theclimatepledge.com/us/en/Signatories/colgatepalmolive.

36. "PepsiCo Announces Bold New Climate Ambition." PepsiCo, 14 January 2021, www.pepsico.com/news/story/pepsico-announces-bold-new-climate-ambition.

37. "Business Roundtable Redefines the Purpose of a Corporation to Promote 'An Economy That Serves All Americans.'" Business Roundtable, 19 August 2019, www.businessroundtable.org/business-roundtableredefines-the-purpose-of-a-corporation-to-promote-an-economy-thatserves-all-americans.

38. Walton, Sam, and John Huey. Sam Walton: Made in America. New York: Bantam Books, 1993.

39. "About Us." BlackRock, 2021, www.blackrock.com/sg/en/about-us.

40. Fink, Larry. "Larry Fink's 2021 Letter to CEOs." BlackRock, 2021, www.blackrock.com/corporate/investor-relations/larry-fink-ceo-letter.

41. Engine No. 1, LLC. "Letter to the ExxonMobil Board of Directors." Reenergize Exxon, 7 December 2020, reenergizexom.com/materials/letter-to-the-board-of-directors.

42. Engine No. 1, LLC. "Letter to the ExxonMobil Board of Directors.

43. Merced, Michael. "How Exxon Lost a Board Battle with a Small Hedge Fund." New York Times, 28 May 2021, www.nytimes.com/2021/05/28/business/energyenvironment/exxon-engine-board.htm.

44. Krauss, Clifford, and Peter Eavis. "Climate Change Activists Notch Victory in ExxonMobil Board Elections." New York Times, 26 May 2021, www.nytimes.com/2021/05/26/business/exxon-mobil-climate-change.html.

45. Sengupta, Somini. "Big Setbacks Propel Oil Giants Toward a 'Tipping Point.'" New York Times, 29 May 2021, www.nytimes.com/2021/05/29/climate/fossil-fuel-courts-exxon-shellchevron.html.

46. Herz, Barbara, and Gene Sperling. "What Works in Girls' Education: Evidence and Policiesfrom the Developing World by Barbara Herz." 30 June 2004. Paperback. Council on Foreign Relations, 2004.

47. Sperling, Gene, et al. "What Works in Girls' Education: Evidence for the World's Best Investment." Brookings Institution Press, 2015.

48. "Malala Fund Publishes Report on Climate Change and Girls' Education." Malala Fund, 2021, malala.org/newsroom/archive/malala-fund-publishesreport-on-climate-change-and-girls-education.

49. Evans, David K., and Fei Yuan. "What We Learn about Girls' Education from Interventions That Do Not Focus on Girls." Policy Research Working Papers, 2019, doi:10.1596/1813-9450-8944.

50. Cohen, Joel E. "Universal Basic and Secondary Education." American Academy of Arts and Sciences, 2006, www.amacad.org/sites/default/files/publication/downloads/ubase_universal.pdf.

51. Sperling, Gene, et al. "What Works in Girls' Education: Evidence for the World's Best Investment." Brookings Institution Press, 2015.

52. "Health and Education." Project Drawdown, 12 February 2020, drawdown.org/solutions/health-and-education/technical-summary.

53. Chaisson, Clara."Fossil Fuel Air Pollution Kills One in Five People." NRDC, www.nrdc.org/stories/fossil-fuel-air-pollution-kills-one-five-people. Accessed 20 June 2021.

54. Pandey, Anamika, et al. "Health and Economic Impact of Air Pollution in the States of India: The Global Burden of Disease Study 2019." Lancet Planetary Health 5, no. 1, 2021, e25-38, doi:10.1016/s2542-5196(20)30298-9.

55. Mikati et al. "Disparities in Distribution of Particulate Matter Emission Sources by Race and Poverty Status." American Journal of Public Health 108, 2018, 480–85, http://ajph.aphapublications.org/doi/pdf/10.2105/AJPH.2017.304297.

56. "Unlocking the Inclusive Growth Story of the 21st Century." New Climate Economy, 2018, newclimateeconomy.report/2018/key-findings.

57. "Unlocking the Inclusive Growth Story of the 21st Century." New Climate Economy, 2018, newclimateeconomy.report/2018/key-findings.

58. "Countdown." TED, 2021, www.ted.com/series/countdown.

59. Krznaric, Roman. "How to Be a Good Ancestor." TED Countdown, 10 October 2020, www.ted.com/talks/roman_krznaric_how_to_be_a_good_ancestor.

60. Supreme Court of Pakistan. D. G. Khan Cement Company Ltd. Versus Government of Punjab through its Chief Secretary, Lahore, etc. 2021. Climate Change Litigation Databases, http://climatecasechart.com/climatechange-litigation/non-us-case/d-g-khan-cement-company-v-government-of-punjab/.

61. "24 Hours of Reality: 'Earthrise' by Amanda Gorman." YouTube, 4 December 2018, www.youtube.com/watch?v=xwOvBv8RLmo.

第9章　創新！

1. Lyon, Matthew, and Katie Hafner. Where Wizards Stay Up Late: The Origins of the Internet. New York: Simon & Schuster, 1999, 20.

2. "Paving the Way to the Modern Internet." Defense Advanced Research Projects Agency, 2021, www.darpa.mil/about-us/timeline/modern-internet.

3. "Where the Future Becomes Now." Defense Advanced Research Projects Agency, 2021, www.darpa.mil/about-us/darpa-history-and-timeline.

4. Henry-Nickie, Makada, et al."Trends in the Information Technology Sector." Brookings Institution, 29 March 2019, www.brookings.edu/research/trends-in-theinformation-technology-sector.

5. "ARPA-E History." ARPA-E, 2021, arpa-e.energy.gov/about/arpa-e-history.

6. Clark, Corrie E."Renewable Energy R&D Funding History: A Comparison with Funding for Nuclear Energy, Fossil Energy, Energy Efficiency, and Electric Systems R&D." Congressional Research Service Report, 2018, fas.org/sgp/crs/misc/RS22858.pdf.

7. "ARPA-E: Accelerating U.S. Energy Innovation." ARPA-E, 2021, arpa-e.energy.gov/technologies/publications/arpa-e-accelerating-us-energyinnovation.

8. Gates, Bill. "Innovating to Zero!" TED, 18 February 2010, www.ted.com/talks/bill_gates_innovating_to_zero.

9. Wattles, Jackie. "Bill Gates Launches Multi-Billion Dollar Clean Energy Fund." CNN Money, 30 November 2015, money.cnn.com/2015/11/29/news/economy/bill-gatesbreakthrough-energy-coalition.

10. "2020 Battery Day Presentation Deck." Tesla, 22 September 2019, tesla-share.thron.com/content/?id=96ea71cf-8fda-4648-a62c-753af436c3b6&pkey=S1dbei4.

11. "BU-101: When Was the Battery Invented?" Battery University, 14 June 2019, batteryuniversity.com/learn/article/when_was_the_battery_invented.

12. Field, Kyle. "BloombergNEF: Lithium-Ion Battery Cell Densities Have Almost Tripled Since 2010." CleanTechnica, 19 February 2020, cleantechnica.com/2020/02/19/bloombergnef-lithium-ion-battery-cell-densitieshave-almost-tripled-since-2010.

13. Heidel, Timothy, and Kate Chesley. "The All-Electron Battery." ARPA-E, 29 April 2010, arpa-e.energy.gov/technologies/projects/all-electron-battery.

14. "Volkswagen Partners with QuantumScape to Secure Access to Solid-State Battery Technology." Volkswagen Aktiengesellschaft, 21 June 2018, www.volkswagenag.com/en/news/2018/06/volkswagen-partners-withquantumscape-.html.

15. Korosec, Kirsten. "Volkswagen-Backed QuantumScape to Go Public via SPAC to Bring Solid-State Batteries to EVs." TechCrunch, 3 September 2020, techcrunch.com/2020/09/03/vw-backed-quantumscape.

16. Xu, Chengjian, et al. "Future Material Demand for Automotive Lithium-Based Batteries." Communications Materials 1, no. 1, 2020, doi:10.1038/s43246-020-00095-x, https://www.nature.com/articles/s43246-020-00095-x.

17. "Tesla Gigafactory." Tesla, 14 November 2014, www.tesla.com/gigafactory.

18. Lambert, Fred. "Tesla Increases Hiring Effort at Gigafactory 1 to Reach Goal of 35 GWh of Battery Production." Electrek, 3 January 2018, electrek.co/2018/01/03/tesla-gigafactory-hiring-effort-battery-production.

19. Mack, Eric. "How Tesla and Elon Musk's 'Gigafactories' Could Save the World." Forbes, 30 October 2016, www.forbes.com/sites/ericmack/2016/10/30/how-tesla-and-elonmusk-could-save-the-world-with-gigafactories/?sh=67e44ead2de8.

20. "Welcome to the Gigafactory:| Before the Flood." YouTube, 27 October 2016, www.youtube.com/watch?v=iZm_NohNm6I&ab_channel=NationalGeographic

21. Frankel, Todd C., et al. "The Cobalt Pipeline." Washington Post, 30 September 2016, www.washingtonpost.com/graphics/business/batteries/congo-cobaltmining-for-lithium-ion-battey.

22. Harvard John A. Paulson School of Engineering and Applied Sciences. "A Long-Lasting, Stable Solid-State Lithium Battery: Researchers Demonstrate a Solution to a 40-Year Problem." ScienceDaily, 12 May 2021, www.sciencedaily.com/releases/2021/05/210512115651.htm

23. Webber, Michael E. "Opinion: What's Behind the Texas Power Outages?" MarketWatch, 16 February 2021, www.marketwatch.com/story/whats-behind-the-texas-poweroutages-11613508031#.

24. "Texas: Building Energy Codes Program." U.S. Department of Energy, 2 August 2018, www.energycodes. gov/adoption/states/texas.

25. Steele, Tom. "Number of Texas Deaths Linked to Winter Storm Grows to 151, Including 23 in Dallas-Fort Worth Area." Dallas News, 30 April 2021, www. dallasnews.com/news/ weather/2021/04/30/number-of-texas-deaths-linked-to-winter-stormgrows-to-151-including-23-in-dallas-fort-worth-area

26. "Energy Storage Projects." BloombergNEF, www.bnef.com/interactivedatasets/2d5d59 acd900000c?data-hub=17. Accessed 14 June 2021.

27. "Bath County Pumped Storage Station." Dominion Energy, 2020, www. dominionenergy.com/projectsand-facilities/hydroelectric-power-facilities-and-projects/bath-countypumped-storage-station

28. Energy Vault. energyvault.com.

29. Baker, David R. "Bloom Energy Surges A!ter Expanding into Hydrogen Production." Bloomberg Green, 15 July 2020, www.bloomberg.com/news/articles/2020-07-15/fuel-cellmaker-bloom-energy-now-wants-to-make-hydrogen-too

30. "Safety of Nuclear Reactors." World Nuclear Association, March 2021, www.world-nuclear.org/information-library/safety-and-security/safety-of-plants/safety-ofnuclear-power-reactors.aspx.

31. "Fukushima Daiichi Accident—World Nuclear Association." World Nuclear Association, www.world-nuclear.org/information-library/safety-andsecurity/safety-of-plants/fukushima-daiichi-accident.aspx. Accessed 20 June 2021.

32. "The Reality of the Fukushima Radioactive Water Crisis." Greenpeace East Asia and Greenpeace Japan, October 2020, storage.googleapis.com/planet4-japan-stateless/2020/10/5768c541-the-reality-of-the-fukushima-radioactivewater-crisis_en_summary.pdf.

33. Garthwaite, Josie. "Would a New Nuclear Plant Fare Better than Fukushima?" National Geographic, 23 May 2011, www.nationalgeographic.com/science/article/110323-fukushima-japan-new-nuclear-plant-design.

34. Bulletin of the Atomic Scientists. "Can North America's Advanced Nuclear Reactor Companies Help Save the Planet?" Pulitzer Center, 7 February 2017, pulitzercenter.org/stories/can-north-americas-advanced-nuclearreactor-companies-help-save-planet

35. "TerraPower, CNNC Team Up on Travelling Wave Reactor." World Nuclear News, 25 September 2015, www.world-nuclear-news.org/NN-TerraPower-CNNC-team-up-ontravelling-wave-reactor-2509151.html

36. "Bill Gates: How the World Can Avoid a Climate Disaster." 60 Minutes, CBS News, 15 February 2021, www.cbsnews.com/news/bill-gates-climate-change-disaster-60-

minutes2021-02-14

37. Gardner, Timothy, and Valerie Volcovici. "Bill Gates' Next Generation Nuclear Reactor to Be Built in Wyoming." Reuters, 2 June 2021, www.reuters.com/business/energy/utility-small-nuclear-reactor-firm-select-wyoming-next-us-site-2021-06-02.

38. Freudenrich, Patrick Kiger, and Craig Amp. "How Nuclear Fusion Reactors Work." HowStuffWorks, 26 January 2021, science.howstuffworks.com/fusion-reactor2.htm.

39. Commonwealth Fusion Systems, 2021, cfs.energy.

40. "DOE Explains... Deuterium-Tritium Fusion Reactor Fuel." Office of Science, Department of Energy, 2021, www.energy.gov/science/doeexplainsdeuterium-tritium-fusion-reactor-fuel.

41. Gertner, Jon. The Idea Factory: Bell Labs and the Great Age of American Innovation. New York: Penguin Random House, 2020.

42. "LCFS Pathway Certified Carbon Intensities: California Air Resources Board." CA.Gov, ww2.arb.ca.gov/resources/documents/lcfs-pathway-certified-carbon-intensities. Accessed 24 June 2021.

43. "Economics of Biofuels." U.S. Environmental Protection Agency, 4 March 2021, www.epa.gov/ environmental-economics/economics-biofuels.

44. "Estimated U.S. Consumption in 2020: 92.9 Quads." Lawrence Livermore National Laboratory, 2020, flowcharts.llnl.gov/content/assets/images/energy/us/Energy_US_2020.png.

45. "I3 and I3s Electric Sedan Features and Pricing." BMW USA, 2021, www.bmwusa.com/vehicles/bmwi/i3/sedan/pricing-features.html.

46. Boudette, Neal. "Ford Bet on Aluminum Trucks, but Is Still Looking for Payoff." New York Times, 1 March 2018, www.nytimes.com/2018/03/01/business/ford-f150-aluminum-trucks.html.

47. "LED Adoption Report." Energy.Gov, www.energy.gov/eere/ssl/led-adoption-report. Accessed 24 June 2021.

48. "Environmental Progress Report." Apple, 2020, www.apple.com/environment/pdf/Apple_Environmental_Progress_Report_2021.pdf.

49. Gannon, Megan. "Oldest Known Seawall Discovered Along Submerged Mediterranean Villages." Smithsonian, 18 December 2019, www.smithsonianmag.com/history/oldest-knownseawall-discovered-along-submerged-mediterraneanvillages-180973819

50. Oppenheimer, Clive. "Climatic, Environmental and Human Consequences of the Largest Known Historic Eruption: Tambora Volcano (Indonesia) 1815." Progress in Physical Geography: Earth and Environment 27, no. 2, 2003, 230–59, doi:10.1191/0309133303pp379ra.

51. Stothers, R. B. "The Great Tambora Eruption in 1815 and Its Aftermath." Science 224, no. 4654, 1984, 1191–98, doi:10.1126/science.224.4654.1191.

52. Briffa, K. R., et al. "Influence of Volcanic Eruptions on Northern Hemisphere

Summer Temperature over the Past 600 Years." Nature 393, no. 6684, 1998, 450–55, doi:10.1038/30943.

53. "Volcano Under the City: Deadly Volcanoes." Nova, 2021, www.pbs.org/wgbh/nova/ volcanocity/ dead-nf.html.

54. "David Keith." Harvard's Solar Geoengineering Research Program, 2021, geoengineering.environment.harvard.edu/people/david-keith.

55. Kolbert, Elizabeth. Under a White Sky. New York: Crown Publishers 2021.

56. Kolbert, Elizabeth. Under a White Sky.

57. "The World's Cities in 2018." United Nations, 2018, www.un.org/en/events/citiesday/ assets/pdf/the_worlds_cities_in_2018_data_booklet.pdf.

58. Hawkins, Amy. "The Grey Wall of China: Inside the World's Concrete Superpower." Guardian, 28 February 2019, www.theguardian.com/cities/2019/feb/28/the-greywall-of-china-inside-the-worlds-concrete-superpower.

59. Campbell, Iain, et al. "Near-Zero Carbon Zones in China." Rocky Mountain Institute, 2019, rmi.org/insight/near-zero-carbon-zones-in-china.

60. Bagada, Kapil. "Palava: An Innovative Answer to India's Urbanisation Conundrum." Palava, 21 January 2019, www.palava.in/blogs/An-innovative-answer-to-IndiasUrbanisation-conundrum; Stone, Laurie. "Designing the City of the Future and the Pursuit of Happiness." RMI, 22 July 2020, rmi.org/designing-the-city-of-the-future-and-the-pursuit-of-happiness.

61. Coan, Seth. "Designing the City of the Future and the Pursuit of Happiness." Rocky Mountain Institute, 16 September 2019, rmi.org/designing-thecity-of-the-future-and-the-pursuit-of-happiness.

62. Sengupta, Somini, and Charlotte Fuente. "Copenhagen Wants to Show How Cities Can Fight Climate Change." New York Times, 25 March 2019, www.nytimes.com/2019/03/25/climate/copenhagen-climate-change.html.

63. Kirschbaum, Erik. "Copenhagen Has Taken Bicycle Commuting to a Whole New Level." Los Angeles Times, 8 August 2019, www.latimes.com/worldnation/ story/2019-08-07/copenhagen-has-taken-bicycle-commutingto-a-new-level.

64. Monsere, Christopher, et al. "Lessons from the Green Lanes: Evaluating Protected Bike Lanes in the U.S." PDXScholar, June 2014, pdxscholar.library.pdx.edu/cgi/ viewcontent.cgi?article=1143&context=cengin_fac.

65. O'Sullivan, Feargus. "Barcelona Will Supersize Its Car-Free 'Superblocks.'" Bloomberg, 11 November 2020, https://www.bloomberg.com/news/ articles/2020-11-11/barcelona-s-new-car-free-superblock-will-be-big.

66. Burgen, Stephen. "Barcelona to Open Southern Europe's Biggest Low-Emissions Zone." Guardian, 31 December 2019, www.theguardian.com/world/2019/dec/31/ barcelonato-open-southern-europes-biggest-low-emissions-zone.

67. Ong, Boon Lay. "Green Plot Ratio: An Ecological Measure for Architecture and Urban

Planning." Landscape and Urban Planning 63, no. 4, 2003, 197–211, doi:10.1016/s0169-2046(02)00191-3.

68. "Health and Medical Care." Urban Redevelopment Authority, 15 January 2020, www.ura.gov.sg/Corporate/Guidelines/Development-Control/Non-Residential/HMC/Greenery.

69. Wong, Nyuk Hien, et al. "Greenery as a Mitigation and Adaptation Strategy to Urban Heat." Nature Reviews Earth & Environment 2, no. 3, 2021, 166–81, doi:10.1038/s43017-020-00129-5.

70. The High Line, 11 June 2021, www. thehighline.org.

71. Shankman, Samantha. "10 Ways Michael Bloomberg Fundamentally Changed How New Yorkers Get Around." Business Insider, 7 August 2013, www.businessinsider.com/how-bloomberg-changed-nyc-transportation2013-8?international=true&r=US&IR=T.

72. Hu, Winnie, and Andrea Salcedo. "Cars All but Banned on One of Manhattan's Busiest Streets." New York Times, 3 October 2019, www.nytimes.com/2019/10/03/nyregion/car-ban-14th-street-manhattan.html.

73. "Inventory of New York City Greenhouse Gas Emissions in 2016." City of New York, December 2017, www1.nyc.gov/assets/sustainability/downloads/pdf/publications/GHG%20Inventory%20Report%20Emission%20Year%202016.pdf.

74. "New York City's Roadmap to 80 × 50." New York City Mayor's Office of Sustainability, www1.nyc.gov/assets/sustainability/downloads/pdf/publications/New%20York%20City's%20Roadmap%20to%2080%20x%2050.pdf.Accessed 23 June 2021.

75. Sinatra, Frank. "(Theme from) New York New York." Trilogy: Past Present Future. Capitol, June 21, 1977

第10章　投資！

1. Eilperin, Juliet. "Why the Clean Tech Boom Went Bust." Wired, 20 January 2012, www.wired.com/2012/01/ff_solyndra.

2. Marinova, Polina. "How the Kleiner Perkins Empire Fell." Fortune, 23 April 2019, fortune.com/longform/kleiner-perkins-vc-fall.

3. "The Iconic Think Different Apple Commercial Narrated by Steve Jobs." Farnam Street, 5 February 2021, fs.blog/2016/03/steve-jobs-crazy-ones.

4. Shanker, Deena, et al. "Beyond Meat's Value Soars to $3.8 Billion in Year's Top U.S. IPO." Bloomberg, 1 May 2019, https://www.bloomberg.com/news/articles/2019-05-01/beyond-meat-ipo-raises-241-million-as-veggiefoods-grow-fast.

5. Taylor, Michael. "Evolution in the Global Energy Transformation to 2050." International Renewable Energy Agency, 2020, www.irena.org/-/media/Files/IRENA/Agency/Publication/2020/Apr/IRENA_Energy_subsidies_2020.pdf.

6. "National Institutes of Health (NIH) Funding: FY1995-FY2021." Congressional

Research Service, updated 12 May 2020, fas.org/sgp/crs/misc/R43341.pdf.

7. Johnson, Paula D. "Global Philanthropy Report: Global Foundation Sector." Harvard University's John F. Kennedy School of Government, April 2018, cpl.hks.harvard.edu/files/cpl/files/global_philanthropy_report_final_april_2018.pdf.

8. Taylor, Michael. "Evolution in the Global Energy Transformation to 2050." International Renewable Energy Agency, 2020, www.irena.org/-/media/Files/IRENA/Agency/Publication/2020/Apr/IRENA_Energy_subsidies_2020.pdf.

9. Smil, Vaclav. Energy Myths and Realities. Washington, D.C., AEI Press, 2010.

10. Taylor, Michael. "Energy Subsidies: Evolution in the Global Energy Transformation to 2050." Irena, 2020, www.irena.org/-/media/Files/IRENA/Agency/Publication/2020/Apr/IRENA_Energy_subsidies_2020.pdf.

11. "10th Annual National Solar Jobs Census 2019." Solar Foundation, February 2020, www.thesolarfoundation.org/wp-content/uploads/2020/03/SolarJobs Census2019.pdf.

12. "Financing Options for Energy Infrastructure." Loan Programs Office, Department of Energy, May 2020, www.energy.gov/sites/default/files/2020/05/f74/DOE-LPO-Brochure-May2020.pdf.

13. "TESLA." 2021, Loan Programs Office, Department of Energy, www.energy.gov/lpo/tesla.

14. Koty, Alexander Chipman. "China's Carbon Neutrality Pledge: Opportunities for Foreign Investment." China Briefing News, 6 May 2021, www.china-briefing.com/news/chinas-carbon-neutrality-pledge-newopportunities-for-foreign-investment-in-renewable-energy.

15. Rapoza, Kenneth. "How China's Solar Industry Is Set Up to Be the New Green OPEC." Forbes, 14 March 2021, www.forbes.com/sites/kenrapoza/2021/03/14/how-chinas-solarindustry-is-set-up-to-be-the-new-green-opec/?sh=2cfec9f91446.

16. Analysis by Ryan Panchadsaram, data from Crunchbase.com.

17. Devashree, Saha and Mark Muro. "Cleantech Venture Capital: Continued Declines and Narrow Geography Limit Prospects." Brookings Institution, 1 December 2017, www.brookings.edu/research/cleantech-venturecapital-continued-declines-and-narrow-geography-limit-prospects.

18. Devashree, Saha and Mark Muro. "Cleantech Venture Capital: Continued Declines and Narrow Geography Limit Prospects."

19. "Technology Radar, Climate-Tech Investing." BloombergNEF, 16 February 2021, www.bnef.com/login?r=%2Finsights%2F25571%2Fview.

20. Special Purpose Acquisition Company Database: SPAC Research. www.spacresearch.com.

21. Guggenheim Sustainability SPAC Market Update. June 6, 2021.

22. Alm, Richard, and W. Michael Cox. "Creative Destruction." Library of Economics and Liberty, 2019, www.econlib.org/library/Enc/CreativeDestruction.html.

23. "Energy Transition Investment." BloombergNEF, www.bnef.com/interactivedatasets/2d 5d59acd9000005. Accessed 14 June 2021.

24. "Achieving Our 100% Renewable Energy Purchasing Goal and Going Beyond." Google, December 2016, static.googleusercontent.com/media/www.google.com/en// green/pdf/achieving-100-renewable-energypurchasing-goal.pdf.

25. Porat, Ruth. "Alphabet Issues Sustainability Bonds to Support Environmental and Social Initiatives." Google, 4 August 2020, blog.google/alphabet/alphabet-issues-sustainability-bonds-support-environmental-andsocial-initiatives.

26. Kenis, Anneleen, and Matthias Lievens. The Limits of the Green Economy: From Re-Inventing Capitalism to Re-Politicising the Present (Routledge Studies in Environmental Policy). Abingdon, Oxfordshire, U.K.: Routledge, 2017.

27. Roeyer, Hannah, et al. "Funding Trends: Climate Change Mitigation Philanthropy." ClimateWorks Foundation, 11 June 2021, www.climateworks.org/report/funding-trends-climate-change-mitigation-philanthropy.

28. "FAQ." IKEA Foundation, 6 January 2021, ikeafoundation.org/faq.

29. Palmer, Annie. "Jeff Bezos Names First Recipients of His $10 Billion Earth Fund for Combating Climate Change." CNBC, 16 November 2020, www.cnbc.com/2020/11/16/ jeff-bezos-names-first-recipients-of-his-10-billion-earth-fund.html.

30. Daigneau, Elizabeth. "From Worst to First: Can Hawaii Eliminate Fossil Fuels?" Governing, 30 June 2016, www.governing.com/archive/gov-hawaii-fossil-fuelsrenewable-energy.html.

31. "Hawaii Clean Energy Initiative 2008–2018." Hawai'i Clean Energy Initiative, Jan. 2018, energy.hawaii.gov/wp-content/uploads/2021/01/HCEI-10Years.pdf.

32. "Hawaiian Electric Hits Nearly 35% Renewable Energy, Exceeding State Mandate." Hawaiian Electric, 15 February 2021, www.hawaiianelectric.com/hawaiian-electric-hits-nearly-35-percent-renewable-energyexceeding-state-mandate.

結語

1. "Bell Labs." Engineering and Technology History Wiki, 1 August 2016, ethw.org/Bell_ Labs.

2. Herman, Arthur. Freedom's Forge: How American Business Produced Victory in World War II. New York: Random House, 2012.

3. Connolly, Kate. "'Historic' German Ruling Says Climate Goals Not Tough Enough." Guardian, 29 April 2021, www.theguardian.com/world/2021/apr/29/historic-german-ruling-says-climate-goals-not-tough-enough.

圖片版權

圖片版權

前言

P. 19	照片：羅斯福總統拿了一張餐巾紙。	Photo courtesy of Jay S. Walker's Library of Human Imagination, Ridgefield, Connecticut.
P. 21	圖表：大氣中的二氧化碳在過去兩百年間急劇增加。	Adapted from Max Roser and Hannah Ritchie, "Atmospheric Concentrations," Our World in Data, accessed June 2021, ourworld indata.org/ atmospheric-concentrations.
P. 23	圖表：不同政策方針下的溫室氣體排放量與暖化幅度預測。	Adapted from "Temperatures," Climate Action Tracker, 4 May 2021, climate actiontracker.org/ global/temperatures.
P. 28	圖表：溫室氣體哪裡來、總共有多少。	Adapted from UNEP and UNEP DTU Partnership, "UNEP Report—The Emissions Gap Report 2020," *Management of Environmental Quality: An International Journal*, 2020, https:// www.unep.org/ emissions-gap-report-2020.
P. 32	照片：1978 年埃克森石油公司的內部報告。	Slide by James F. Black and Exxon Research and Engineering Co.

第1章　交通電氣化

P. 40	圖表：電動車正在日益普及。	Adapted from "EV Sales," BloombergNEF, accessed 13 June 2021, www.bnef.com/ interactive-datasets/2d5d59acd9000014? data-hub=11.
P. 42	照片：路上的車輛。	Photo by Michael Gancharuk/Shutter stock.com.
P. 47	圖表：各個車種的電動車里程數都大幅落後。	Adapted from Max Roser and Hannah Ritchie, "Technological Progress," Our World in Data, 11 May 2013, ourworld indata.org/technological-progress; Wikipedia contributors, "Transistor Count," Wikipedia, 1 June 2021, en.wiki pedia. org/wiki/Transistor_count.
P. 55	照片：中國的比亞迪電動車車隊。	Photo by Qilai Shen/*Bloomberg* via Getty Images.
P. 64	照片：普泰拉電動公車公司的巴士。	Photo courtesy of Proterra.

P. 66	圖表：摩爾定律呈現的指數式成長。	Adapted from Max Roser and Hannah Ritchie, "Technological Progress," Our World in Data, 11 May 2013, ourworld indata.org/technological-progress; Wikipedia contributors, "Transistor Count," Wikipedia, 1 June 2021, en.wiki pedia.org/wiki/Transistor_count.
P. 67	圖表：萊特定律發揮效應：太陽能。	Adapted from Max Roser, "Why Did Renewables Become so Cheap so Fast? And What Can We Do to Use This Global Opportunity for Green Growth?" Our World in Data, 1 December 2020, ourworld indata.org/cheap-renewables-growth.
P. 68	圖表：萊特定律發揮效應：電池。	Adapted from "Evolution of Li-Ion Battery Price, 1995–2019—Charts—Data & Statistics," IEA, 30 June 2020, www.iea.org/data-and-statistics/charts/evolution-of-li-ion-battery-price-1995-2019.
P. 70	照片：拜登總統試駕 F-150 電動車。	Photo by NICHOLAS KAMM/AFP via Getty Images.

第 2 章　電網脫碳化

P. 75	圖表：市場對太陽能的需求隨價格下降而急升。	Adapted from "The Solar Pricing Struggle," Renewable Energy World, 23 August 2013, www.renewableenergyworld.com/solar/the-solar-pricing-struggle/#gref.
P. 82	圖表：隨著價格下降和裝置容量增加，再生能源漸漸勝出。	Adapted from Max Roser, "Why Did Renewables Become so Cheap so Fast? And What Can We Do to Use This Global Opportunity for Green Growth?" Our World in Data, 1 December 2020, ourworldindata.org/cheap-renewables-growth.
P. 85	圖表：歐洲國家以更低的碳排放量締造出更高的經濟產出。	Adapted from "Statistical Review of World Energy," BP, 2020, www.bp.com/en/global/corporate/energy-economics/statistical-review-of-world-energy.html; "GDP per Capita (Current US$)," The World Bank, 2021, data.worldbank.org/indicator/NY.GDP.PCAP.CD; "Population, Total," The World Bank, 2021, data.worldbank.org/indicator/SP.POP.TOTL.
P. 89	照片：桑朗公司。	Photo by Mel Melcon/Los Angeles Times via Getty Images.
P. 94	照片：溫德比離岸風場。	Photo courtesy of Wind Denmark, formerly the Danish Wind Industry Association.
P. 98	圖表：大小有關係：風機愈大發電量愈多。	Adapted from "Ørsted.Com—Love Your Home," Ørsted, accessed 13 June 2021, Orsted.com.

P. 107　照片：電磁爐。　　　　　　　　　　Photo by iStock.com/LightFieldStudios.

第 3 章　解決糧食問題

P. 114　照片：身在開尼福克農場的高爾。　　Photo by Hartmann Studios.

P. 116　照片：黑色風暴事件。　　　　　　　Photo by PhotoQuest via Getty Images.

P. 120　圖表：減少耕作，土壤與植物根系更健康。　　Adapted from Ontario Ministry of Agriculture, Food and Rural Affairs, "No-Till: Making it Work," Best Management Practices Series BMP11E, Government of Ontario, Canada, 2008, available online at: http://www.omafra.gov.on.ca/english/ environment/bmp/no-till.htm (verified 14 January 2009). ©2008 Queen's Printer for Ontario. Adapted by Joel Gruver, Western Illinois University.

P. 122　圖表：再生農業解說。　　Adapted from "Can Regenerative Agriculture Replace Conventional Farming?" EIT Food, accessed 22 June 2021, www.eitfood.eu/blog/ post/can-regenerative-agriculture-replace-conventional-farming.

P. 125　圖表：每公斤食物製造的碳排放量。　　Adapted from "You Want to Reduce the Carbon Footprint of Your Food? Focus on What You Eat, Not Whether Your Food Is Local," Our World in Data, 24 January 2020, ourworldindata.org/food-choice-vs-eating-local.

P. 129　圖表：氣候友善飲食：大量水果與蔬菜，少量動物性蛋白質。　　Adapted from "Which Countries Have Included Sustainability Within Their National Dietary Guidelines?" Dietary Guidelines, Plant-Based Living Initiative, accessed 22 June 2021, themouthful.org/ article-sustainable-dietary-guidelines.

P. 133　照片：超越肉類。　　　　　　　　　Photo courtesy of Beyond Burger.

P. 136　照片：種稻。　　　　　　　　　　　Photo by BIJU BORO/AFP via Getty Images.

第 4 章　保護自然

P. 144　圖表：在陸地、大氣與海洋之間流動的碳。　　Adapted from "The Carbon Cycle," NASA: Earth Observatory, 2020, earthobservatory.nasa.gov/ features/CarbonCycle.

P. 150　照片：林木損失。　　　　　　　　　Photo by Universal Images Group via Getty Images.

P. 153　圖表：熱帶毀林現象是全球森林快速消失的主因。　　Adapted from Hannah Ritchie, "Deforestation and Forest Loss," Our World in Data, 2020, ourworldindata.org/deforestation.

P. 156	照片：雨林聯盟。	Photo courtesy of the RainForest Alliance.
P. 165	照片：底拖網漁法。	Photo by Jeff J Mitchell via Getty Images.
P. 167	照片：海藻林養殖場。	Photo by Gregory Rec/*Portland Press Herald* via Getty Images.
P. 169	照片：泥炭地。	Photo by Muhammad A.F/Anadolu Agency via Getty Images.

第 5 章　淨化工業

P. 174	照片：詹姆斯‧瓦基比亞。	Photo courtesy of James Wakibia.
P. 179	照片：聚乳酸聚合物。	Photo by Brian Brainerd/*The Denver Post* via Getty Images.
P. 180	圖表：清楚的標籤可以幫助消費者做出正確的回收選擇。	Adapted from "How2Recycle—A Smarter Label System," How2Recycle, accessed 17 June 2021, how2recycle.info.
P. 181	圖表：塑膠製品在生命週期的每一個階段都會對環境造成汙染。	Adapted from Roland Geyer et al., "Production, Use, and Fate of All Plastics Ever Made," *Science Advances*, vol. 3, no. 7, 2017, p. e1700782. Crossref, doi:10.1126/ sciadv.1700782.
P. 185	圖表：許多工業製程已經有可行的替代能源。	Adapted from Occo Roelofsen et al., "Plugging In: What Electrification Can Do for Industry," McKinsey & Company, 28 May 2020, www.mckinsey.com/industries/electric-power-and-natural-gas/our-insights/plugging-in-what-electrification-can-do-for-industry.
P. 194	照片：鍊鋼。	Photo by Sean Gallup via Getty Images.

第 6 章　清除空氣中的碳

P. 202	圖表：移除二氧化碳的各種方法。	Adapted from J. Wilcox et al., "CDR Primer," CDR, 2021, cdrprimer.org/read/chapter-1.
P. 208	照片：氣候工事公司。	Photo courtesy of Climeworks.
P. 214	照片：分水嶺平台。	Photo courtesy of Watershed.

第 7 章　攻克政治與政策場域

| P. 224 | 照片：巴黎協定。 | Photo by Arnaud BOUISSOU/COP21/Anadolu Agency via Getty Images. |

P. 234	圖表：全球三分之二以上的排放都來自五個國家地區。	Adapted from UNEP and UNEP DTU Partnership, "UNEP Report—The Emissions Gap Report 2020," *Management of Environmental Quality: An International Journal*, 2020, https://www.unep.org/emissions-gap-report-2020.
P. 239	照片：中國。	Photo by Costfoto/Barcroft Media via Getty Images.
P. 244	照片：印度太陽能。	Photo by Pramod Thakur/*Hindustan Times* via Getty Images.

第 8 章　把運動轉為行動

P. 259	照片：格蕾塔・通貝里	Photo by Sarah Silbiger via Getty Images.
P. 268	照片：日出運動。	Photo by Rachael Warriner/Shutterstock.com.
P. 272	照片：超越煤炭。	Photo courtesy of the Sierra Club.
P. 274	照片：阿諾・史瓦辛格與邁克・彭博見面。	Photo by Susan Watts-Pool via Getty Images.
P. 286	照片：沃爾瑪的永續發展目標。	Graphic courtesy of Walmart.

第 9 章　創新！

P. 317	照片：突破能源風險投資基金。	Photo courtesy of Breakthrough Energy Ventures.
P. 338	照片：紐約市的高架公園。	Photo by Alexander Spatari via Getty Images.

第 10 章　投資！

P. 349	圖表：潔淨科技早期投資的第一個十年：從繁榮到衰退。	Adapted from Benjamin Gaddy et al., "Venture Capital and Cleantech: The Wrong Model for Clean Energy Innovation," MIT Energy Initiative, July 2016, energy.mit.edu/wp-content/uploads/2016/07/MITEI-WP-2016-06.pdf.
P. 363	圖表：清潔能源專案融資不斷增加。	Adapted from "Energy Transition Investment," BloombergNEF, accessed 14 June 2021, www.bnef.com/interactive-datasets/2d5d59acd9000005.
P. 375	圖表：世界各地的基金會正努力對抗氣候變遷。	Adapted from Climate Leadership Initiative, climatelead.org.

財經企管 BCB770A

OKR 實現淨零排放的行動計畫
Speed & Scale: An Action Plan for Solving Our Climate Crisis Now

作者 —— 約翰‧杜爾 John Doerr、萊恩‧潘查薩拉姆 Ryan Panchadsaram
譯者 —— 廖月娟、張靖之

總編輯 —— 吳佩穎
書系主編 —— 蘇鵬元
責任編輯 —— 王映茹
封面設計 —— 張議文

出版人 —— 遠見天下文化出版股份有限公司
創辦人 —— 高希均、王力行
遠見‧天下文化 事業群董事長 —— 高希均
事業群發行人／CEO —— 王力行
天下文化社長 —— 林天來
天下文化總經理 —— 林芳燕
國際事務開發部兼版權中心總監 —— 潘欣
法律顧問 —— 理律法律事務所陳長文律師
著作權顧問 —— 魏啟翔律師
社址 —— 臺北市 104 松江路 93 巷 1 號
讀者服務專線 —— 02-2662-0012｜傳真 —— 02-2662-0007；02-2662-0009
電子郵件信箱 —— cwpc@cwgv.com.tw
直接郵撥帳號 —— 1326703-6 號　遠見天下文化出版股份有限公司

電腦排版 —— 薛美惠
製版廠 —— 中原造像股份有限公司
印刷廠 —— 中原造像股份有限公司
裝訂廠 —— 中原造像股份有限公司
登記證 —— 局版台業字第 2517 號
總經銷 —— 大和書報圖書股份有限公司｜電話 —— 02-8990-2588
出版日期 —— 2022 年 5 月 31 日第一版第一次印行
　　　　　　2023 年 5 月 5 日第二版第一次印行

國家圖書館出版品預行編目（CIP）資料

OKR 實現淨零排放的行動計畫／約翰‧杜爾（John Doerr），萊恩‧潘查薩拉姆（Ryan Panchadsaram）著；廖月娟，張靖之譯 .-- 第一版 .-- 臺北市：遠見天下文化出版股份有限公司，2022.05
480 面；17×23 公分 .--（財經企管；BCB770）

譯自：Speed & Scale: An Action Plan for Solving Our Climate Crisis Now

ISBN 978-986-525-635-7（平裝）

1.CST：碳排放　2.CST：地球暖化

445.92　　　　　　　　　　111007729

定價 —— 800 元
EAN —— 4713510943571｜EISBN —— 9789865256388（EPUB）；9789865256395（PDF）
書號 —— BCB770A
天下文化官網 —— bookzone.cwgv.com.tw